中国地质大学(武汉)研究生课程与教材建设基金资助
中国地质大学(武汉)自动化与人工智能精品课程系列教材

不确定系统自适应控制

BUQUEDING XITONG ZISHIYING KONGZHI

主　编:郑世祺　王诗豪
副主编:严　珊　李海铭　简海涛
赵承浩　万雄波　宋　宝

中国地质大学出版社
ZHONGGUO DIZHI DAXUE CHUBANSHE

图书在版编目(CIP)数据

不确定系统自适应控制/郑世祺等主编. —武汉:中国地质大学出版社,2022.8
ISBN 978-7-5625-5358-8

Ⅰ.①不…　Ⅱ.①郑…　Ⅲ.①不确定系统-自适应控制　Ⅳ.①TP273

中国版本图书馆 CIP 数据核字(2022)第 124395 号

不确定系统自适应控制　　郑世祺　王诗豪　**主编**

责任编辑:杨念　龙昭月　　选题策划:毕克成　张晓红　周旭　王凤林　　责任校对:张咏梅

出版发行:中国地质大学出版社(武汉市洪山区鲁磨路 388 号)　　邮政编码:430074
电　话:(027)67883511　　传　真:(027)67883580　　E-mail:cbb@cug.edu.cn
经　销:全国新华书店　　http://cugp.cug.edu.cn

开本:787 毫米×1092 毫米 1/16　　字数:217 千字　　印张:10.5
版次:2022 年 8 月第 1 版　　印次:2022 年 8 月第 1 次印刷
印刷:武汉市籍缘印刷厂

ISBN 978-7-5625-5358-8　　定价:39.00 元

如有印装质量问题请与印刷厂联系调换

自动化与人工智能精品课程系列教材

编委会名单

序

为适应新工科建设要求，推动自动化与人工智能融合发展，中国地质大学（武汉）自动化学院联合教育部高等学校自动化类专业教学指导委员会和中国自动化学会教育工作委员会的有关专家，依托先进的模块化课程体系，有机融入“课程思政”的相关要求，突出前沿性、交叉性与综合性，组织编写了自动化与人工智能精品课程系列教材，服务于新时代自动化与人工智能领域的人才培养.

系列教材涵盖了专业基础课、专业主干课、专业选修课、课程设计等教学内容，依托教育部高等学校自动化类专业教学指导委员会首批自动化专业课程体系改革与建设试点项目（全国五个试点项目之一）和中国地质大学（武汉）教育教学改革项目的研究成果，以“重视基础理论、突出实际应用、强化工程实践”为理念设计课程体系. 该系列教材撰写的主要目的包括：增强课程教学的连贯性，提高对自动化系统结构认知的完整性；将课程中运用的工具整理成体系，提高对主流技术和工具认知的完整性；对特定应用环境下的设计技术归纳总结，提高对行业背景下设计过程认知的完整性. 充分体现以控制理论、运动控制、过程控制、嵌入式系统、测控软件技术、人工智能与大数据技术等为模块的教材设计.

本系列教材由教育部高等学校自动化类专业教学指导委员会委员、中国自动化学会教育工作委员会委员、高校教学主管领导和教学名师担任编委会委员，并对教材进行严格论证和评审.

本系列教材的组织和编写工作于 2019 年 5 月启动，预计在 3～5 年内出版约 20 种教材.

本系列教材主要面向自动化、测控技术与仪器及相关专业的本科生，控制科学与工程及相关专业的研究生，以及相关领域和部门的科技工作者. 一方面为广大在校学生的学习提供先进且系统的知识内容，另一方面为相关领域科技工作者的学习和工作提供适当的参考. 欢迎使用本系列教材的读者提出批评意见和建议，我们将认真听取意见，并作修订.

自动化与人工智能精品课程系列教材编委会

2020 年 12 月

前　言

"自适应控制"(adaptive control)这一专业名词是1954年Tsien在《工程控制论》一书中提出的。其后,在1955年,Benner和Drenick提出了控制系统具有"自适应"的概念.在日常生活中,所谓自适应是指生物能改变自己的习性以适应新环境的一种特征.因此,直观地讲,自适应控制系统可以看作是一个能根据环境变化智能调节自身特性的反馈控制系统,它能按照一些设定的标准维持最优工作状态.

自适应控制器应当是这样一种控制器——它能够修正自己的特性以适应对象和扰动的动特性变化.由于参数可能随时间变化,同时可能存在未建模的动态、噪声和干扰输入等,因此在理想情况下,我们希望自适应控制器能够处理的不仅仅是常数和未知参数,而且能够处理时变和随机参数.这也是本教材撰写的目的,即引导学生理解自适应和随机系统的控制方法,并设计出相关的控制器来解决上述问题.

在教材的编写过程中,我们始终遵循以问题为导向的写作思路,通过一个个在研究中实际碰到的问题,帮助学生理解自适应控制方法的原理,引导学生独立思考如何改进现有的自适应控制方法,解决理论上或者工程上的问题.

教材在内容上安排如下:第1章是自适应控制概述,通过简单实例引入自适应控制这一概念,并简要介绍自适应控制方法的基本概念和原理.第2章是自适应反步法,从抽象的伺服电机模型出发,讲解自适应反步法的设计方法,以及如何构造控制Lyapunov函数证明系统的稳定性.第3章是基于神经网络/模糊逻辑的自适应控制,简要概述神经网络和模糊逻辑的基本概念,并在第2章的基础上,介绍基于神经网络和模糊逻辑的自适应控制器设计方法,帮助学生理解如何利用智能算法逼近未知的不确定性因素,学习如何设计自适应律以提高智能算法的逼近能力.第4章是多智能体系统的自适应控制,通过工程中的实例来说明何为多智能体系统及其控制结构,引入图论基础,建立多智能体系统的数学模型,研究自适应控制方法.第5章是混杂系统的自适应控制,简要介绍自适应量化控制概念,并使用二阶系统分别设计自适应量化与采样控制器.第6章是偏微分自适应控制,简要概述偏微分系统的基本概念,介绍柔性摆臂系统的自适应控制方法,并进行偏微分稳定性分析.第7章是一阶和二阶随机系统的自适应控制,通过生活与工程中的例子介绍随机系统的基本概念以及随机系统中常用的数学工具.将确定系统中的反步法扩展到随机系统的控制器设计中,实现了随机系统的自适应控制和自适应状态量化控制.

本书由郑世祺、王诗豪主编，严珊、李海铭、简海涛、赵承浩、万雄波、宋宝参与编写，宗小峰副院长在编写过程中给出了宝贵的意见. 陈响、赵明远、张雄良、梁丙鋆、宋涛、李良广、常青、孙嘉春等在编写工作中付出了辛勤的劳动，在此表示由衷的感谢！

本书在编写过程中参考和引用了许多国内外文献，在此对文献的作者表示感谢！

本书写作历经两年，尽管作者反复审核，但由于作者的精力有限，以及对有关资料和信息掌握的不足，书中难免存在不足和疏漏，敬请广大读者和同仁赐教.

主　编

2022 年 6 月

目　录

第 1 章　自适应控制概述

如果读者学习过线性系统，那么对“非线性”的含义也应该了解，但对“自适应”含义的理解可能就没那么明确．“自适应”指的是具有适应的能力，而自适应控制指的是控制系统能够适应环境中的不确定因素．

本章将通过一个简单的示例来介绍自适应控制的基本概念和相关理论．

1.1　引言

考虑如下系统：

$$\dot{x}=\theta x+u \tag{1-1}$$

式中，$x\in\boldsymbol{R}$ 表示系统状态；u 是控制输入；θ 是未知的固定参数．需要注意的是，上述系统是一个含有未知参数的一阶微分方程，可以用来描述电机等实际系统．

我们的控制目标是设计控制输入 u 使得当 $t\to\infty$ 时，$x(t)\to 0$. 显然，如果 $\theta<0$，则 $u\equiv 0$ 满足控制目标．如果 $\theta>0$ 且已知，则需要设计如下反馈控制输入：

$$u=-(\theta+1)x \tag{1-2}$$

此时 $\dot{x}=-x\Rightarrow x\to 0$.

注意，我们可以使用任意正常数 k 代替式(1-2)中的系数 1.

但是如果 θ 未知，则以上控制输入 u 将不可实现．这里就需要设计自适应控制器，如下：

$$\dot{\hat{\theta}}=x^2 \tag{1-3}$$

$$u=-(\hat{\theta}+1)x \tag{1-4}$$

其中，式(1-3)是参数更新律，负责“调整”反馈增益．将重新设计的自适应控制器(式(1-3)、式(1-4))代入式(1-1)，可得：

$$\begin{cases}\dot{x}=(\theta-\hat{\theta}-1)x\\ \dot{\hat{\theta}}=x^2\end{cases} \tag{1-5}$$

从上式可以看出，$\dot{\hat{\theta}}\geqslant 0$，直观上 $\hat{\theta}$ 会随着时间持续增长，最终使得反馈增益($\hat{\theta}+1$)足够大，进而克服不确定因素的影响．

接下来我们证明该系统的稳定性，选取如下 Lyapunov 函数，并假设：

$$V := \frac{x^2}{2} \tag{1-6}$$

对其求导：

$$\dot{V} = (\theta - \hat{\theta} - 1)x^2 \tag{1-7}$$

由于 $\theta-\hat{\theta}-1$ 的正负性未知，故无法确定 V 的导数是否小于 0. 因此无法证明系统的稳定性，故设计新的 Lyapunov 函数如下：

$$V(x,\hat{\theta}) := \frac{x^2}{2} + \frac{(\hat{\theta}-\theta)^2}{2} \tag{1-8}$$

添加式(1-8)的第二项的目的是希望在 $x=0,\hat{\theta}=\theta$ 时系统能够渐近稳定.

通过式(1-8)可以得到：

$$\dot{V} = (\theta - \hat{\theta} - 1)x^2 + (\hat{\theta} - \theta)x^2 = -x^2 \leqslant 0 \tag{1-9}$$

因此可以证明 $x(t)\to 0$.

从上面的例子可以得出以下结论.

(1)即使系统是线性的，但控制输入是非线性的(因为 $\dot{\hat{\theta}}$ 中含有平方项)，因此需要采用非线性的工具去分析系统的稳定性.

(2)因为 $\dot{x}=(\theta-\hat{\theta}-1)x$ 包含了 $\hat{\theta}$，所以控制增益就是动态变化的.

那么，什么是自适应控制?

根据控制对象本身参数或周围环境的变化，自动调整控制输入参数以达到控制目标，如图 1-1 所示.

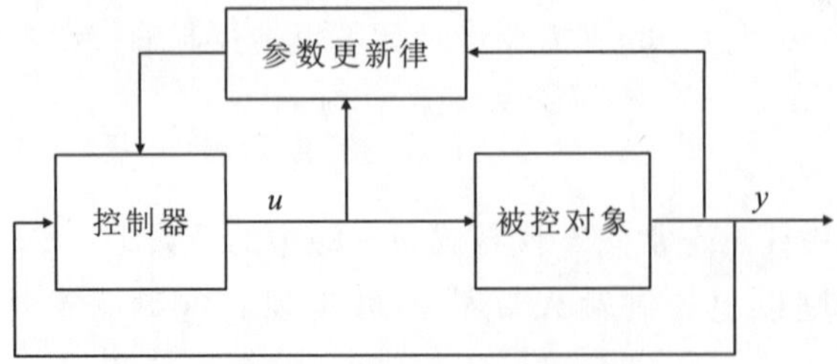

图 1-1　自适应控制框图

自适应控制最主要的特点是，即使系统参数 θ(也可以是任何实数)在大范围内变化，控制目标也能实现. 这里需要指出自适应控制不仅仅能处理恒定的未知参数，而且能够处理时变参数、未建模的动态噪声等.

在上述例子中设计控制输入的方式如下.

(1)假设 θ 已知，设 $u=-(\theta+1)x$.

(2)假设 θ 未知，引入它的估计值 $\hat{\theta}$，然后设 $u=-(\hat{\theta}+1)x$. 使用估计值是为了估计系统中的未知参数，尽管这个公式可能不准确，但在这个例子中，它是有效的.

上述步骤是基于等效原理，利用参数估计值 $\hat{\theta}$ 替代实际值 θ，在后面我们会看到这种思想被用于解决更加复杂的自适应控制问题。

1.2　数学基础

本节我们将会介绍一些非线性系统的分析工具，这些工具将会被用于证明自适应控制系统的稳定，我们考虑以下系统：

$$\dot{\boldsymbol{x}}=f(\boldsymbol{x}) \tag{1-10}$$

式中，$\boldsymbol{x}\in\mathbf{R}^n$. 我们假设 $f:\mathbf{R}^n\to\mathbf{R}^n$ 满足局部 Lipschitz 条件，因此系统的解存在且唯一．通常假设原点是一个平衡点．

设 V 是从 $\mathbf{R}^n$ 到$[0,\infty)$的 C^1 连续可微函数，这种函数通常被称为 Lyapunov 函数．

根据式(1-10)，$\dot{V}$ 为：

$$\dot{V}(\boldsymbol{x}):=\frac{\partial V}{\partial \boldsymbol{x}}\cdot f(\boldsymbol{x}) \tag{1-11}$$

根据上述定义我们有如下结论。

定理 1.1　假设存在非负连续函数 W，有：

$$\dot{V}(\boldsymbol{x})\leqslant -W(\boldsymbol{x})\leqslant 0\quad \forall \boldsymbol{x} \tag{1-12}$$

并且对于任意 $t\geqslant 0$，所有 $\boldsymbol{x}(t)$都是有界的，那么，当 $t\to\infty$时：

$$W(\boldsymbol{x}(t))\to 0 \tag{1-13}$$

注意，式(1-13)仅适用有界解．如果$|\boldsymbol{x}(t)|\to\infty$，那么式(1-13)不一定成立．

如果 V 是径向无界的，则可以根据式(1-12)得到式(1-10)的所有解的界性．

注意，与传统的 Lyapunov 判定方法不同，这里不要求 V 是正定的，只要求是半正定的．这在自适应控制中很常用．

接下来我们给出定理 1.1 的证明.

对式(1-9)从 0 到 t 求积分，得到：

$$V(\boldsymbol{x}(t))-V(\boldsymbol{x}(0))\leqslant -\int_0^t W(\boldsymbol{x}(s))\mathrm{d}s \tag{1-14}$$

即

$$\int_0^t W(\boldsymbol{x}(s))\mathrm{d}s\leqslant V(\boldsymbol{x}(0))-V(\boldsymbol{x}(t))\leqslant V(\boldsymbol{x}(0))<\infty \tag{1-15}$$

由于上式对于任意 t 都成立，并且 $V(\boldsymbol{x}(0))$是一个常数(由初始条件决定)，可以取极限 $t\to\infty$，得出结论：

$$\int_0^\infty W(\boldsymbol{x}(s))\mathrm{d}s<\infty \tag{1-16}$$

在后面的证明中将会用到以下定理．

定理 1.2(Barbalat 引理)　若 $\boldsymbol{x}$, $\boldsymbol{x}(t)$ 和 $\int_0^\infty W(\boldsymbol{x}(s))\mathrm{d}s$ 均有界，其中 W 是关于 $\boldsymbol{x}$ 的连续函数，则式(1-13)成立.

定理 1.1 源于 Barbalat 引理，由于 $\dot{\boldsymbol{x}}=f(\boldsymbol{x})$，如果 $\boldsymbol{x}$ 有界，则 $\boldsymbol{x}$、$W(\boldsymbol{x})$ 也是有界的.

接下来让我们思考如下问题，当一个函数在$[0,\infty)$的积分是有限时，该函数是否一定收敛于 0 呢？考虑如下情况，如图 1-2 所示：

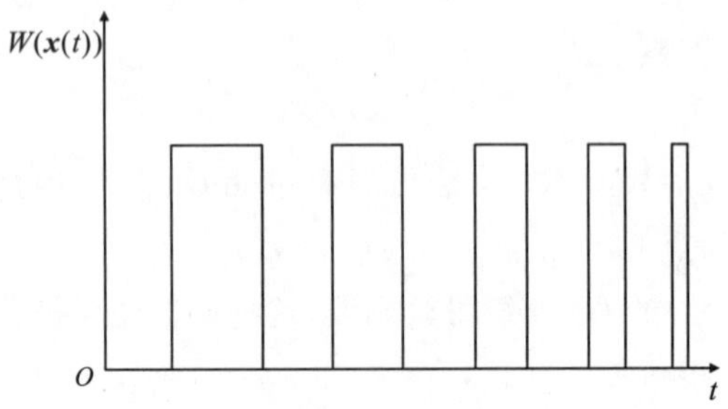

图 1-2　积分有限但不收敛的函数

如果图中脉冲下的面积按几何级数减少，即使函数不收敛于 0，总面积也是有限的. 因此存在这样的函数，它的积分有限，但并不收敛于 0.

为了在越来越短的时间间隔内达到相同的高度，脉冲会变得越来越尖. 所以，此时 $\dot{\boldsymbol{x}}$ 将不能满足有界的条件.

1.3　自适应控制及稳定性分析

在这一节中，我们将利用 1.2 节中的结论严格证明 1.1 节中所设计的自适应控制系统的稳定性. 考虑如式(1-5)所示的闭环系统和如式(1-8)所示的 Lyapunov 函数，其导数为式(1-9).

V 是径向无界的，因此所有的状态都是有界的. 令 $W(x,\hat{\theta}):=x^2$，它是非负定并且连续的(这是关于状态 x 和 $\hat{\theta}$ 的系统). 因此，根据定理 1.2，有 $W(x(t))\to 0$，则 $x(t)$ 收敛于 0.

另外，定理 1.2 没有涉及到 $\hat{\theta}(t)$，它可能不会收敛到 θ.

由于 θ 的值是未知的，上述 Lyapunov 函数也不是完全已知的，而是一个存在的抽象函数. 这个在自适应控制中非常常见(Liu et al.,2011).

需要补充的是，当第一次研究这个例子时，尝试了如式(1-6)所示的 Lyapunov 函数，其导数为式(1-7).

其正负性未知，所以定理 1.2 不适用. 事实上，甚至不能用这个 V 来说明解的有界性. 然而通过一些技巧和使用 Barbalat 引理，可以用这个 V 来证明 $x(t)\to 0$，如下.

首先，将式(1-5)中第二个公式代入式(1-7)，可得：

$$\dot{V}=(\theta-\hat{\theta}-1)\dot{\hat{\theta}}=(\theta-1)\dot{\hat{\theta}}-\hat{\theta}\dot{\hat{\theta}} \tag{1-17}$$

整理得到：

$$\frac{x^2(t)}{2}=(\theta-1)\hat{\theta}(t)-\frac{1}{2}\hat{\theta}^2+C \tag{1-18}$$

式中，C 是由初始条件（x 和 $\hat{\theta}$）确定的参数．

由式（1-5）中第二个公式可知，$\hat{\theta}$ 是单调递增的．因此，它要么接近一个有限的极限，要么无限制地增长．如果它是无限的，那么式（1-18）的右边将变成负数，这与式（1-18）的左边产生了矛盾．这表明 $\hat{\theta}(t)$ 是有界的，再由式（1-18），可以看出 $x(t)$ 也必须是有界的．

整理式（1-5）中的第二个公式，得到：

$$\int_0^t x^2(s)\mathrm{d}s=\hat{\theta}(t) \tag{1-19}$$

现已证明 $\hat{\theta}$ 对于所有 t 都是有界的，根据式（1-19）可得 $\int_0^t x^2(s)\mathrm{d}s$ 也是有界的．所以，可以应用 Barbalat 引理，得出当 $t\to\infty$ 时，有 $x(t)\to 0$.

这种证明比之前基于定理 1.1 的证明更加复杂，但是在自适应控制中经常使用．

1.4 通用调节器

在上面的例子中所设计的控制输入可以稳定任何式（1-1）所描述的系统，更一般的是对于给定的一类对象，如果控制输入被称为通用调节器，那么对于这个类的任何对象，都可以保证：

①闭环系统中所有的信号都是有界的.

②当 $t\to\infty$ 时，状态趋向于 0.

注意：式（1-4）中使用的 $\hat{\theta}$ 不是实际的 θ 的值，因为无法保证 $\hat{\theta}-\theta$ 会在任意情况下都变小．可以把通用调节器想象成在控制输入增益空间中进行某种穷举搜索，这样它最终将找到给定参数未知系统的稳定的增益．严格区分通用调节器和基于估计的自适应控制器是很难的．这是因为在这两种情况下，控制输入都是动态变化的．

接下来，将探讨是否有适用一大类对象的通用调节器．

考虑如下对象：

$$\dot{y}=ay+bu \tag{1-20}$$

式中，a、b 是未知的参数，且 $b\neq 0$.

首先考虑一种简单情况，即控制增益 b 是已知的，为了不失一般性，我们认为它是负的．在这里我们会看到，这与 b 等于 1 的情况几乎无差异．

通用调节器设计为：

$$\begin{cases}\dot{k}=y^2\\ u=-ky\end{cases} \tag{1-21}$$

从上面可以看出，这里并不是在估计 a 和 b 的值，而是在控制输入增益的空间中搜索一个合适的参数．k 的微分方程是参数更新律．

此时闭环系统为：

$$\dot{y}=(a-bk)y \tag{1-22}$$

设 Lyapunov 函数：

$$V:=\frac{y^2}{2} \tag{1-23}$$

它的导数：

$$\dot{V}=(a-bk)y^2=(a-bk)\dot{k} \tag{1-24}$$

积分，得到：

$$\frac{y^2(t)}{2}=ak(t)-\frac{bk^2(t)}{2}+C \tag{1-25}$$

式中，C 是由初始条件确定的常数．

从式(1-21)中的参数更新律得到，k 是单调递增的．因此，它要么无限接近一个常数，要么无限增长．如果它是无界的，那么式(1-25)等号右边就是负的，而等号左边为正，这就与假设矛盾了．因此得出 k 是有界的，故 y 也是有界的．

对式(1-21)积分，得到：

$$\int_0^t y^2(s)\mathrm{d}s=k(t) \tag{1-26}$$

因为 k 是有界的，所以得到 $\int_0^t y^2(s)\mathrm{d}s$ 也是有界的．

已知 y 和 $\dot{y}$ 都是有界的，通过 Barbalat 引理，可得当 $t\to\infty$ 时，$y(t)\to 0$.

因此，可以得出结论，对于式(1-20)给出的所有 $a\in\mathbf{R}$ 和 $b<0$ 的对象，上述控制输入是通用调节器．

现在回到式(1-20)中，如果 b 的符号可以任意(除了 $b\neq 0$)，这种额外的不确定性使得设计通用调节器的问题更加复杂．

考虑下面控制输入：

$$\begin{cases}\dot{z}=f(z,y)\\ u=h(z,y)\end{cases} \tag{1-27}$$

式中，$z\in\mathbf{R}$，f 和 h 为连续有理函数(即没有实极点的多项式比值).

下面我们来说明如果式(1-20)中的 b 未知，则上述控制输入不是通用调节器．

则闭环系统为：

$$\begin{cases}\dot{y}=ay+bh(z,y)\\ \dot{z}=f(z,y)\end{cases} \tag{1-28}$$

根据通用调节器的定义，式(1-28)中的所有信号都是有界的．为了证明上述控制输入不是一个通用调节器，必须证明，对于 f 和 h 的每一个选择，都存在一个 a 和 b，无法使得 $y\to 0$.

首先，需证明 f 不能是零函数．如果是零函数，那么 z 的值将会是常数，即 $z \equiv z_0$，则系统变为：

$$\dot{y} = ay + bh(z_0, y) \tag{1-29}$$

假设对于 $\forall\ yh > 0\ (z_0, y) > 0$．然后选择 $a = 1$ 且 $b = 1$，得到：

$$\begin{cases} \dot{y} = y + h(z_0, y) \\ \forall\ y > 0 \end{cases} \tag{1-30}$$

这意味着，对于一个正的初始条件，y 的值只能增加，所以它不会趋近于 0.

现在假设如果存在 $y_0 > 0$ 使得 $h(z_0, y_0) = 0$，然后设 $a = 0$ 且 b 为任意值，得出：

$$\dot{y} = bh(z_0, y) \tag{1-31}$$

式中，$y = y_0$ 是平衡的．同样，y 不能从初始状态变为 0. 因此，f 不等于 0.

这里也存在一个 z_0，使得 $f(z_0, y)$ 是一个关于 y 的非零函数．存在一个 $y_0 > 0$，使得对于所有的 $y \geqslant y_0$，$f(z_0, y) > 0$，即：

$$\begin{cases} f(z_0, y) > 0 \\ \forall\ y > y_0 \end{cases} \tag{1-32}$$

现在考虑 $f(z, y_0)$ 作为 z 的函数，它也是有理函数，因此存在 $z_1 > z_0$，使得对于所有 $z > z_1$，$f(z, y_0)$ 都不变号，并假设符号为正．

由连续性可知，当 $z > z_0$ 时，$f(z, y_0)$ 有下限．

现在，选择 $a > 0$，$b > 0$ 并且足够小，即：

$$\begin{cases} ay_0 + bh(z, y_0) > 0 \\ \forall\ z \geqslant z_0 \end{cases} \tag{1-33}$$

从式(1-28)、式(1-32)、式(1-33)中可以看出解始终在一个集合里：

$$\{(y, z) : y \geqslant y_0, z \geqslant z_0\} \tag{1-34}$$

因为在这个区间里，它们都收敛于内部，即它是闭环系统的不变区域．所以，从该区域的初始条件开始，y 无法趋近于 0.

那么，在 b 的符号未知的情况下，是否存在通用调节器呢？

Nussbaum 在 1983 年证明了这一点．

设控制输入为：

$$\begin{cases} \dot{k} = y^2 \\ u = -N(k)ky \end{cases} \tag{1-35}$$

其中，$N(\cdot)$ 表示任意函数．

$$\begin{cases} \sup\limits_{k>0} \dfrac{1}{k}\displaystyle\int_0^k N(s)s\,\mathrm{d}s = \infty \\ \inf\limits_{k>0} \dfrac{1}{k}\displaystyle\int_0^k N(s)s\,\mathrm{d}s = -\infty \end{cases} \tag{1-36}$$

即在 k 越来越高的情况下，函数值不断地在正负之间切换，如 $N(k) = k\cos(k)$.

由于 N 有无穷多个零点，所以它不是有理的，那么它有可能成为通用调节器．

根据上述通用调节器,我们可以对系统的稳定性进行分析.

考虑如式(1-23)所示的 Lyapunov 函数,对其求导,得出:

$$\dot{V}=(a-bN(k)k)y^2=(a-bN(k)k)\dot{k} \tag{1-37}$$

再对其积分,有:

$$\frac{y^2(t)}{2}=ak(t)-b\int_0^{k(t)}N(s)s\mathrm{d}s+C \tag{1-38}$$

式中,C 是由初始条件决定的常数.

和之前一样,k 是单调递增的,所以要么它有一个有限的极限,要么无限增长.如果是无界的,那么式(1-38)的右边最终会变成负的,但实际上,当 k 达到某个 $\bar{k}$ 值时,从 $N(\cdot)$ 的定义,就会发生下面这种情况:

$$b\frac{1}{\bar{k}}\int_0^{\bar{k}}N(s)s\mathrm{d}s>a+\frac{C}{k} \tag{1-39}$$

但式(1-38)左边不可能为负,这就与上面矛盾.由此得出 k 和 y 都是有界的.

与之前的分析一样,$\int_0^t y^2(s)s\mathrm{d}s$ (因为 k 是有界的),y 和 $\dot{y}$ 是有界的,由 Barbalat 引理可得出 $y\to 0$.

第 2 章　自适应反步法

本章将介绍反步法.反步法是一种递归的设计方法,它的主要思想是通过递归地构造 Lyapunov 函数获得反馈控制输入.为了更容易地理解反步法的思想,我们从简单的低阶系统开始,然后将其推广到 n 阶系统.

2.1　Lyapunov 函数下的反步法

反步法是 20 世纪 90 年代初提出的一种基于递归的 Lyapunov 函数方法,Krstic 等(1995)全面论述了这一技术.反步法的思想是将一些状态变量视为"虚拟控制输入",并为它们设计中间控制输入从而递归地设计控制输入.

为了清楚地说明这个过程,我们考虑以下三阶严格反馈系统.

$$\begin{cases}\dot{x}_1 = x_2 + x_1^2 \\ \dot{x}_2 = x_3 + x_2^2 \\ \dot{x}_3 = u\end{cases} \tag{2-1}$$

式中,x_1,x_2 和 x_3 是系统状态;u 是控制输入.

控制目标是设计状态反馈控制输入 u 来使所有状态收敛到零点.

接下来,我们基于 Lyapunov 函数并利用反步法,推导上述三阶严格反馈系统的控制输入.

步骤 1　从式(2-1)的第一个方程开始,我们定义 $z_1 = x_1$,并得到:

$$\dot{z}_1 = x_2 + x_1^2 \tag{2-2}$$

我们把 x_2 看作一个控制变量,并为式(2-2)定义了一个虚拟控制输入——α_1.令 z_2 为一个误差变量,表示控制度量和虚拟控制输入之间的差异,即:

$$z_2 = x_2 - \alpha_1 \tag{2-3}$$

因此,根据 z_1、z_2 的定义,我们可以将式(2-2)改写为:

$$\dot{z}_1 = \alpha_1 + x_1^2 + z_2 \tag{2-4}$$

在这一步中,我们的目标是设计一个使 $z_1 \to 0$ 的虚拟控制输入 α_1.考虑一个 Lyapunov 函数:

$$V_1 = \frac{1}{2} z_1^2 \tag{2-5}$$

其时间导数为：

$$\dot{V}_1 = z_1 (\alpha_1 + x_1^2) + z_1 z_2 \tag{2-6}$$

现在我们可以选择一个适当的虚拟控制输入 α_1，它将使一阶系统式(2-2)稳定：

$$\alpha_1 = -c_1 z_1 - x_1^2 \tag{2-7}$$

$$\dot{\alpha}_1 = -(c_1 + 2x_1)(x_2 + x_1^2) \tag{2-8}$$

式中，c_1 是正常数.

然后 V_1 的时间导数变成：

$$\dot{V}_1 = -c_1 z_1^2 + z_1 z_2 \tag{2-9}$$

显然，如果 $z_2=0$，那么 $V_1=-c_1 z_1^2$，z_1 将渐近收敛到零.

步骤 2　接下来，我们将推导 $z_2 = x_2 - \alpha_1$ 的导数：

$$\dot{z}_2 = \dot{x}_2 - \dot{\alpha}_1 = x_3 + x_2^2 + (c_1 + 2x_1)(x_2 + x_1^2) \tag{2-10}$$

式中，x_3 被视为控制变量.

定义一个虚拟控制输入 α_2，设 z_3 为误差变量，代表控制变量和虚拟控制输入之间的差异：

$$z_3 = x_3 - \alpha_2 \tag{2-11}$$

式(2-10)可以写为：

$$\dot{z}_2 = z_3 + \alpha_2 + x_2^2 + (c_1 + 2x_1)(x_2 + x_1^2) \tag{2-12}$$

这时我们的控制目标是使 $z_2 \to 0$. 选择一个 Lyapunov 函数：

$$V_2 = V_1 + \frac{1}{2} z_2^2 \tag{2-13}$$

V_2 的时间导数为：

$$\dot{V}_2 = -c_1 z_1^2 + z_1 z_2 + z_2 \dot{z}_2 \tag{2-14}$$

现在我们可以选择一个合适的虚拟控制输入 α_2 来消除一些与 z_1、x_1 和 x_2 相关的项，而涉及 z_3 的项不能被消除.

$$\alpha_2 = -z_1 - c_2 z_2 - x_2^2 - (c_1 + 2x_1)(x_2 + x_1^2) \tag{2-15}$$

式中，c_2 是正常数.

所以 V_2 的时间导数变成：

$$\dot{V}_2 = -c_1 z_1^2 - c_2 z_2^2 + z_2 z_3 = -\sum_{i=1}^{2} c_i z_i^2 + z_2 z_3 \tag{2-16}$$

显然，如果 $z_3=0$，那么 $\dot{V}_2 = -\sum_{i=1}^{2} c_i z_i^3$，因此 z_1 和 z_2 都将保证渐近收敛到零.

步骤 3　接下来，我们推导出 $z_3 = x_3 - \alpha_2$ 的导数为：

$$\dot{z}_3 = u - \frac{\partial \alpha_2}{\partial x_1}(x_2 + x_1^2) - \frac{\partial \alpha_2}{\partial x_2}(x_3 + x_2^2) \tag{2-17}$$

在这个等式中，实际的控制输入 u 出现，并由我们设计. 我们的目标是设计实际控制输

入 u，使 z_1、z_2、z_3 收敛到零．选择一个 Lyapunov 函数 V_3：

$$V_3 = V_2 + \frac{1}{2}z_3^2 \tag{2-18}$$

其时间导数由下式给出：

$$\dot{V}_3 = -\sum_{i=1}^{2} c_i z_i^2 + z_3\left(u + z_2 - \frac{\partial \alpha_2}{\partial x_1}(x_2 + x_1^2) - \frac{\partial \alpha_2}{\partial x_2}(x_3 + x_2^2)\right) \tag{2-19}$$

我们最终能够通过设计如下控制输入 u，使 $\dot{V}_3 \leqslant 0$：

$$u = -z_2 - c_3 z_3 + \frac{\partial \alpha_2}{\partial x_1}(x_2 + x_1^2) + \frac{\partial \alpha_2}{\partial x_2}(x_3 + x_2^2) \tag{2-20}$$

式中，c_3 是正常数．

此时 Lyapunov 函数 V_3 的导数为：

$$\dot{V}_3 = -\sum_{i=1}^{3} c_i z_i^2 \tag{2-21}$$

Lasalle 定理保证了 z_1、z_2 和 z_3 的全局一致有界性，由此得出在 $t \to \infty$ 时，z_1、z_2、$z_3 \to 0$．由 $x_2 = z_2 + \alpha_1$ 以及式(2-7)可以得出 x_2 有界．类似地，x_3 的有界性由式(2-15)中 α_2 的有界性和 $x_3 = z_3 + \alpha_2$ 的事实得出．结合式(2-20)，我们得出结论，控制输入 $u(t)$ 也是有界的．

上面的例子说明了反步法的思想．在下文中，我们将考虑含有未知参数的系统的控制输入设计．

2.2　二阶系统自适应反步法

在本节中，我们将考虑一种含有线性未知参数的系统．通过参数估计器估计未知参数，结合虚拟控制输入，设计自适应控制器．在系统运行期间通过调节控制输入的参数，使在存在参数不确定性的情况下，自适应控制器能够确保系统的稳定性．

为了说明自适应反步法的思想，我们首先考虑以下二阶系统．

$$\begin{cases} \dot{x}_1 = x_2 + \boldsymbol{\varphi}_1^{\mathrm{T}}(x_1)\boldsymbol{\theta} \\ \dot{x}_2 = u + \boldsymbol{\varphi}_2^{\mathrm{T}}(x_1, x_2)\boldsymbol{\theta} \end{cases} \tag{2-22}$$

式中，$\boldsymbol{\theta} \in \mathbf{R}^r$ 是未知的常数向量；$\boldsymbol{\varphi}_1 \in \mathbf{R}^r$ 和 $\boldsymbol{\varphi}_2 \in \mathbf{R}^r$ 是已知的非线性函数．我们的控制目标是实现系统全局稳定并实现 x_1 对参考信号 x_r 的渐近跟踪．

为了方便控制输入的设计，做出以下假设．

假设 2.1：参考信号 x_r 和它的一阶、二阶导数是分段连续且有界的．

下面详细说明设计过程，令

$$z_1 = x_1 - x_r \tag{2-23}$$

$$z_2 = x_2 - \alpha_1 - \dot{x}_r \tag{2-24}$$

式中，α_1 为虚拟控制输入．

如果 $\boldsymbol{\theta}$ 已知，则虚拟控制输入 α_1 设计为：

$$\alpha_1 = -c_1 z_1 - \boldsymbol{\varphi}_1^{\mathrm{T}} \boldsymbol{\theta} \tag{2-25}$$

选择 Lyapunov 函数为：

$$V = \frac{1}{2} z_1^2 + \frac{1}{2} z_2^2 \tag{2-26}$$

我们的目标是使其导数为负定，即：

$$\begin{aligned} \dot{V} &= z_1 \dot{z}_1 + z_2 \dot{z}_2 \\ &= -c_1 z_1^2 + z_1 z_2 + z_2 \left(u + \boldsymbol{\varphi}_2^{\mathrm{T}} \boldsymbol{\theta} - \frac{\partial \alpha_1}{\partial x_1} (x_2 + \boldsymbol{\varphi}_1^{\mathrm{T}} \boldsymbol{\theta}) - \frac{\partial \alpha_1}{\partial x_r} \dot{x}_r - \ddot{x}_r \right) \\ &= -c_1 z_1^2 - c_2 z_2^2 \end{aligned} \tag{2-27}$$

由式(2－2)可得控制输入为：

$$u = -z_1 - c_2 z_2 - \boldsymbol{\varphi}_2^{\mathrm{T}} \boldsymbol{\theta} + \frac{\partial \alpha_1}{\partial x_1} (x_2 + \boldsymbol{\varphi}_1^{\mathrm{T}} \boldsymbol{\theta}) + \frac{\partial \alpha_1}{\partial x_r} \dot{x}_r + \ddot{x}_r \tag{2-28}$$

由于 $\boldsymbol{\theta}$ 是未知的，我们无法实现控制输入(式(2－28))．因此我们需要使用参数估计的思想．

步骤 1　通过将 x_2 作为控制变量，从式(2－22)可得，跟踪误差 z_1 的导数为：

$$\dot{z}_1 = z_2 + \alpha_1 + \boldsymbol{\varphi}_1^{\mathrm{T}} \boldsymbol{\theta} \tag{2-29}$$

由于 $\boldsymbol{\theta}$ 是未知的，因此需要设计参数更新律获得 $\boldsymbol{\theta}$ 的估计值．

设计虚拟控制输入 α_1 和参数更新律 $\dot{\hat{\boldsymbol{\theta}}}_1$：

$$\alpha_1 = -c_1 z_1 - \boldsymbol{\varphi}_1^{\mathrm{T}} \hat{\boldsymbol{\theta}}_1 \tag{2-30}$$

$$\dot{\hat{\boldsymbol{\theta}}}_1 = \boldsymbol{\Gamma} \boldsymbol{\varphi}_1 z_1 \tag{2-31}$$

式中，$\hat{\boldsymbol{\theta}}_1$ 是 $\boldsymbol{\theta}$ 的估计值；c_1 是正常数；$\boldsymbol{\Gamma}$ 是正定矩阵．

考虑如下 Lyapunov 函数：

$$V_1 = \frac{1}{2} z_1^2 + \frac{1}{2} \tilde{\boldsymbol{\theta}}_1^{\mathrm{T}} \boldsymbol{\Gamma}^{-1} \tilde{\boldsymbol{\theta}}_1 \tag{2-32}$$

式中，$\boldsymbol{\Gamma}$ 是正定矩阵；$\tilde{\boldsymbol{\theta}}_1 = \boldsymbol{\theta} - \hat{\boldsymbol{\theta}}_1$.

则 V_1 的导数为：

$$\begin{aligned} \dot{V}_1 &= z_1 \dot{z}_1 - \tilde{\boldsymbol{\theta}}_1^{\mathrm{T}} \boldsymbol{\Gamma}^{-1} \dot{\hat{\boldsymbol{\theta}}}_1 \\ &= -c_1 z_1^2 + z_1 z_2 - \tilde{\boldsymbol{\theta}}_1^{\mathrm{T}} \boldsymbol{\Gamma}^{-1} (\hat{\boldsymbol{\theta}}_1 - \boldsymbol{\Gamma} \boldsymbol{\varphi}_1 z_1) \\ &= -c_1 z_1^2 + z_1 z_2 \end{aligned} \tag{2-33}$$

步骤 2　接下来对 z_2 求导，可得：

$$
\begin{aligned}
\dot{z}_2 &= \dot{x}_2 - \dot{\alpha}_1 - \ddot{x}_r \\
&= u + \boldsymbol{\varphi}_2^{\mathrm{T}}\boldsymbol{\theta} - \frac{\partial \alpha_1}{\partial x_1}(x_2 + \boldsymbol{\varphi}_1^{\mathrm{T}}\boldsymbol{\theta}) - \frac{\partial \alpha_1}{\partial \hat{\boldsymbol{\theta}}_1}\dot{\hat{\boldsymbol{\theta}}}_1 - \frac{\partial \alpha_1}{\partial x_r}\dot{x}_r - \ddot{x}_r \\
&= u - \frac{\partial \alpha_1}{\partial x_1}x_2 + \left(\boldsymbol{\varphi}_2 - \frac{\partial \alpha_1}{\partial x_1}\boldsymbol{\varphi}_1\right)^{\mathrm{T}}\boldsymbol{\theta} - \frac{\partial \alpha_1}{\partial \hat{\boldsymbol{\theta}}_1}\boldsymbol{\Gamma}\boldsymbol{\varphi}_1 z_1 - \frac{\partial \alpha_1}{\partial x_r}\dot{x}_r - \ddot{x}_r
\end{aligned} \tag{2-34}
$$

然后考虑 Lyapunov 函数为式(2－13)，其导数是：

$$
\begin{aligned}
\dot{V}_2 &= \dot{V}_1 + z_2\dot{z}_2 \\
&= -c_1 z_1^2 + z_2\left(u + z_1 - \frac{\partial \alpha_1}{\partial x_1}x_2 + \left(\boldsymbol{\varphi}_2 - \frac{\partial \alpha_1}{\partial x_1}\boldsymbol{\varphi}_1\right)^{\mathrm{T}}\boldsymbol{\theta} - \frac{\partial \alpha_1}{\partial \hat{\boldsymbol{\theta}}_1}\boldsymbol{\Gamma}\boldsymbol{\varphi}_1 z_1 - \frac{\partial \alpha_1}{\partial x_r}\dot{x}_r - \ddot{x}_r\right)
\end{aligned} \tag{2-35}
$$

控制输入 u 的目的是消除式(2－35)中的其余 6 个项．为了处理包含未知参数 $\boldsymbol{\theta}$ 的项，我们尝试使用第一步中设计的估计值 $\hat{\boldsymbol{\theta}}_1$：

$$
u = -z_1 - c_2 z_2 + \frac{\partial \alpha_1}{\partial x_1}x_2 - \left(\boldsymbol{\varphi}_2 - \frac{\partial \alpha_1}{\partial x_1}\boldsymbol{\varphi}_1\right)^{\mathrm{T}}\hat{\boldsymbol{\theta}}_1 + \frac{\partial \alpha_1}{\partial \hat{\boldsymbol{\theta}}_1}\boldsymbol{\Gamma}\boldsymbol{\varphi}_1 z_1 + \frac{\partial \alpha_1}{\partial x_r}\dot{x}_r + \ddot{x}_r \tag{2-36}
$$

式中，c_2 是一个正常数．

因此，V_2 的导数可进一步表示为：

$$
\dot{V}_2 = -c_1 z_1^2 - c_2 z_2^2 + \left(\boldsymbol{\varphi}_2 - \frac{\partial \alpha_1}{\partial x_1}\boldsymbol{\varphi}_1\right)^{\mathrm{T}}(\boldsymbol{\theta} - \hat{\boldsymbol{\theta}}_1) \tag{2-37}
$$

可以看出，项 $\left(\boldsymbol{\varphi}_2 - \frac{\partial \alpha_1}{\partial x_1}\boldsymbol{\varphi}_1\right)^{\mathrm{T}}(\boldsymbol{\theta} - \hat{\boldsymbol{\theta}}_1)$ 不能被抵消．为了消除该项，我们需要将式(2－34)中的 $\boldsymbol{\theta}$ 视为新的参数矢量，并选择如下的控制输入 u：

$$
u = -z_1 - c_2 z_2 + \frac{\partial \alpha_1}{\partial x_1}x_2 - \left(\boldsymbol{\varphi}_2 - \frac{\partial \alpha_1}{\partial x_1}\boldsymbol{\varphi}_1\right)^{\mathrm{T}}\hat{\boldsymbol{\theta}}_2 + \frac{\partial \alpha_1}{\partial \hat{\boldsymbol{\theta}}_1}\boldsymbol{\Gamma}\boldsymbol{\varphi}_1 z_1 + \frac{\partial \alpha_1}{\partial x_r}\dot{x}_r + \ddot{x}_r \tag{2-38}
$$

式中，$\hat{\boldsymbol{\theta}}_2$ 是 $\hat{\boldsymbol{\theta}}$ 的新的估计值．

因此式(2－34)变成：

$$
\dot{z}_2 = -z_1 - c_2 z_2 + \left(\boldsymbol{\varphi}_2 - \frac{\partial \alpha_1}{\partial x_1}\boldsymbol{\varphi}_1\right)^{\mathrm{T}}(\boldsymbol{\theta} - \hat{\boldsymbol{\theta}}_2) \tag{2-39}
$$

我们在此步骤中的目标是稳定(z_1, z_2)系统．新的参数估计 $\hat{\boldsymbol{\theta}}_2$ 的存在需要对以下形式的 Lyapunov 函数 V_2 进行修正：

$$
V_2 = V_1 + \frac{1}{2}z_2^2 + \frac{1}{2}\tilde{\boldsymbol{\theta}}_2^{\mathrm{T}}\boldsymbol{\Gamma}^{-1}\tilde{\boldsymbol{\theta}}_2 \tag{2-40}
$$

式中，$\tilde{\boldsymbol{\theta}}_2 = \boldsymbol{\theta} - \hat{\boldsymbol{\theta}}_2$.

则 V_2 的 Lyapunov 函数的导数为：

$$
\begin{aligned}
\dot{V}_2 &= \dot{V}_1 + z_2\dot{z}_2 - \tilde{\boldsymbol{\theta}}_2^{\mathrm{T}}\boldsymbol{\Gamma}^{-1}\dot{\hat{\boldsymbol{\theta}}}_2 \\
&= -c_1z_1^2 + z_2\left(-c_2z_2 + \left(\boldsymbol{\varphi}_2 - \tilde{\boldsymbol{\theta}}_2^{\mathrm{T}}\frac{\partial\alpha_1}{\partial x_1}\boldsymbol{\varphi}_1\right)\right) - \tilde{\boldsymbol{\theta}}_2^{\mathrm{T}}\boldsymbol{\Gamma}^{-1}\hat{\boldsymbol{\theta}}_2 \\
&= -c_1z_1^2 - c_2z_2^2 - \tilde{\boldsymbol{\theta}}_2^{\mathrm{T}}\boldsymbol{\Gamma}^{-1}\left(\hat{\boldsymbol{\theta}}_2 - \boldsymbol{\Gamma}\left(\boldsymbol{\varphi}_2 - \frac{\partial\alpha_1}{\partial x_1}\boldsymbol{\varphi}_1\right)z_2\right)
\end{aligned}
\tag{2-41}
$$

我们选择 $\hat{\boldsymbol{\theta}}_2$ 的更新律为：

$$
\dot{\hat{\boldsymbol{\theta}}}_2 = \boldsymbol{\Gamma}\left(\boldsymbol{\varphi}_2 - \frac{\partial\alpha_1}{\partial x_1}\boldsymbol{\varphi}_1\right)z_2 \tag{2-42}
$$

然后 V_2 的导数为：

$$
\dot{V}_2 = -c_1z_1^2 - c_2z_2^2 \tag{2-43}
$$

通过使用 Lasalle 定理，此 Lyapunov 函数（式(2－43)）可以保证 z_1、z_2、$\hat{\boldsymbol{\theta}}_1$、$\hat{\boldsymbol{\theta}}_2$ 全局一致有界性且当 $t\to\infty$ 时，z_1、$z_2\to 0$. 因此，可以实现渐近跟踪，使得 $\lim\limits_{t\to\infty}(x_1-x_r)=0$. 由于 z_1 和 x_r 是有界的，因此从 $x_1=z_1+x_r$ 中可知 x_1 有界. x_2 的有界性遵循式(2－30)中 α_1 的有界性，以及 $x_2=z_2+\alpha_1+\dot{x}_r$. 结合式(2－38)，我们得出结论，控制输入也有界.

2.3 自适应反步法的扩展

2.3.1 带调谐函数的自适应反步法

从 2.2 节可以看出，该节所述的自适应反步法采用过参数化估计，即在这种情况下对相同参数向量 $\boldsymbol{\theta}$ 进行两次估计. 为了改善这种情况，我们将在本节中引入一种新的具有调谐函数的自适应反步法来解决该问题.

为了给出调谐函数的清晰概念，我们考虑式(2－22)中具有相同控制目标的系统，即 x_1 对 x_r 的渐近跟踪如式(2－23)、式(2－24).

设计程序步骤阐述如下.

步骤 1 我们从式(2－22)的第一个方程式开始，考虑 x_2 作为控制变量. 跟踪误差 z_1 的导数如式(2－29).

选择 Lyapunov 函数式(2－32)，那么 V_1 的导数为：

$$
\begin{aligned}
\dot{V}_1 &= z_1\dot{z}_1 - \tilde{\boldsymbol{\theta}}_1^{\mathrm{T}}\boldsymbol{\Gamma}^{-1}\dot{\hat{\boldsymbol{\theta}}} \\
&= z_1(z_2 + \alpha_1 + \boldsymbol{\varphi}_1^{\mathrm{T}}\hat{\boldsymbol{\theta}}) - \tilde{\boldsymbol{\theta}}^{\mathrm{T}}(\boldsymbol{\Gamma}^{-1}\hat{\boldsymbol{\theta}} - \boldsymbol{\varphi}_1z_1)
\end{aligned}
\tag{2-44}
$$

我们可以通过选择 $\dot{\hat{\boldsymbol{\theta}}}=\boldsymbol{\Gamma}\boldsymbol{\varphi}_1z_1$ 来消除 $\tilde{\boldsymbol{\theta}}$. 令 $z_2=0$，我们选择如下 α_1 使 $V_1\leqslant 0$.

$$
\alpha_1 = -c_1z_1 - \boldsymbol{\varphi}_1^{\mathrm{T}}\hat{\boldsymbol{\theta}} \tag{2-45}
$$

式中，c_1 是正常数；$\hat{\boldsymbol{\theta}}$ 是 $\boldsymbol{\theta}$ 的估计值.

然而，为了克服 2.2 节中出现的由于 $\boldsymbol{\theta}$ 引起的过参数化问题，我们不使用这个参数更新律来估计 $\boldsymbol{\theta}$. 我们定义一个函数 $\boldsymbol{\tau}_1$，命名为调谐函数，如下所示：

$$\boldsymbol{\tau}_1 = \boldsymbol{\varphi}_1 z_1 \tag{2-46}$$

V_1 的最终导数为：

$$\dot{V}_1 = -c_1 z_1^2 + z_1 z_2 - \tilde{\boldsymbol{\theta}}^{\mathrm{T}} (\boldsymbol{\Gamma}^{-1} \dot{\hat{\boldsymbol{\theta}}} - \boldsymbol{\tau}_1) \tag{2-47}$$

步骤 2　我们推导出 z_2 的导数为：

$$\dot{z}_2 = u - \frac{\partial \alpha_1}{\partial x_1} x_2 + \left(\boldsymbol{\varphi}_2 - \frac{\partial \alpha_1}{\partial x_1} \boldsymbol{\varphi}_1\right)^{\mathrm{T}} \boldsymbol{\theta} - \frac{\partial \alpha_1}{\partial \hat{\boldsymbol{\theta}}} \dot{\hat{\boldsymbol{\theta}}} - \frac{\partial \alpha_1}{\partial x_r} \dot{x}_r - \ddot{x}_r \tag{2-48}$$

在这个等式中，实际的控制输入 u 出现，可由我们设计．控制 Lyapunov 函数选择如下：

$$V_2 = V_1 + \frac{1}{2} z_2^2 = \frac{1}{2} z_1^2 + \frac{1}{2} z_2^2 + \frac{1}{2} \tilde{\boldsymbol{\theta}}^{\mathrm{T}} \boldsymbol{\Gamma}^{-1} \tilde{\boldsymbol{\theta}} \tag{2-49}$$

我们的任务是使 $\dot{V}_2 \leqslant 0$：

$$\begin{aligned}\dot{V}_2 = &-c_1 z_1^2 + z_2 \left(u + z_1 - \frac{\partial \alpha_1}{\partial x_1} x_2 + \hat{\boldsymbol{\theta}}^{\mathrm{T}} \left(\boldsymbol{\varphi}_2 - \frac{\partial \alpha_1}{\partial x_1} \boldsymbol{\varphi}_1\right) - \frac{\partial \alpha_1}{\partial \hat{\boldsymbol{\theta}}} \dot{\hat{\boldsymbol{\theta}}} - \right. \\ &\left. \frac{\partial \alpha_1}{\partial x_r} \dot{x}_r - \ddot{x}_r \right) + \tilde{\boldsymbol{\theta}}^{\mathrm{T}} \left(\boldsymbol{\tau}_1 + \left(\boldsymbol{\varphi}_2 - \frac{\partial \alpha_1}{\partial x_1} \boldsymbol{\varphi}_1\right) z_2 - \boldsymbol{\Gamma}^{-1} \dot{\hat{\boldsymbol{\theta}}}\right)\end{aligned} \tag{2-50}$$

最后，通过将参数更新律设计为 $\dot{\hat{\boldsymbol{\theta}}} = \boldsymbol{\Gamma} \boldsymbol{\tau}_2$，我们可以从式(2-50)中消除 $\tilde{\boldsymbol{\theta}}$ 项。其中 $\boldsymbol{\tau}_2$ 是第二个调谐函数，并将其设计为：

$$\boldsymbol{\tau}_2 = \boldsymbol{\tau}_1 + \left(\boldsymbol{\varphi}_2 - \frac{\partial \alpha_1}{\partial x_1} \boldsymbol{\varphi}_1\right) z_2 \tag{2-51}$$

然后我们可以得到：

$$\dot{V}_2 = -c_1 z_1^2 + z_2 \left(u + z_1 - \frac{\partial \alpha_1}{\partial x_1} x_2 + \hat{\boldsymbol{\theta}}^{\mathrm{T}} \left(\boldsymbol{\varphi}_2 - \frac{\partial \alpha_1}{\partial x_1} \boldsymbol{\varphi}_1\right) - \frac{\partial \alpha_1}{\partial \hat{\boldsymbol{\theta}}} \boldsymbol{\Gamma} \boldsymbol{\tau}_2 - \frac{\partial \alpha_1}{\partial x_r} \dot{x}_r - \ddot{x}_r \right) \tag{2-52}$$

为了使式(2-48)稳定，选择实际控制输入以消除剩余项并使 $V_2 \leqslant 0$，即：

$$u = -z_1 - c_2 z_2 + \frac{\partial \alpha_1}{\partial x_1} x_2 - \hat{\boldsymbol{\theta}}^{\mathrm{T}} \left(\boldsymbol{\varphi}_2 - \frac{\partial \alpha_1}{\partial x_1} \boldsymbol{\varphi}_1\right) + \frac{\partial \alpha_1}{\partial \hat{\boldsymbol{\theta}}} \boldsymbol{\Gamma} \boldsymbol{\tau}_2 + \frac{\partial \alpha_1}{\partial x_r} \dot{x}_r + \ddot{x}_r \tag{2-53}$$

式中，c_2 是正常数．

V_2 的导数结果为：

$$\dot{V}_2 = -c_1 z_1^2 - c_2 z_2^2 \tag{2-54}$$

该 Lyapunov 函数可以证明系统的一致稳定性及 $x_1(t) - x_r(t) \to 0$.

由上述设计可以看出，通过使用调谐函数，我们仅需要使用一个参数更新律来估计未知参数 $\boldsymbol{\theta}$，这避免了过参数化问题，并将控制输入的动态阶数降至最小．

2.3.2　状态反馈控制

我们可以把带有调谐函数的自适应反步法推广到一类高阶非线性系统，如下面的严格反馈形式：

$$\begin{cases}\dot{x}_1 = x_2 + \boldsymbol{\varphi}_1^{\mathrm{T}}(x_1)\boldsymbol{\theta} + \psi_1(x_1) \\ \dot{x}_2 = x_3 + \boldsymbol{\varphi}_2^{\mathrm{T}}(x_1, x_2)\boldsymbol{\theta} + \psi_2(x_1, x_2) \\ \vdots \\ \dot{x}_{n-1} = x_n + \boldsymbol{\varphi}_{n-1}^{\mathrm{T}}(x_1, \cdots, x_{n-1})\boldsymbol{\theta} + \psi_n(x_1, \cdots, x_{n-1}) \\ \dot{x}_n = bu + \boldsymbol{\varphi}_n^{\mathrm{T}}(x)\boldsymbol{\theta} + \psi_n(x)\end{cases} \tag{2-55}$$

式中，$\boldsymbol{x}=[x_1,\cdots,x_n]^{\mathrm{T}}\in\mathbf{R}^n$；向量 $\boldsymbol{\theta}\in\mathbf{R}^r$ 是常数且未知；$\boldsymbol{\varphi}_i\in\mathbf{R}^r$；$\psi_i\in\mathbf{R}$；$i=1,\cdots,n$ 是已知的非线性函数；高频增益 b 是未知常数．

控制目标是在下列假设条件下，使输出 x_1 渐近跟踪参考信号 x_r．

假设 2.2：b 的符号已知．

假设 2.3：参考信号 x_r 及其 n 阶导数是分段连续且有界的．

对于式(2-55)，需要进行 n 步设计．误差变量 z_i、虚拟控制输入 α_i 和调谐函数$\boldsymbol{\tau}_i$是需要我们设计生成的．最后，给出控制输入 u 和参数更新律 $\hat{\boldsymbol{\theta}}$．引入坐标的变化如式(2-23)、式(2-56)：

$$z_i = x_i - \alpha_{i-1} - x_r^{(i-1)} \tag{2-56}$$

式中，$\alpha_{i-1}(i=2,\cdots,n)$是虚拟控制输入．

设计过程在以下步骤中详细说明．

步骤 1　我们从式(2-55)的第一个等式开始，考虑 x_2 作为控制变量．跟踪误差 z_1 的导数如下：

$$\dot{z}_1 = \dot{x}_1 - \dot{x}_r = z_2 + \alpha_1 + \boldsymbol{\varphi}_1^{\mathrm{T}}\boldsymbol{\theta} + \psi_1 \tag{2-57}$$

因此，设计第一个虚拟控制输入 α_1 为：

$$\alpha_1 = -c_1 z_1 - \boldsymbol{\varphi}_1^{\mathrm{T}}\hat{\boldsymbol{\theta}} - \psi_1 \tag{2-58}$$

式中，c_1 是正常数；$\hat{\boldsymbol{\theta}}$ 是 $\boldsymbol{\theta}$ 的估计值．

我们在这一步的控制目标是通过构造 Lyapunov 函数式(2-32)来实现跟踪任务 $x_1 \to x_r$．

那么 V_1 的导数为：

$$\begin{aligned}\dot{V}_1 &= z_1\dot{z}_1 - \tilde{\boldsymbol{\theta}}_1^{\mathrm{T}}\boldsymbol{\Gamma}^{-1}\dot{\hat{\boldsymbol{\theta}}} \\ &= z_1(z_2 + \alpha_1 + \boldsymbol{\varphi}_1^{\mathrm{T}}\hat{\boldsymbol{\theta}} + \psi_1) - \tilde{\boldsymbol{\theta}}^{\mathrm{T}}(\boldsymbol{\Gamma}^{-1}\dot{\hat{\boldsymbol{\theta}}}_1 - \boldsymbol{\varphi}_1 z_1) \\ &= -c_1 z_1^2 + \tilde{\boldsymbol{\theta}}^{\mathrm{T}}(\boldsymbol{\tau}_1 - \dot{\hat{\boldsymbol{\theta}}}\boldsymbol{\Gamma}^{-1}) + z_1 z_2\end{aligned} \tag{2-59}$$

$$\boldsymbol{\tau}_1 = \boldsymbol{\varphi}_1 z_1 \tag{2-60}$$

式中，$\boldsymbol{\tau}_1$ 是第一个调谐函数．

步骤 2　我们通过将 x_3 作为控制变量来考虑式(2-55)的第二个等式．利用式(2-56)，可以导出 z_2 的导数：

$$\begin{aligned}\dot{z}_2 &= \dot{x}_2 - \dot{\alpha}_1 - \ddot{x}_r \\ &= x_3 + \boldsymbol{\varphi}_2^{\mathrm{T}}\boldsymbol{\theta} + \psi_2 - \frac{\partial \alpha_1}{\partial x_1}(x_2 + \boldsymbol{\varphi}_1^{\mathrm{T}}\boldsymbol{\theta} + \psi_1) - \frac{\partial \alpha_1}{\partial \hat{\boldsymbol{\theta}}}\dot{\hat{\boldsymbol{\theta}}} - \frac{\partial \alpha_1}{\partial x_r}\dot{x}_r \\ &= z_3 + \alpha_2 + \psi_2 - \frac{\partial \alpha_1}{\partial x_1}(x_2 + \psi_1) + \left(\boldsymbol{\varphi}_2 - \frac{\partial \alpha_1}{\partial x_1}\boldsymbol{\varphi}_1\right)^{\mathrm{T}}\theta - \frac{\partial \alpha_1}{\partial \hat{\boldsymbol{\theta}}}\dot{\hat{\boldsymbol{\theta}}} - \frac{\partial \alpha_1}{\partial x_r}\dot{x}_r\end{aligned} \tag{2-61}$$

这一步我们的目标是稳定(z_1,z_2)系统(式(2-57)、式(2-61)). Lyapunov 函数 V_2 选择为式(2-13).

现在我们选择:

$$\alpha_2 = -z_1 - c_2 z_2 - \psi_2 + \frac{\partial \alpha_1}{\partial x_1}(x_2 + \psi_1) - \hat{\boldsymbol{\theta}}^{\mathrm{T}}\left(\boldsymbol{\varphi}_2 - \frac{\partial \alpha_1}{\partial x_1}\boldsymbol{\varphi}_1\right) + \frac{\partial \alpha_1}{\partial \hat{\boldsymbol{\theta}}}\boldsymbol{\Gamma}\boldsymbol{\tau}_2 + \frac{\partial \alpha_1}{\partial x_r}\dot{x}_r \tag{2-62}$$

$$\boldsymbol{\tau}_2 = \boldsymbol{\tau}_1 + \left(\boldsymbol{\varphi}_2 - \frac{\partial \alpha_1}{\partial x_1}\boldsymbol{\varphi}_1\right) z_2 \tag{2-63}$$

式中,c_2 是正常数;$\boldsymbol{\tau}_2$ 是第二个调谐函数.

V_2 的导数结果为:

$$\dot{V}_2 = -c_1 z_1^2 - c_2 z_2^2 + z_2 z_3 + z_2 \frac{\partial \alpha_1}{\partial \hat{\boldsymbol{\theta}}}(\boldsymbol{\Gamma}\boldsymbol{\tau}_2 - \dot{\hat{\boldsymbol{\theta}}}) + \tilde{\boldsymbol{\theta}}^{\mathrm{T}}(\boldsymbol{\tau}_2 - \boldsymbol{\Gamma}^{-1}\dot{\hat{\boldsymbol{\theta}}}) \tag{2-64}$$

步骤 3　通过将 x_4 视为控制变量,由式(2-55)中的第三个等式,我们得到:

$$\begin{aligned}\dot{z}_3 = {} & z_4 + \alpha_3 + \psi_3 - \frac{\partial \alpha_2}{\partial x_1}(x_2 + \psi_1) - \frac{\partial \alpha_2}{\partial x_2}(x_3 + \psi_2) - \frac{\partial \alpha_2}{\partial x_r}\dot{x}_r - \frac{\partial \alpha_2}{\partial \dot{x}_r}\ddot{x}_r + \\ & \left(\boldsymbol{\varphi}_3 - \frac{\partial \alpha_2}{\partial x_1}\boldsymbol{\varphi}_1 - \frac{\partial \alpha_2}{\partial x_2}\boldsymbol{\varphi}_2\right)^{\mathrm{T}}\boldsymbol{\theta} - \frac{\partial \alpha_2}{\partial \hat{\boldsymbol{\theta}}}\dot{\hat{\boldsymbol{\theta}}}\end{aligned} \tag{2-65}$$

然后,我们选择:

$$\begin{aligned}\alpha_3 = {} & -z_2 - c_3 z_3 - \psi_3 + \frac{\partial \alpha_2}{\partial x_1}(x_2 + \psi_1) + \frac{\partial \alpha_2}{\partial x_2}(x_3 + \psi_2) + \frac{\partial \alpha_2}{\partial x_r}\dot{x}_r + \frac{\partial \alpha_2}{\partial \dot{x}_r}\ddot{x}_r + \\ & \left(\frac{\partial \alpha_1}{\partial \hat{\boldsymbol{\theta}}}\boldsymbol{\Gamma} z_2 - \hat{\boldsymbol{\theta}}^{\mathrm{T}}\right)\left(\boldsymbol{\varphi}_3 - \frac{\partial \alpha_2}{\partial x_1}\boldsymbol{\varphi}_1 - \frac{\partial \alpha_2}{\partial x_2}\boldsymbol{\varphi}_2\right) + \frac{\partial \alpha_2}{\partial \hat{\boldsymbol{\theta}}}\boldsymbol{\Gamma}\boldsymbol{\tau}_3\end{aligned} \tag{2-66}$$

$$\boldsymbol{\tau}_3 = \boldsymbol{\tau}_2 + \left(\boldsymbol{\varphi}_3 - \frac{\partial \alpha_2}{\partial x_1}\boldsymbol{\varphi}_1 - \frac{\partial \alpha_2}{\partial x_2}\boldsymbol{\varphi}_2\right) z_3 \tag{2-67}$$

式中,c_3 是正常数.

Lyapunov 函数定义为:

$$V_3 = V_2 + \frac{1}{2}z_3^2 \tag{2-68}$$

Lyapunov 函数 V_3 的导数为:

$$\dot{V}_3 = -\sum_{i=1}^{3} c_i z_i^2 + z_3 z_4 + z_2 \frac{\partial \alpha_1}{\partial \hat{\boldsymbol{\theta}}}\left(\boldsymbol{\Gamma\tau}_2 + \boldsymbol{\Gamma} z_3 \left(\boldsymbol{\varphi}_3 - \frac{\partial \alpha_2}{\partial x_1}\boldsymbol{\varphi}_1 - \frac{\partial \alpha_2}{\partial x_2}\boldsymbol{\varphi}_2\right) - \dot{\hat{\boldsymbol{\theta}}}\right) + \tilde{\boldsymbol{\theta}}^{\mathrm{T}}\left(\boldsymbol{\tau}_2 + z_3\left(\boldsymbol{\varphi}_3 - \frac{\partial \alpha_2}{\partial x_1}\boldsymbol{\varphi}_1 - \frac{\partial \alpha_2}{\partial x_2}\boldsymbol{\varphi}_2\right) - \boldsymbol{\Gamma}^{-1}\dot{\hat{\boldsymbol{\theta}}}\right) + z_3 \frac{\partial \alpha_2}{\partial \hat{\boldsymbol{\theta}}}(\boldsymbol{\Gamma\tau}_3 - \dot{\hat{\boldsymbol{\theta}}}) \tag{2-69}$$

因此，

$$\begin{aligned} \boldsymbol{\Gamma\tau}_2 - \dot{\hat{\boldsymbol{\theta}}} &= \boldsymbol{\Gamma\tau}_2 - \boldsymbol{\Gamma\tau}_3 + \boldsymbol{\Gamma\tau}_3 - \dot{\hat{\boldsymbol{\theta}}} \\ &= -\boldsymbol{\Gamma} z_3\left(\boldsymbol{\varphi}_3 - \frac{\partial \alpha_2}{\partial x_1}\boldsymbol{\varphi}_1 - \frac{\partial \alpha_2}{\partial x_2}\boldsymbol{\varphi}_2\right) + (\boldsymbol{\Gamma\tau}_3 - \dot{\hat{\boldsymbol{\theta}}}) \end{aligned} \tag{2-70}$$

然后我们可以得到：

$$\dot{V}_3 = -\sum_{i=1}^{3} c_i z_i^2 + z_3 z_4 + \left(z_2 \frac{\partial \alpha_1}{\partial \hat{\boldsymbol{\theta}}} + z_3 \frac{\partial \alpha_2}{\partial \hat{\boldsymbol{\theta}}}\right)(\boldsymbol{\Gamma\tau}_3 - \dot{\hat{\boldsymbol{\theta}}}) + \tilde{\boldsymbol{\theta}}^{\mathrm{T}}(\boldsymbol{\tau}_3 - \boldsymbol{\Gamma}^{-1}\dot{\hat{\boldsymbol{\theta}}}) \tag{2-71}$$

我们可以看到虚拟控制输入 α_3 包含了$\frac{\partial \alpha_1}{\partial \hat{\boldsymbol{\theta}}}\boldsymbol{\Gamma} z_2\left(\boldsymbol{\varphi}_3 - \frac{\partial \alpha_2}{\partial x_1}\boldsymbol{\varphi}_1 - \frac{\partial \alpha_2}{\partial x_2}\boldsymbol{\varphi}_2\right)$项，这是一个重要的项，因为可以用这一项，通过使用式(2-70)来消除 Lyapunov 函数的导数 $\dot{V}_3$ 中的项 $z_2 \frac{\partial \alpha_1}{\partial \hat{\boldsymbol{\theta}}}\boldsymbol{\Gamma}(\boldsymbol{\tau}_2 - \boldsymbol{\tau}_3)$.

步骤 $i(i=4,\cdots,n)$　以递归方式重复该过程，我们导出 z_i 的第 i 个跟踪误差：

$$\dot{z}_i = z_{i+1} + \alpha_i + \psi_i - \sum_{j=1}^{i-1}\frac{\partial \alpha_{i-1}}{\partial x_j}(x_{j+1} + \psi_j) + \boldsymbol{\theta}^{\mathrm{T}}\left(\boldsymbol{\varphi}_i - \sum_{j=1}^{i-1}\frac{\partial \alpha_{i-1}}{\partial x_j}\boldsymbol{\varphi}_j\right) + \frac{\partial \alpha_{i-1}}{\partial \hat{\boldsymbol{\theta}}}\boldsymbol{\Gamma\tau}_i + \left(\sum_{j=2}^{i-1} z_j \frac{\partial \alpha_{j-1}}{\partial \hat{\boldsymbol{\theta}}}\right)\boldsymbol{\Gamma}\left(\boldsymbol{\varphi}_i - \sum_{j=1}^{i-1}\frac{\partial \alpha_{i-1}}{\partial x_j}\boldsymbol{\varphi}_j\right) + \sum_{j=1}^{i-1}\frac{\partial \alpha_{i-1}}{\partial x_r^{(j-1)}} x_r^{(j)} \tag{2-72}$$

我们选择虚拟控制输入 α_i：

$$\alpha_i = -c_i z_i - z_{i-1} - \psi_i + \sum_{j=1}^{i-1}\frac{\partial \alpha_{i-1}}{\partial x_j}(x_{j+1} + \psi_j) - \hat{\boldsymbol{\theta}}^{\mathrm{T}}\left(\boldsymbol{\varphi}_i - \sum_{j=1}^{i-1}\frac{\partial \alpha_{i-1}}{\partial x_j}\boldsymbol{\varphi}_j\right) + \frac{\partial \alpha_{i-1}}{\partial \hat{\boldsymbol{\theta}}}\boldsymbol{\Gamma\tau}_i + \left(\sum_{j=2}^{i-1} z_j \frac{\partial \alpha_{j-1}}{\partial \hat{\boldsymbol{\theta}}}\right)\boldsymbol{\Gamma}\left(\boldsymbol{\varphi}_i - \sum_{j=1}^{i-1}\frac{\partial \alpha_{i-1}}{\partial x_j}\boldsymbol{\varphi}_j\right) + \sum_{j=1}^{i-1}\frac{\partial \alpha_{i-1}}{\partial x_r^{(j-1)}} x_r^{(j)} \tag{2-73}$$

以及调谐函数：

$$\boldsymbol{\tau}_i = \boldsymbol{\tau}_{i-1} + \left(\boldsymbol{\varphi}_i - \sum_{j=1}^{i-1}\frac{\partial \alpha_{i-1}}{\partial x_j}\boldsymbol{\varphi}_j\right) z_i \tag{2-74}$$

我们可以选择 Lyapunov 函数：

$$V_i = V_{i-1} + \frac{1}{2} z_i^2 \tag{2-75}$$

其导数如下：

$$\dot{V}_i = -\sum_{j=1}^{i} c_j z_j^2 + z_i z_{i+1} + \left(\sum_{j=2}^{i} z_j \frac{\partial \alpha_{j-1}}{\partial \hat{\boldsymbol{\theta}}}\right)(\boldsymbol{\Gamma\tau}_i - \dot{\hat{\boldsymbol{\theta}}}) + \tilde{\boldsymbol{\theta}}^{\mathrm{T}}(\boldsymbol{\tau}_i - \boldsymbol{\Gamma}^{-1}\dot{\hat{\boldsymbol{\theta}}}) \tag{2-76}$$

在第 n 步中，我们设计实际的控制输入 u. 我们可以设计 z_n 的导数为：

$$\dot{z}_n = bu + \psi_n - \sum_{j=1}^{n-1} \frac{\partial \alpha_{i-1}}{\partial x_j}(x_{j+1} + \psi_j) + \boldsymbol{\theta}^{\mathrm{T}}\left(\boldsymbol{\varphi}_n - \sum_{j=1}^{n-1} \frac{\partial \alpha_{i-1}}{\partial x_j}\boldsymbol{\varphi}_j\right) - \frac{\partial \alpha_{n-1}}{\partial \hat{\boldsymbol{\theta}}}\dot{\hat{\boldsymbol{\theta}}} - \sum_{j=1}^{n-1} \frac{\partial \alpha_{i-1}}{\partial x_r^{(j-1)}} x_r^{(j)} - x_r^{(n)} \tag{2-77}$$

控制输入 u，以及 $\boldsymbol{\theta}$ 和 $\hat{p}$ 的参数更新律为：

$$u = \hat{p}\bar{u} \tag{2-78}$$

$$\bar{u} = \alpha_n + x_r^{(n)} \tag{2-79}$$

$$\dot{\hat{\boldsymbol{\theta}}} = \boldsymbol{\Gamma}\boldsymbol{\tau}_n \tag{2-80}$$

$$\dot{\hat{p}} = -\gamma \operatorname{sgn}(b)\bar{u}z_n \tag{2-81}$$

式中，γ 是正常数；$\hat{p}$ 是 $p = 1/b$ 的估计值．

可以得到：

$$\begin{aligned} bu &= b\hat{p}\bar{u} \\ &= \bar{u} - b\tilde{p}\bar{u} \end{aligned} \tag{2-82}$$

式中，$\tilde{p} = p - \hat{p}$．

我们选择 Lyapunov 函数：

$$\begin{aligned} V_n &= V_{n-1} + \frac{|b|}{2\gamma}\tilde{p}^2 \\ &= \sum_{i=1}^{n} \frac{1}{2}z_i^2 + \frac{1}{2}\tilde{\boldsymbol{\theta}}^{\mathrm{T}}\boldsymbol{\Gamma}^{-1}\tilde{\boldsymbol{\theta}} + \frac{|b|}{2\gamma}\tilde{p}^2 \end{aligned} \tag{2-83}$$

式中，γ 是正的设计参数．

那么它的导数由下式给出：

$$\begin{aligned} \dot{V}_n &= -\sum_{i=1}^{n} c_i z_i^2 + \left(\sum_{j=2}^{n} z_j \frac{\partial \alpha_{j-1}}{\partial \hat{\boldsymbol{\theta}}}\right)(\boldsymbol{\Gamma}\boldsymbol{\tau}_n - \dot{\hat{\boldsymbol{\theta}}}) + \tilde{\boldsymbol{\theta}}^{\mathrm{T}}(\boldsymbol{\tau}_n - \boldsymbol{\Gamma}^{-1}\dot{\hat{\boldsymbol{\theta}}}) - \\ &\quad \frac{|b|}{\gamma}\tilde{p}(\dot{\hat{p}} + \gamma \operatorname{sgn}(b)\bar{u}z_n) \\ &= -\sum_{i=1}^{n} c_i z_i^2 \leqslant 0 \end{aligned} \tag{2-84}$$

根据 Lasalle 定理，该 Lyapunov 函数保证 $z_1, z_2, \cdots, z_n$ 和 $\hat{\boldsymbol{\theta}}, \hat{p}$ 有界，且 $z_i \to 0, i = 1, \cdots, n$，这进一步说明 $\lim_{t\to\infty}(x_1 - x_r) = 0$. 由于 $x_1 = z_1 + x_r$，所以 x_1 也是有界的．x_2 的有界性来自式(2-58)中的 $\dot{x}_r$ 和 α_1 的有界性且 $x_2 = z_2 + \alpha_1 + \dot{x}_r$. 同样，$x_i (i = 3, \cdots, n)$的有界性可以由式(2-73)中的 $x_r^{(i-1)}$ 和 α_i 的有界性以及 $x_i = z_i + \alpha_{i-1} + x_r^{(i-1)}$ 来保证．因此，我们可以保证所有信号有界且渐近跟踪．

本部分设计的控制输入达到了稳定和跟踪的目的，通过使用调谐函数克服了过度参数化问题，参数估计的数量等于未知参数的数量．

2.3.3　输出反馈控制

现在,我们介绍非线性系统的输出反馈的反步法设计流程,其形式如式(2-85)所示,其非线性仅取决于系统输出 y.

$$\begin{cases} \dot{x}_1 &= x_2 + \boldsymbol{\varphi}_1^{\mathrm{T}}(y)\boldsymbol{\theta} + \psi_1(y) \\ &\vdots \\ \dot{x}_{\rho-1} &= x_\rho + \boldsymbol{\varphi}_{\rho-1}^{\mathrm{T}}(y)\boldsymbol{\theta} + \psi_{\rho-1}(y) \\ \dot{x}_\rho &= x_{\rho+1} + \boldsymbol{\varphi}_\rho^{\mathrm{T}}(y)\boldsymbol{\theta} + \psi_\rho(y) + b_m u \\ &\vdots \\ \dot{x}_{n-1} &= x_n + \boldsymbol{\varphi}_{n-1}^{\mathrm{T}}(y)\boldsymbol{\theta} + \psi_{n-1}(y) + b_1 u \\ \dot{x}_n &= \boldsymbol{\varphi}_n^{\mathrm{T}}(y)\boldsymbol{\theta} + \psi_n(y) + b_0 u \\ y &= x_1 \end{cases} \tag{2-85}$$

式中,$x_1,\cdots,x_n$ 是系统状态;y 是系统输出;u 是控制输入;向量 $\boldsymbol{\theta}\in\mathbf{R}^r$ 是常数且未知;$\boldsymbol{\varphi}_i(y)\in\mathbf{R}^r$;$i=1,\cdots,n$ 是已知的非线性函数;$b_m,\cdots,b_0$ 是未知常量.

为了设计控制输入,做出以下假设.

假设 2.4:b_m 是已知的.

假设 2.5:$\rho=n-m$ 是已知的,系统是最小相位.

假设 2.6:参考信号 y_r 和它的 ρ 阶导数是分段连续,且有界的.

我们的控制目标是实现系统的全局稳定,使 y 对 y_r 渐近跟踪.

为了设计所需的自适应输出反馈控制输入,我们重写式(2-85):

$$\dot{\boldsymbol{x}} = \mathbf{A}x + \boldsymbol{\Phi}(y)\boldsymbol{\theta} + \boldsymbol{\Psi}(y) + \begin{bmatrix} 0 \\ \boldsymbol{b} \end{bmatrix} u \tag{2-86}$$

其中,

$$\mathbf{A} = \begin{bmatrix} 0 & 1 & 0 & \cdots & 0 \\ 0 & 0 & 1 & \cdots & 0 \\ \vdots & \vdots & \vdots & \ddots & \vdots \\ 0 & 0 & 0 & \cdots & 1 \\ 0 & 0 & 0 & \cdots & 0 \end{bmatrix}, \boldsymbol{\Psi}(y) = \begin{bmatrix} \psi_1(y) \\ \vdots \\ \psi_n(y) \end{bmatrix}$$

$$\boldsymbol{\Phi}(y) = \begin{bmatrix} \boldsymbol{\varphi}_1^{\mathrm{T}}(y) \\ \vdots \\ \boldsymbol{\varphi}_n^{\mathrm{T}}(y) \end{bmatrix}, \boldsymbol{b} = \begin{bmatrix} b_m \\ \vdots \\ b_0 \end{bmatrix}$$

注意,仅系统输出 y 可测.故我们需要设计滤波器以估计 x 并生成一些辅助信号用于控制输入设计.这些滤波器设计为:

$$\dot{\boldsymbol{\xi}} = \mathbf{A}_0\boldsymbol{\xi} + \boldsymbol{k}y + \boldsymbol{\Psi}(y) \tag{2-87}$$

$$\dot{\boldsymbol{\Xi}}^{\mathrm{T}}=\boldsymbol{A}_0\boldsymbol{\Xi}^{\mathrm{T}}+\boldsymbol{\Phi}(y) \tag{2-88}$$

$$\dot{\boldsymbol{\lambda}}=\boldsymbol{A}_0\boldsymbol{\lambda}+\boldsymbol{e}_n u \tag{2-89}$$

$$\boldsymbol{v}_i=\boldsymbol{A}_0^i\boldsymbol{\lambda},\quad i=0,1,\cdots,m \tag{2-90}$$

式中，$\boldsymbol{k}=[k_1,\cdots,k_n]^{\mathrm{T}}$，使得 $\boldsymbol{A}_0=\boldsymbol{A}-\boldsymbol{k}\boldsymbol{e}_1^{\mathrm{T}}$ 的所有特征值都位于复数平面的左半平面．

此时，状态估计为：

$$\hat{\boldsymbol{x}}(t)=\boldsymbol{\xi}+\boldsymbol{\Xi}^{\mathrm{T}}\boldsymbol{\theta}+\sum_{i=0}^{m}b_i\boldsymbol{v}_i \tag{2-91}$$

注意，由于参数 $\boldsymbol{\theta}$ 和 $\boldsymbol{b}$ 未知，因此状态估计 $\hat{\boldsymbol{x}}$ 不能在后续的控制输入设计中使用．相反，它将用于稳定性分析．$\hat{\boldsymbol{x}}$ 的导数为：

$$\begin{aligned}\dot{\hat{\boldsymbol{x}}}(t)&=\dot{\boldsymbol{\xi}}+\dot{\boldsymbol{\Xi}}^{\mathrm{T}}\boldsymbol{\theta}+\sum_{i=0}^{m}b_i\dot{\boldsymbol{v}}_i\\&=\boldsymbol{A}_0\boldsymbol{\xi}+\boldsymbol{k}y+\boldsymbol{\Psi}(y)+(\boldsymbol{A}_0\boldsymbol{\Xi}^{\mathrm{T}}+\boldsymbol{\Phi}(y))\boldsymbol{\theta}+\sum_{i=0}^{m}b_i\boldsymbol{A}_0^i(\boldsymbol{A}_0\boldsymbol{\lambda}+\boldsymbol{e}_n u)\\&=\boldsymbol{A}_0\Big(\boldsymbol{\xi}+\boldsymbol{\Xi}^{\mathrm{T}}\boldsymbol{\theta}+\sum_{i=0}^{m}b_i\boldsymbol{v}_i\Big)+\boldsymbol{k}y+\boldsymbol{\Phi}(y)\boldsymbol{\theta}+\boldsymbol{\Psi}(y)+\begin{bmatrix}0\\\boldsymbol{b}\end{bmatrix}u\\&=\boldsymbol{A}_0\hat{\boldsymbol{x}}+\boldsymbol{k}y+\boldsymbol{\Phi}(y)\boldsymbol{\theta}+\boldsymbol{\Psi}(y)+\begin{bmatrix}0\\\boldsymbol{b}\end{bmatrix}u\end{aligned} \tag{2-92}$$

令状态估计误差为：

$$\boldsymbol{\epsilon}=\boldsymbol{x}(t)-\hat{\boldsymbol{x}}(t) \tag{2-93}$$

式(2-93)满足：

$$\begin{aligned}\dot{\boldsymbol{\epsilon}}&=\dot{\boldsymbol{x}}(t)-\dot{\hat{\boldsymbol{x}}}(t)\\&=\boldsymbol{A}\boldsymbol{x}-\boldsymbol{k}y-\boldsymbol{A}_0\hat{\boldsymbol{x}}\\&=(\boldsymbol{A}_0+\boldsymbol{k}\boldsymbol{e}_1^{\mathrm{T}})\boldsymbol{x}-\boldsymbol{k}y-\boldsymbol{A}_0\hat{\boldsymbol{x}}\\&=\boldsymbol{A}_0\boldsymbol{\epsilon}\end{aligned} \tag{2-94}$$

设 $\boldsymbol{P}\in\mathbf{R}^{n\times n}$ 为正定矩阵，满足 $\boldsymbol{P}\boldsymbol{A}_0+\boldsymbol{A}_0^{\mathrm{T}}\boldsymbol{P}\leqslant-\boldsymbol{I}$，并且

$$\boldsymbol{V}_{\epsilon}=\boldsymbol{\epsilon}^{\mathrm{T}}\boldsymbol{P}\boldsymbol{\epsilon} \tag{2-95}$$

可以证明：

$$\dot{\boldsymbol{V}}_{\epsilon}=\boldsymbol{\epsilon}^{\mathrm{T}}(\boldsymbol{P}\boldsymbol{A}_0+\boldsymbol{A}_0^{\mathrm{T}}\boldsymbol{P})\boldsymbol{\epsilon}\leqslant-\boldsymbol{\epsilon}^{\mathrm{T}}\boldsymbol{\epsilon} \tag{2-96}$$

此 Lyapunov 函数可确保 $\boldsymbol{\epsilon}\to 0$，表示 $\hat{\boldsymbol{x}}(t)\to\boldsymbol{x}(t)$.

注意，反步设计从系统输出 y 开始，这是允许在控制输入中出现的唯一可用系统状态. y 的动态方程表示为：

$$\begin{aligned}\dot{y}&=x_2+\boldsymbol{\varphi}_1^{\mathrm{T}}(y)\boldsymbol{\theta}(t)+\psi_1(y)\\&=b_m\nu_{m,2}+\xi_2+\psi_1(y)+\bar{\boldsymbol{\omega}}^{\mathrm{T}}\boldsymbol{\Theta}+\epsilon_2\end{aligned} \tag{2-97}$$

上述公式中：

$$\boldsymbol{\Theta}=[b_m,\cdots,b_0,\boldsymbol{\theta}^{\mathrm{T}}]^{\mathrm{T}} \tag{2-98}$$

$$\boldsymbol{\omega}=[\nu_{m,2},\nu_{m-1,2},\cdots,\nu_{0,2},\boldsymbol{\Xi}_2+\boldsymbol{\varphi}_1^{\mathrm{T}}]^{\mathrm{T}} \tag{2-99}$$

$$\bar{\boldsymbol{\omega}}=[0,\nu_{m-1,2},\cdots,\nu_{0,2},\boldsymbol{\Xi}_2+\boldsymbol{\varphi}_1^{\mathrm{T}}]^{\mathrm{T}} \tag{2-100}$$

在上述方程中,$\epsilon_2,\nu_{i,2},\xi_2,\boldsymbol{\Xi}_2$ 表示 $\boldsymbol{\epsilon},\boldsymbol{\nu}_i,\boldsymbol{\xi},\boldsymbol{\Xi}$ 的第二项.

将系统(式(2-85))与我们的滤波器(式(2-98)—式(2-100))相结合,系统(式(2-85))可表示为:

$$\dot{y}=b_m\nu_{m,2}+\xi_2+\psi_1(y)+\bar{\boldsymbol{\omega}}^{\mathrm{T}}\boldsymbol{\Theta}+\epsilon_2 \tag{2-101}$$

$$\dot{\nu}_{m,i}=\nu_{m,i+1}-\dot{k}_i\nu_{m,1},\quad i=2,3,\cdots,\rho-1 \tag{2-102}$$

$$\dot{\nu}_{m,\rho}=\nu_{m,\rho+1}-k_\rho\nu_{m,1}+u \tag{2-103}$$

系统(式(2-101)—式(2-103))作为我们控制输入设计所参考的系统,其中 $y,\nu_{m,2},\cdots,\nu_{m,\rho}$ 可用.我们在这个阶段的任务是使系统全局稳定,并实现 $y\to y_r$ 的渐近跟踪.

接下来我们采用反步法进行设计:

$$z_1=y-y_r \tag{2-104}$$

$$z_i=\nu_{m,i}-\alpha_{i-1}-\hat{\beta}y_r^{(i-1)},\quad i=2,3,\cdots,\rho \tag{2-105}$$

式中,$\hat{\beta}$ 是 $\beta=1/b_m$ 的参数估计;α_{i-1} 是每一步的虚拟控制输入.这部分将在后面的讨论中确定.

步骤 1 跟踪误差 z_1 的导数,可从式(2-101)和式(2-104)中得到:

$$\dot{z}_1=b_m\nu_{m,2}+\xi_2+\psi_1(y)+\bar{\boldsymbol{\omega}}^{\mathrm{T}}\boldsymbol{\Theta}+\epsilon_2-\dot{y}_r \tag{2-106}$$

根据式(2-105)和 $\tilde{\beta}=\dfrac{1}{b_m}-\dfrac{1}{\hat{b}_m}$,可得:

$$\dot{z}_1=b_m\alpha_1+\xi_2+\psi_1(y)+\bar{\boldsymbol{\omega}}^{\mathrm{T}}\boldsymbol{\Theta}+\epsilon_2-b_m\tilde{\beta}\dot{y}_r+b_mz_2 \tag{2-107}$$

我们将 $\nu_{m,2}$ 看作控制变量,我们选择虚拟控制输入 α_1:

$$\alpha_1=\hat{\beta}\bar{\alpha}_1 \tag{2-108}$$

$$\bar{\alpha}_1=-c_1z_1-d_1z_1-\xi_2-\psi_1(y)-\bar{\boldsymbol{\omega}}^{\mathrm{T}}\hat{\boldsymbol{\Theta}} \tag{2-109}$$

式中,c_1、d_1 是正的设计参数;$\hat{\boldsymbol{\Theta}}$ 是 $\boldsymbol{\Theta}$ 的参数估计.

从式(2-107)和式(2-108)可知:

$$\begin{aligned}\dot{z}_1&=-c_1z_1-d_1z_1+\epsilon_2+\bar{\boldsymbol{\omega}}^{\mathrm{T}}\tilde{\boldsymbol{\Theta}}-b_m(\dot{y}_r+\bar{\alpha}_1)\tilde{\beta}+b_mz_2\\&=-(c_1+d_1)z_1+\epsilon_2+(\boldsymbol{\omega}-\hat{\beta}(\dot{y}_r+\bar{\alpha}_1)\boldsymbol{e}_1)^{\mathrm{T}}\tilde{\boldsymbol{\Theta}}-b_m(\dot{y}_r+\bar{\alpha}_1)\tilde{\beta}+\hat{b}_mz_2\end{aligned} \tag{2-110}$$

式中,$\tilde{\boldsymbol{\Theta}}=\boldsymbol{\Theta}-\hat{\boldsymbol{\Theta}}$.

$$b_m\alpha_1=b_m\hat{\rho}\bar{\alpha}_1=\bar{\alpha}_1-b_m\tilde{\beta}\bar{\alpha}_1 \tag{2-111}$$

$$\begin{aligned}\bar{\boldsymbol{\omega}}^{\mathrm{T}}\tilde{\boldsymbol{\Theta}}+b_mz_2&=\bar{\boldsymbol{\omega}}^{\mathrm{T}}\tilde{\boldsymbol{\Theta}}+\tilde{b}_mz_2+\hat{b}_mz_2\\&=\bar{\boldsymbol{\omega}}^{\mathrm{T}}\tilde{\Theta}+(\nu_{m,2}-\hat{\beta}\dot{y}_r-\alpha_1)\boldsymbol{e}_1^{\mathrm{T}}\tilde{\boldsymbol{\Theta}}+\hat{b}_mz_2\\&=(\omega-\hat{\beta}(\dot{y}_r+\bar{\alpha}_1)e_1)^{\mathrm{T}}\tilde{\Theta}+\hat{b}_mz_2\end{aligned} \tag{2-112}$$

将 Lyapunov 函数 V_1 定义为：

$$V_1=\frac{1}{2}z_1^2+\frac{1}{2}\widetilde{\boldsymbol{\Theta}}^{\mathrm{T}}\boldsymbol{\Gamma}^{-1}\widetilde{\boldsymbol{\Theta}}+\frac{|b_m|}{2\gamma}\tilde{\beta}^2+\frac{1}{2d_1}\boldsymbol{\epsilon}^{\mathrm{T}}\boldsymbol{P}_{\epsilon} \tag{2-113}$$

式中，$\boldsymbol{\Gamma}$ 是一个正定矩阵；γ 是一个正设计参数；$\boldsymbol{P}$ 是一个正定矩阵，使得 $\boldsymbol{P}\boldsymbol{A}_0+\boldsymbol{A}_0^{\mathrm{T}}\boldsymbol{P}=-\boldsymbol{I}$，$\boldsymbol{P}=\boldsymbol{P}^{\mathrm{T}}>0$.

V_1 的导数为：

$$\begin{aligned}\dot{V}_1\leqslant&\, z_1\dot{z}_1-\widetilde{\boldsymbol{\Theta}}^{\mathrm{T}}\boldsymbol{\Gamma}^{-1}\dot{\hat{\boldsymbol{\Theta}}}-\frac{|b_m|}{\gamma}\tilde{\beta}\dot{\hat{\beta}}-\frac{1}{2d_1}\boldsymbol{\epsilon}^{\mathrm{T}}\boldsymbol{\epsilon}\\ \leqslant&-c_1z_1^2+\hat{b}_mz_1z_2-\frac{1}{4d_1}\boldsymbol{\epsilon}^{\mathrm{T}}\boldsymbol{\epsilon}-|b_m|\tilde{\beta}\frac{1}{\gamma}[\gamma\mathrm{sgn}(b_m)(\dot{y}_r+\bar{\alpha}_1)z_1+\dot{\hat{\beta}}]+\\ &\widetilde{\boldsymbol{\Theta}}^{\mathrm{T}}((\boldsymbol{\omega}-\hat{\beta}(\dot{y}_r+\bar{\alpha}_1)\boldsymbol{e}_1)z_1-\boldsymbol{\Gamma}^{-1}\dot{\hat{\boldsymbol{\Theta}}})-d_1z_1^2+z_1\epsilon_2-\frac{\|\boldsymbol{\epsilon}\|^2}{4d_1}\end{aligned} \tag{2-114}$$

选择 $\hat{\beta}$ 的参数更新律为：

$$\dot{\hat{\beta}}=-\gamma\mathrm{sgn}(b_m)(\dot{y}_r+\bar{\alpha}_1)z_1 \tag{2-115}$$

定义 $\boldsymbol{\tau}_1$ 为：

$$\boldsymbol{\tau}_1=(\boldsymbol{\omega}-\hat{\beta}(\dot{y}_r+\bar{\alpha}_1)\boldsymbol{e}_1)z_1 \tag{2-116}$$

$\boldsymbol{\tau}_1$ 称为第一个调谐函数.

然后利用杨氏不等式 $ab\leqslant d_1a^2+\frac{1}{4d_1}b^2$，由参数更新律式(2-115)和式(2-116)可以推导出如下公式：

$$\dot{V}_1\leqslant-c_1z_1^2+\hat{b}_mz_1z_2-\frac{1}{4d_1}\boldsymbol{\epsilon}^{\mathrm{T}}\boldsymbol{\epsilon}+\widetilde{\boldsymbol{\Theta}}^{\mathrm{T}}(\boldsymbol{\tau}_1-\boldsymbol{\Gamma}^{-1}\dot{\hat{\boldsymbol{\Theta}}}) \tag{2-117}$$

在此步骤中，将 $\dot{\hat{\boldsymbol{\Theta}}}=\boldsymbol{\Gamma}\boldsymbol{\tau}_1$ 作为 $\boldsymbol{\Theta}$ 的更新定律，以避免过度参数化问题，因为 $\boldsymbol{\Theta}$ 还将出现在以下步骤中.

步骤 2　z_2 的导数为：

$$\begin{aligned}\dot{z}_2=&\,\dot{\nu}_{m,2}-\dot{\alpha}_1-\dot{y}_r-\ddot{y}_r\\ =&\,\nu_{m,3}-k_2\nu_{m,1}-\frac{\partial\alpha_1}{\partial y}(b_m\nu_{m,2}+\xi_2+\psi_1+\bar{\boldsymbol{\omega}}^{\mathrm{T}}\boldsymbol{\Theta}+\epsilon_2)-\frac{\partial\alpha_1}{\partial y_r}\dot{y}_r-\\ &\sum_{j=1}^{m+i-1}\frac{\partial\alpha_1}{\partial\lambda_j}(-k_j\lambda_1+\lambda_{j+1})-\frac{\partial\alpha_1}{\partial\boldsymbol{\xi}}(\boldsymbol{A}_0\boldsymbol{\xi}+\boldsymbol{k}y+\boldsymbol{\Psi}(y))-\\ &\frac{\partial\alpha_1}{\partial\boldsymbol{\Xi}}(\boldsymbol{A}_0\boldsymbol{\Xi}^{\mathrm{T}}+\boldsymbol{\Phi}(y))-\frac{\partial\alpha_1}{\partial\hat{\boldsymbol{\Theta}}}\dot{\hat{\boldsymbol{\Theta}}}-\frac{\partial\alpha_1}{\partial\hat{\beta}}\dot{\hat{\beta}}-\dot{\hat{\beta}}\dot{y}_r-\hat{\beta}\ddot{y}_r\\ =&\,\nu_{m,3}-\hat{\beta}\ddot{y}_r-\beta_2-\frac{\partial\alpha_1}{\partial y}(\boldsymbol{\omega}^{\mathrm{T}}\widetilde{\boldsymbol{\Theta}}+\epsilon_2)-\frac{\partial\alpha_1}{\partial\hat{\boldsymbol{\Theta}}}\dot{\hat{\boldsymbol{\Theta}}}\end{aligned} \tag{2-118}$$

其中，

$$\beta_2=\frac{\partial\alpha_1}{\partial y}(\xi_2+\psi_1+\boldsymbol{\omega}^{\mathrm{T}}\hat{\boldsymbol{\Theta}})+k_2\nu_{m,1}+\frac{\partial\alpha_1}{\partial y_r}\dot{y}_r+\left(\dot{y}_r+\frac{\partial\alpha_1}{\partial\hat{\beta}}\right)\dot{\hat{\beta}}+$$
$$\sum_{j=1}^{m+i-1}\frac{\partial\alpha_1}{\partial\lambda_j}(-k_j\lambda_1+\lambda_{j+1})+\frac{\partial\alpha_1}{\partial\boldsymbol{\xi}}(\boldsymbol{A}_0\boldsymbol{\xi}+\boldsymbol{k}y+\boldsymbol{\Psi}(y))+$$
$$\frac{\partial\alpha_1}{\partial\boldsymbol{\Xi}^{\mathrm{T}}}(\boldsymbol{A}_0\boldsymbol{\Xi}^{\mathrm{T}}+\boldsymbol{\Phi}(y))$$

通过将 $\nu_{m,3}$ 视为虚拟控制变量，并使用 $z_3=\nu_{m,3}-\alpha_2-\hat{\beta}\ddot{y}_r$，可得：

$$\dot{z}_2=z_3+\alpha_2-\beta_2-\frac{\partial\alpha_1}{\partial y}(\boldsymbol{\omega}^{\mathrm{T}}\widetilde{\boldsymbol{\Theta}}+\epsilon_2)-\frac{\partial\alpha_1}{\partial\hat{\boldsymbol{\Theta}}}\dot{\hat{\boldsymbol{\Theta}}}\tag{2-119}$$

考虑 Lyapunov 函数：

$$V_2=V_1+\frac{1}{2}z_2^2+\frac{1}{2d_2}\boldsymbol{\epsilon}^{\mathrm{T}}\boldsymbol{P}\boldsymbol{\epsilon}\tag{2-120}$$

我们选择第二虚拟控制输入 α_2 和调谐函数为：

$$\alpha_2=-\hat{b}_m z_1-\left(c_2+d_2\left(\frac{\partial\alpha_1}{\partial y}\right)^2\right)z_2+\beta_2+\frac{\partial\alpha_1}{\partial\hat{\boldsymbol{\Theta}}}\boldsymbol{\Gamma}\boldsymbol{\tau}_2$$
$$\boldsymbol{\tau}_2=\boldsymbol{\tau}_1-\frac{\partial\alpha_1}{\partial y}\boldsymbol{\omega}z_2\tag{2-121}$$

由上式可得：

$$\begin{aligned}\dot{V}_2&=\dot{V}_1+z_2\dot{z}_2-\frac{1}{2d_2}\boldsymbol{\epsilon}^{\mathrm{T}}\boldsymbol{\epsilon}\\&\leqslant-c_1z_1^2+\hat{b}_m z_1z_2+z_2\left(z_3+\alpha_2-\beta_2-\frac{\partial\alpha_1}{\partial y}(\boldsymbol{\omega}^{\mathrm{T}}\widetilde{\boldsymbol{\Theta}}+\epsilon_2)-\frac{\partial\alpha_1}{\partial\hat{\boldsymbol{\Theta}}}\dot{\hat{\boldsymbol{\Theta}}}\right)-\\&\quad\frac{1}{2d_2}\boldsymbol{\epsilon}^{\mathrm{T}}\boldsymbol{\epsilon}-\frac{1}{4d_1}\boldsymbol{\epsilon}^{\mathrm{T}}\boldsymbol{\epsilon}+\widetilde{\boldsymbol{\Theta}}^{\mathrm{T}}(\boldsymbol{\tau}_1-\boldsymbol{\Gamma}^{-1}\dot{\hat{\boldsymbol{\Theta}}})\\&\leqslant-\sum_{i=1}^{2}\left(c_iz_i^2+\frac{1}{4d_i}\boldsymbol{\epsilon}^{\mathrm{T}}\boldsymbol{\epsilon}\right)+z_2z_3+\widetilde{\boldsymbol{\Theta}}^{\mathrm{T}}(\boldsymbol{\tau}_2-\boldsymbol{\Gamma}^{-1}\dot{\hat{\boldsymbol{\Theta}}})+\frac{\partial\alpha_1}{\partial\hat{\boldsymbol{\Theta}}}(\boldsymbol{\Gamma}\boldsymbol{\tau}_2-\dot{\hat{\boldsymbol{\Theta}}})\end{aligned}\tag{2-122}$$

遵循与之前相似的方法，我们将选择 $\dot{\hat{\boldsymbol{\Theta}}}=\boldsymbol{\Gamma}\boldsymbol{\tau}_2$.

步骤 $i(i=3,\cdots,\rho)$　选择虚拟控制输入：

$$\begin{cases}\alpha_i=-z_{i-1}-\left(c_i+d_i\left(\dfrac{\partial\alpha_{i-1}}{\partial y}\right)^2\right)z_i+\beta_i+\dfrac{\partial\alpha_{i-1}}{\partial\hat{\boldsymbol{\Theta}}}\boldsymbol{\Gamma}\boldsymbol{\tau}_i-\left(\displaystyle\sum_{k=2}^{i-1}z_k\frac{\partial\alpha_{k-1}}{\partial\hat{\boldsymbol{\Theta}}}\right)\boldsymbol{\Gamma}\frac{\partial\alpha_{i-1}}{\partial y}\boldsymbol{\omega}\\ i=3,\cdots,\rho\end{cases}\tag{2-123}$$

式中，c_i 是一个正的设计参数.

而且

$$\boldsymbol{\tau}_i=\boldsymbol{\tau}_{i-1}-\frac{\partial\alpha_{i-1}}{\partial y}\boldsymbol{\omega}z_i\tag{2-124}$$

$$\beta_i = \frac{\partial \alpha_{i-1}}{\partial y}(\xi_2 + \psi_1 + \boldsymbol{\omega}^{\mathrm{T}}\hat{\boldsymbol{\Theta}}) + k_i \nu_{m,1} + \sum_{j=1}^{i-1} \frac{\partial \alpha_{i-1}}{\partial y_r^{(j-1)}} y_r^{(j)} + \left(y_r^{(i-1)} + \frac{\partial \alpha_{i-1}}{\partial \hat{\beta}} \right) \dot{\hat{\beta}} +$$
$$\sum_{j=1}^{m+i-1} \frac{\partial \alpha_{i-1}}{\partial \lambda_j}(-k_j \lambda_1 + \lambda_{j+1}) + \frac{\partial \alpha_{i-1}}{\partial \boldsymbol{\xi}}(\boldsymbol{A}_0 \boldsymbol{\xi} + \boldsymbol{k} y + \boldsymbol{\Psi}(y)) + \frac{\partial \alpha_{i-1}}{\partial \boldsymbol{\Xi}^{\mathrm{T}}}(\boldsymbol{A}_0 \boldsymbol{\Xi}^{\mathrm{T}} + \boldsymbol{\Phi}(y))$$

(2-125)

在最后一个步骤 ρ 中，自适应控制器和参数更新定律最终由下式给出：

$$u = \alpha_\rho - \nu_{m,\rho+1} + \hat{\beta} y_r^{(\rho)} \tag{2-126}$$

$$\dot{\hat{\boldsymbol{\Theta}}} = \boldsymbol{\Gamma} \boldsymbol{\tau}_\rho \tag{2-127}$$

我们定义最终的 Lyapunov 函数 V_ρ：

$$V_\rho = \sum_{i=1}^{\rho} \frac{1}{2} z_i^2 + \frac{1}{2} \tilde{\boldsymbol{\Theta}}^{\mathrm{T}} \boldsymbol{\Gamma}^{-1} \tilde{\boldsymbol{\Theta}} + \frac{|b_m|}{2\gamma} \tilde{\beta}^2 + \sum_{i=1}^{\rho} \frac{1}{2d_i} \boldsymbol{\epsilon}^{\mathrm{T}} \boldsymbol{P} \boldsymbol{\epsilon} \tag{2-128}$$

注意：

$$\boldsymbol{\Gamma} \boldsymbol{\tau}_{i-1} - \dot{\hat{\boldsymbol{\theta}}} = \boldsymbol{\Gamma} \boldsymbol{\tau}_{i-1} - \boldsymbol{\Gamma} \boldsymbol{\tau}_i + \boldsymbol{\Gamma} \boldsymbol{\tau}_i - \dot{\hat{\boldsymbol{\theta}}} = \boldsymbol{\Gamma} \frac{\partial \alpha_{i-1}}{\partial y} \boldsymbol{\omega} z_i + (\boldsymbol{\Gamma} \boldsymbol{\tau}_i - \dot{\hat{\boldsymbol{\Theta}}}) \tag{2-129}$$

从式(2-124)—式(2-128)中可知，最后一个 Lyapunov 函数的导数满足：

$$\begin{aligned} \dot{V}_\rho &= \sum_{i=1}^{\rho} z_i \dot{z}_i - \tilde{\boldsymbol{\Theta}}^{\mathrm{T}} \boldsymbol{\Gamma}^{-1} \dot{\hat{\boldsymbol{\Theta}}} - \frac{|b_m|}{\gamma} \tilde{\beta} \dot{\hat{\beta}} - \sum_{i=1}^{\rho} \frac{1}{2d_i} \boldsymbol{\epsilon}^{\mathrm{T}} \boldsymbol{\epsilon} \\ &\leqslant - \sum_{i=1}^{\rho} c_i z_i^2 - \sum_{i=1}^{\rho} \frac{1}{4d_i} \boldsymbol{\epsilon}^{\mathrm{T}} \boldsymbol{\epsilon} - \tilde{\boldsymbol{\Theta}}^{\mathrm{T}} \boldsymbol{\Gamma}^{-1} (\dot{\hat{\boldsymbol{\Theta}}} - \boldsymbol{\Gamma} \boldsymbol{\tau}_\rho) + \left(\sum_{k=2}^{\rho} z_k \frac{\partial \alpha_{k-1}}{\partial \hat{\boldsymbol{\Theta}}} \right) (\boldsymbol{\Gamma} \boldsymbol{\tau}_\rho - \dot{\hat{\boldsymbol{\Theta}}}) \\ &= - \sum_{i=1}^{\rho} c_i z_i^2 - \sum_{i=1}^{\rho} \frac{1}{4d_i} \boldsymbol{\epsilon}^{\mathrm{T}} \boldsymbol{\epsilon} \end{aligned}$$

(2-130)

根据 Lasalle 定理，我们可以证明 $z_1, z_2, \cdots, z_n$ 的全局一致有界性，由此可以得出在 $t \to \infty$ 时，$z_1, z_2, \cdots, z_n \to 0$. 因此可证 $x_1, x_2, \cdots, x_n$ 的有界性及系统输出 y 可跟踪参考信号 y_r.

第 3 章　基于神经网络/模糊逻辑的自适应控制

3.1　神经网络的理论基础

3.1.1　概述

人工神经网络(neural network,简称神经网络)是模拟人脑思维方式的数学模型．神经网络是在现代生物学研究人脑组织成果的基础上提出的,用来模拟人脑神经网络的结构和行为．它从微观结构和功能上对人脑进行了抽象和简化,是模拟人类智能的重要途径之一,反映了人脑基础功能的基本特征,如学习、记忆、联想等．

20 世纪 80 年代以来,人工神经网络的研究取得了突破性进展．随着理论的不断发展与完善,越来越多的神经网络模型被提出和改进(Li et al.,2017;Shi et al.,2017;Chen et al.,2018;Wei et al.,2018;Zhang et al.,2018;田野等,2019;Verma S et al.,2019;You et al.,2020),研究者们将神经网络的理论与控制理论相结合,提出了一种新的智能控制方法——神经网络控制．它为解决复杂的非线性、不确定性系统控制问题开辟了新途径．

3.1.2　神经网络基本原理

人脑之所以能够完成联想、记忆、思维等高级活动,是因为其结构的复杂性以及神经网络的科学性。为了能够利用数学模型来模拟人脑活动,下面将借助神经生理学上的基本概念来解释神经网络的结构和原理．

神经系统的基本构造是神经元(神经细胞),它是处理人体内各部分之间信息传递的基本单元．每个神经元都由一个细胞体、一个连接其他神经元的轴突和一些向外伸出的树突组成．轴突的功能是将本神经元的输出信号传递给别的神经元,其末端的许多神经末梢使得兴奋可以同时传给多个神经元．树突的功能是接受来自其他神经元的兴奋．神经元细胞体将接收到的所有信号进行简单处理后,由轴突输出．神经元的轴突与其他神经元末梢相连的部分称为突触．图 3 - 1 为单个神经元的解剖图．

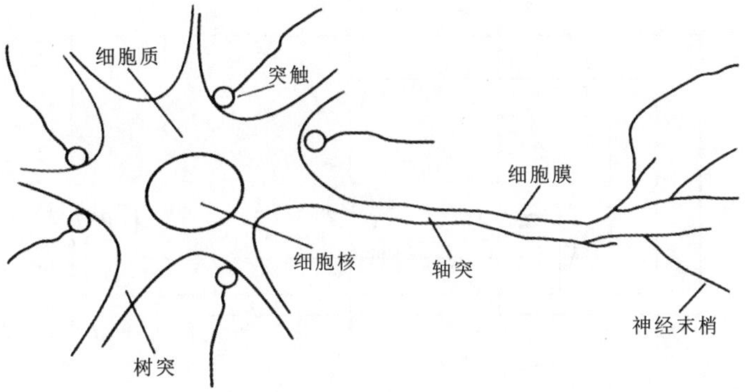

图 3-1　单个神经元的解剖图

3.1.3　神经网络的分类

目前神经网络模型很多,根据神经网络的连接方式可以将其分为三种形式.

1. 前向型神经网络

如图 3-2 所示,神经元分层排列,组成输入层、隐含层和输出层.每一层神经元只接受前一层神经元的输入.输入模式经过各层的顺次变换后,由输出层输出.在各神经元之间不存在反馈.

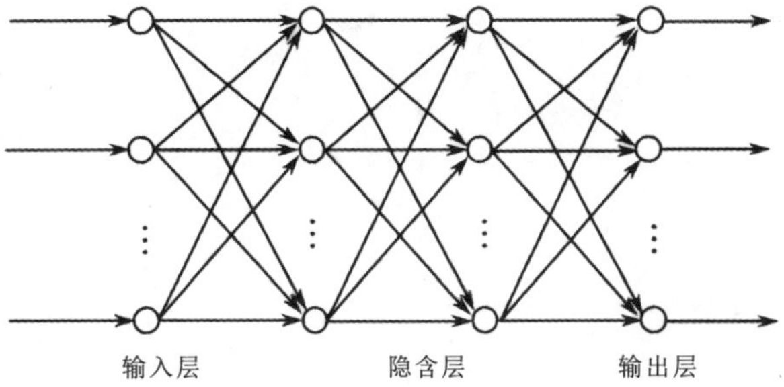

图 3-2　前向型神经网络

2. 反馈型神经网络

如图 3-3 所示,该网络结构在输出层到输入层存在反馈,即每一个输入节点都有可能接受来自外部的输入和来自本身的输出神经元的反馈.此神经网络是一种反馈动力学系统,它需要一定的时间才能够达到稳定状态.

3. 自组织神经网络

如图 3-4 所示,该神经网络在接受外界输入时,网络将会分成不同区域,不同区域具有

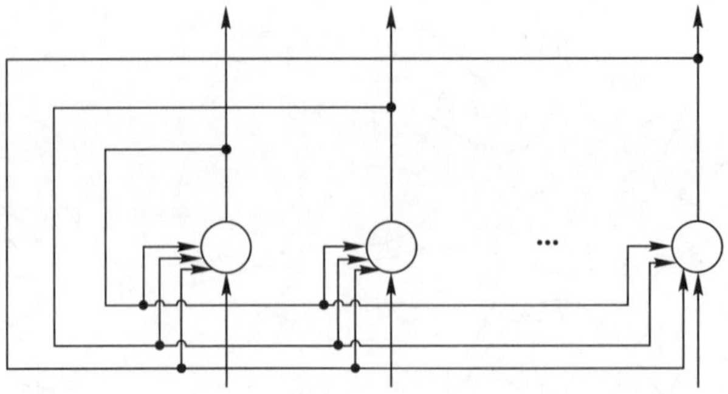

图 3-3　反馈型神经网络

不同的响应特性，即不同的神经元以最佳方式响应不同性质的激励，从而形成一种拓扑意义上的特征图．该图实际上是一种非线性映射，这种映射是通过无监督的自适应过程完成的，因此也被称为自组织特征图．

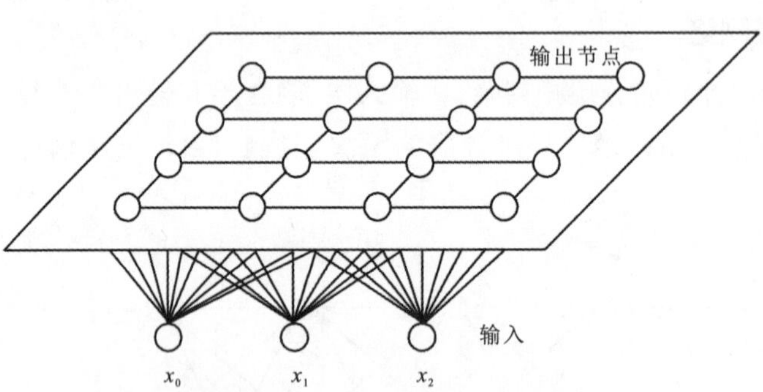

图 3-4　自组织神经网络

3.1.4　RBF 神经网络

径向基函数(radial basis function，RBF)神经网络是由 J. Moody 和 C. Darken 在 20 世纪 80 年代末提出来的一种典型的神经网络，具有单隐层的三层前馈网络．RBF 网络模拟了人脑中局部调整、相互覆盖接收域的神经网络结构，研究表明，RBF 神经网络能够以任意精度逼近任意连续函数．

由于神经网络对非线性函数具有良好的逼近能力，它已在非线性系统的辨识与控制中得到了广泛的应用．与其他神经网络相比，径向基函数(RBF)神经网络具有权值线性化的性质，使得网络的学习算法相对简单．下面将简单介绍 RBF 神经网络的逼近理论，图 3-5 为 RBF 神经网络的结构示意图．

通过图 3-5 可以发现，RBF 神经网络通常由输入层 i(n 个节点)、隐含层 j(m 个节点)

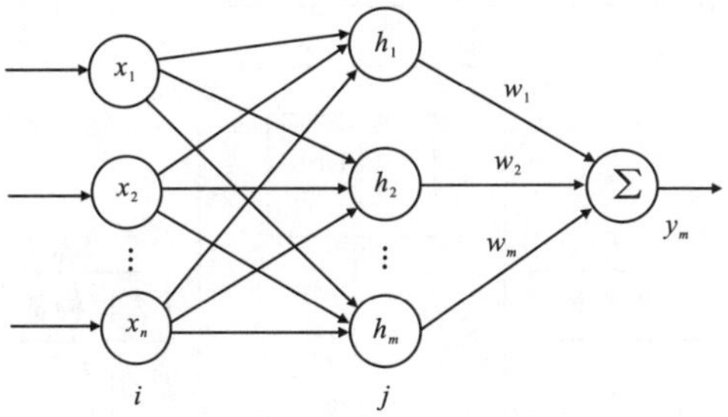

图 3-5　RBF 神经网络结构示意图

和输出层(一个节点 y_m)三层网络构成,其中隐含层是将输入空间映射到一个新的空间,输出层是对新的空间进行线性组合．研究表明,RBF 神经网络能够在一个紧集上以任意的精度逼近连续函数,即对于定义在紧集 $\mathbf{\Omega}_x \subset \mathbf{R}^n$ 的任意未知连续非线性函数 $f(\boldsymbol{x})$和给定的正常数 ε,存在神经网络 $\boldsymbol{\theta}^{*\mathrm{T}}\boldsymbol{H}(\boldsymbol{x})$使得:

$$f(x)=\boldsymbol{\theta}^{*\mathrm{T}}\boldsymbol{H}(x)+\delta(\boldsymbol{x}),\ |\delta(\boldsymbol{x})|\leqslant \varepsilon \tag{3-1}$$

式中,输入向量 $\boldsymbol{x}=[x_1,x_2,\cdots,x_n]^{\mathrm{T}}\in\mathbf{\Omega}_x\subset\mathbf{R}^n$;$\delta(x)$是逼近误差;$\boldsymbol{\theta}^*$ 是理想的权值向量,其定义如下:

$$\boldsymbol{\theta}^{*}=\operatorname{argmin}\{\sup_{x\in\mathbf{\Omega}_x}|f(x)-\boldsymbol{\theta}^{\mathrm{T}}\boldsymbol{H}(\boldsymbol{x})|\} \tag{3-2}$$

式中,$\boldsymbol{\theta}=[\theta_1,\theta_2,\cdots,\theta_m]^{\mathrm{T}}\in\mathbf{R}^m$ 是权值向量;$\boldsymbol{H}(\boldsymbol{x})=[h_1(x),h_2(x),\cdots,h_m(x)]^{\mathrm{T}}\in\mathbf{R}^m$ 为基函数向量;l 为 RBF 神经网络结点数且满足 $l>1$.

基函数通常选用以下高斯函数:

$$h_j(\boldsymbol{x})=\exp\left[-\frac{(\boldsymbol{x}-\boldsymbol{\mu}_j)^{\mathrm{T}}(\boldsymbol{x}-\boldsymbol{\mu}_j)}{2b_j^{\ 2}}\right],j=1,2,\cdots,m \tag{3-3}$$

式中,$j=1,2,\cdots,m$;$\boldsymbol{\mu}_j=[\mu_{j,1},\mu_{j,2},\cdots,\mu_{j,n}]^{\mathrm{T}}$ 是基函数的中心;$\boldsymbol{b}=[b_1,b_2,\cdots,b_m]^{\mathrm{T}}$ 是基函数的宽度向量．

3.2　模糊逻辑的理论基础

模糊逻辑(fuzzy logic)是一种类似人类推理的推理方法．模糊逻辑指模仿人脑的不确定性概念判断、推理思维方式,对于模型未知或不能确定的描述系统,以及强非线性、大滞后的控制对象,应用模糊集合和模糊规则进行推理,表达过渡性界限或定性知识经验,实行模糊综合判断,推理解决常规方法难于对付的规则型模糊信息问题．模糊逻辑善于表达界限不清晰的定性知识与经验,它借助于隶属度函数概念,区分模糊集合,处理模糊关系,模拟人脑实施规则型推理．

模糊系统的基本构形如图 3-6 所示．模糊系统有模糊器、模糊规则库、模糊推理机和去模糊器四个主要组成部分．

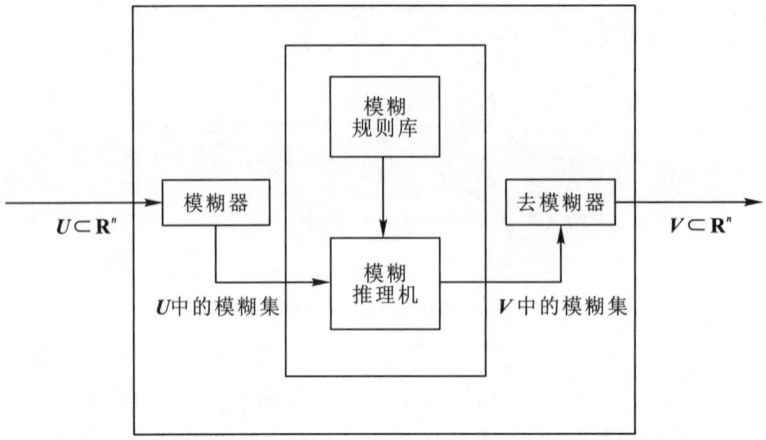

图 3-6　模糊系统结构图

我们考虑多输入单输出模糊系统,$\boldsymbol{U}\subset\mathbf{R}^n\to\mathbf{R}$,此处 $\boldsymbol{U}$ 是一个紧集．一个多输出系统总是可以分成一组单输出系统．

模糊器是从观察到的清晰输入空间 $\boldsymbol{U}\subset\mathbf{R}^n$ 到 $\boldsymbol{U}$ 中定义的模糊集合的映射,其中,$\boldsymbol{U}$ 中定义的模糊集合由隶属函数 $\mu_F:\boldsymbol{U}\to[0,1]$表示,并且由诸如“小”“中”“大”或“非常大”的语言 F 来标记．最常用的模糊器是单例模式模糊器,它将 $\boldsymbol{x}\in\boldsymbol{U}$ 映射到 $\boldsymbol{U}$ 中的模糊集合 $\boldsymbol{A}_x$,且 $\mu_{\boldsymbol{A}_x}(x)=1$. 对于任意 $\boldsymbol{x}'\in\boldsymbol{U}$ 且 $\boldsymbol{x}'\neq\boldsymbol{x}$,$\mu_{\boldsymbol{A}_x}(x')=0$.

模糊规则库由一组语言规则组成,其形式为“‘IF’满足一组条件,‘THEN’推断一组结果”. 我们考虑的模糊规则库由以下形式的 M 条规则组成：

$$R_j:\ \text{IF } x_1 \text{ is } A_1^j \text{ and } x_2 \text{ is } A_2^j, \text{and} \cdots \text{ and } x_n \text{ is } A_n^j, \text{THEN } z \text{ is } B^j$$

其中,$j=1,2,\cdots,m$;$x_i(i=1,2,\cdots,n)$是模糊系统的输入变量;z 是模糊系统的输出变量;$A_i{}^j$ 和 B^j 分别由模糊隶属函数 $\mu_{A_i{}^j}(x_i)$和 $\mu_{B^j}(z)$表示．

通过单例函数、中心平均解模糊化和乘积推理,模糊逻辑系统可以表示为：

$$z(\boldsymbol{x})=\frac{\sum_{j=1}^{N}\overline{z_l}\prod_{i=1}^{n}\mu_{F_i{}^j}(\boldsymbol{x}_i)}{\sum_{j=1}^{N}\left[\prod_{i=1}^{n}\mu_{F_i{}^j}(\boldsymbol{x}_i)\right]} \tag{3-4}$$

式中,$\overline{z_l}$ 是 $\mathbf{R}$ 中 $\mu_{B^j}(z)$取最大值的点．

将模糊基函数定义为：

$$\varphi_j=\frac{\prod_{i=1}^{n}\mu_{F_i{}^j}(\boldsymbol{x}_i)}{\sum_{j=1}^{N}\left[\prod_{i=1}^{n}\mu_{F_i{}^j}(\boldsymbol{x}_i)\right]} \tag{3-5}$$

记$\boldsymbol{\xi}^{\mathrm{T}}=[\overline{z_1},\overline{z_2},\cdots,\overline{z_n}]=[\xi_1,\xi_2,\cdots,\xi_n]$,$\boldsymbol{\varphi}(\boldsymbol{x})=[\varphi_1(\boldsymbol{x}),\varphi_2(\boldsymbol{x}),\cdots,\varphi_N(\boldsymbol{x})]^{\mathrm{T}}$,此时模糊逻辑系统 $z(\boldsymbol{x})$能够被写成：

$$z(\boldsymbol{x})=\boldsymbol{\xi}^{\mathrm{T}}\boldsymbol{\varphi}(\boldsymbol{x}) \tag{3-6}$$

任意定义在一个紧集 $\boldsymbol{\Omega}$ 上的连续函数 $\boldsymbol{f}(\boldsymbol{x})$，对于任意常数 $\varepsilon>0$，存在如下关系：

$$\sup_{x\in\boldsymbol{\Omega}}\left|\boldsymbol{f}(\boldsymbol{x})-\boldsymbol{\xi}^{\mathrm{T}}\boldsymbol{\varphi}(\boldsymbol{x})\right|\leqslant\varepsilon \tag{3-7}$$

因此任意连续函数 $f_i(x_i)$ 能够被模糊逻辑系统以任意精度逼近，即：

$$\hat{\boldsymbol{f}}(\boldsymbol{x})=\boldsymbol{\xi}^{\mathrm{T}}\boldsymbol{\varphi}(\boldsymbol{x}) \tag{3-8}$$

3.3　基于神经网络的自适应控制

对于非线性系统，自适应控制是一种通过适当的坐标变换和控制变换，将非线性控制转化为形式上的线性控制的方法，在一些情况下，它是可行的、有效的．但是对于非线性系统，特别是针对含有未知非线性项的非线性系统，设计的过程往往会很复杂．一般情况下，我们常常采用神经网络或者模糊逻辑的方法来近似逼近非线性项，将系统的未知非线性项转化为已知的非线性项．

3.3.1　一阶非线性系统自适应控制

首先，考虑一个简单的一阶非线性系统：

$$\dot{x}=u+f(x) \tag{3-9}$$

式中，$u\in\mathbf{R}$ 是控制输入；$x\in\mathbf{R}$ 是系统状态；$f(x)$ 是一个未知的连续函数．

我们的控制目标是通过设计一个合适的控制输入，使系统稳定．

由于非线性函数 $f(x)$ 未知，采用神经网络对其进行逼近．接下来，我们将进行控制输入设计和稳定性分析．

1. 控制输入设计

选取如下 Lyapunov 函数：

$$V=\frac{1}{2}\ln\frac{\bar{x}^2}{\bar{x}^2-x^2}+\frac{1}{2}\tilde{\boldsymbol{\theta}}^{\mathrm{T}}\tilde{\boldsymbol{\theta}} \tag{3-10}$$

式中，$\tilde{\boldsymbol{\theta}}=\boldsymbol{\theta}^*-\hat{\boldsymbol{\theta}}$. 我们用神经网络 $\boldsymbol{\theta}^{*\mathrm{T}}\boldsymbol{H}(x)$ 来逼近函数 $f(x)$，$\boldsymbol{\theta}^*$ 是神经网络 $\boldsymbol{\theta}^{*\mathrm{T}}\boldsymbol{H}(x)$ 中的理想权值向量（$\boldsymbol{H}(x)=[h_1(x),h_2(x),\cdots,h_l(x)]^{\mathrm{T}}$，$h_i(x)$ 是基函数），$\delta(x)$ 是逼近误差且满足 $|\delta(x)|\leqslant\delta$，$\hat{\boldsymbol{\theta}}$ 是 $\boldsymbol{\theta}^*$ 的估计值，$\bar{x}$ 是一个正常数．

对 Lyapunov 函数求导：

$$\begin{aligned}\dot{V}&=\frac{x}{\bar{x}^2-x^2}(u+f(x))-\tilde{\boldsymbol{\theta}}^{\mathrm{T}}\dot{\hat{\boldsymbol{\theta}}}\\&=\frac{x}{\bar{x}^2-x^2}(u+\boldsymbol{\theta}^{*\mathrm{T}}\boldsymbol{H}(x)+\delta(x))-\tilde{\boldsymbol{\theta}}^{\mathrm{T}}\dot{\hat{\boldsymbol{\theta}}}\end{aligned} \tag{3-11}$$

如果将控制输入设计为：

$$u=-(c+\frac{1}{2})\frac{x}{\bar{x}^2-x^2}-\hat{\boldsymbol{\theta}}^{\mathrm{T}}\boldsymbol{H}(\boldsymbol{x}) \tag{3-12}$$

参数更新律为：

$$\dot{\hat{\boldsymbol{\theta}}}=\frac{x}{\bar{x}^2-x^2}\boldsymbol{H}(\boldsymbol{x})-\rho\hat{\boldsymbol{\theta}} \tag{3-13}$$

此时，我们可以得到：

$$\dot{V}=-(c+\frac{1}{2})\frac{x^2}{(\bar{x}^2-x^2)^2}+\frac{x}{\bar{x}^2-x^2}\delta(x)+\rho\tilde{\boldsymbol{\theta}}^{\mathrm{T}}\hat{\boldsymbol{\theta}} \tag{3-14}$$

式中，c 和 ρ 都是正常数．

2. 稳定性分析

由于以下不等式成立：

$$\frac{x}{\bar{x}^2-x^2}\delta(x)\leqslant\frac{1}{2}\frac{x^2}{(\bar{x}^2-x^2)^2}+\frac{1}{2}\delta^2 \tag{3-15}$$

$$\rho\tilde{\boldsymbol{\theta}}^{\mathrm{T}}\hat{\boldsymbol{\theta}}\leqslant-\frac{\rho}{2}\tilde{\boldsymbol{\theta}}^{\mathrm{T}}\tilde{\boldsymbol{\theta}}+\frac{\rho}{2}\boldsymbol{\theta}^{*\mathrm{T}}\boldsymbol{\theta}^{*} \tag{3-16}$$

我们可以得到：

$$\begin{aligned}\dot{V}&\leqslant\frac{\rho}{2}\boldsymbol{\theta}^{*\mathrm{T}}\boldsymbol{\theta}^{*}+\frac{\delta^2}{2}-\frac{c}{\bar{x}^2-x^2}\frac{x^2}{\bar{x}^2-x^2}-\frac{\rho}{2}\tilde{\boldsymbol{\theta}}^{\mathrm{T}}\tilde{\boldsymbol{\theta}}\\&\leqslant-\alpha V+b\end{aligned} \tag{3-17}$$

由于 $|x|<|\bar{x}|$，则 $\frac{1}{\bar{x}^2-x^2}$ 是有界的．假设其边界为 M，则式(3-17)中，$\alpha=\min\{2kM,\rho\}>0$，$b=\frac{\delta^2}{2}+\frac{\rho}{2}\boldsymbol{\theta}^{*\mathrm{T}}\boldsymbol{\theta}^{*}$．因此，我们可知该系统是渐近稳定的．

需要指出的是，利用神经网络逼近原理需要假设 x 始终在紧集 $\boldsymbol{\Omega}$ 内，以保证 δ 的存在．在上面的分析中我们让系统状态 x 受限于 $(-\bar{x},\bar{x})$ 中，从而保证了 x 始终在紧集 $\boldsymbol{\Omega}$ 内．

引理 3.1　考虑非线性系统(式(3-9))，如果 $|x(t_0)|<\bar{x}$，控制输入和参数更新律设计为式(3-12)和式(3-13)，则系统状态 x 是半全局一致最终有界的，且 x 始终保持在一个紧集 $\boldsymbol{\Omega}$ 内．

证明：由于系统状态的连续性，我们可以得到一个正常数 Δt，使在 $[t_0,t_0+\Delta t)$ 上 $|x(t)|<\bar{x}$．因此，存在神经网络 $\boldsymbol{\theta}^{*\mathrm{T}}\boldsymbol{H}(x)$ 和一个正常数 $\delta>0$，满足 $f(x)=\boldsymbol{\theta}^{*\mathrm{T}}\boldsymbol{H}(x)+\delta(x)$，$|\delta(x)|\leqslant\delta$，$t\in[t_0,t_0+\Delta t)$．

构建如式(3-10)所示 Lyapunov 函数，则

$$\dot{V}=-(c+\frac{1}{2})\frac{x^2}{(\bar{x}^2-x^2)^2}+\frac{x}{\bar{x}^2-x^2}\delta(x)+\rho\tilde{\boldsymbol{\theta}}^{\mathrm{T}}\hat{\boldsymbol{\theta}} \tag{3-18}$$

由于 $\frac{x^2}{x^2-\bar{x}^2}\leqslant0$，故在 $[t_0,t_0+\Delta t)$ 上有：

$$\dot{V} \leqslant -\alpha V + b \tag{3-19}$$

从式(3-14)可以看出，对于 $\forall t \in [t_0, t_0 + \Delta t)$ 有：

$$V \leqslant \bar{V} = \max\{V(t_0), \frac{b}{\alpha}\} \tag{3-20}$$

由式(3-10)和式(3-20)可知 $\|\tilde{\boldsymbol{\theta}}\| \leqslant \sqrt{2\bar{V}}$，这意味着对于任意 $t \in [t_0, t_0 + \Delta t)$，有：

$$\|\hat{\boldsymbol{\theta}}\| \leqslant \|\boldsymbol{\theta}\| + \|\tilde{\boldsymbol{\theta}}\| \leqslant \|\boldsymbol{\theta}\| + \sqrt{2\bar{V}} \tag{3-21}$$

选择函数 $V' = \frac{1}{2}x^2$，于是有：

$$\begin{aligned} \dot{V}' &= xu + xf(x) \\ &= -\left(c + \frac{1}{2}\right)\frac{x^2}{\bar{x}^2 - x^2} - x\hat{\boldsymbol{\theta}}^{\mathrm{T}}\boldsymbol{H}(x) + xf(x) \end{aligned} \tag{3-22}$$

由于 $f(x)$ 是连续函数且 x 在一个紧集 $\boldsymbol{\Omega}$ 内，存在一个正常数 N 满足 $|f(x)| \leqslant N$. 此时我们可以得到对于任意的 $t \in [t_0, t_0 + \Delta t)$，有：

$$\dot{V}' \leqslant -\left(c + \frac{1}{2}\right)\frac{x^2}{\bar{x}^2 - x^2} + |x| N_2 \tag{3-23}$$

$$N_2 = N + \sqrt{l}(\|\boldsymbol{\theta}\| + \sqrt{2\bar{V}}) \tag{3-24}$$

式中，l 是神经网络节点数 .

从式(3-24)很容易看出，存在 $0 < \bar{x}' < \bar{x}$，当 $\bar{x}' \leqslant |x| < \bar{x}$ 时，$\dot{V}' \leqslant 0$. 此外，还可以从式(3-24)中得出 $\beta\bar{x}$ 是 $\bar{x}'$ 的上界，其中 $\beta = \frac{1}{2}(\sqrt{\frac{p^2}{N_2{}^2\bar{x}^2} + 4} - \frac{p}{N_2\bar{x}})$. 需要注意的是 $0 < \beta < 1$，因此对于任意时间 $t \in [t_0, t_0 + \Delta t)$，控制输入 u 是有界的 .

这样，对于 $\forall t \in [t_0, t_0 + \Delta t)$，有：

$$|x| \leqslant \max\{\bar{x}', |x(t_0)|\} \tag{3-25}$$

假设式(3-19)—式(3-23)在区间 $[t_0, T)$ 上成立，接下来我们试图去推导 $T = +\infty$. 如果 T 是一个有限的数，那我们可以得到 $\lim\limits_{t \to T}|x(t)| = \bar{x}$. 如果 $|x(t_0)| < \bar{x}'$，就意味着存在 $t_0 < t' < T$ 使得 $|x(t')| = \bar{x}'$. 此时还可以推断出存在 $t'' \in [t_0, T)$ 使得 $|x(t'')| > \bar{x}'$ 且 $\dot{V}''(t)'' > 0$，这与当 $|x| \geqslant \bar{x}'$ 时 $\dot{V}'(t)'' > 0r$ 相矛盾；如果 $|x(t_0)| \geqslant \bar{x}'$，我们也可以得出存在 $t'' \in [t_0, T)$ 使得 $|x(t'')| > \bar{x}'$ 且 $\dot{V}'(t)'' > 0$ 的结论，同样也与之前的结论相矛盾 . 因此，我们可以得出一个结论，式(3-19)和式(3-25)在 $[t_0, +\infty)$ 上成立，这也就是说系统是半全局一致最终有界且 x 在紧集 $\boldsymbol{\Omega}$ 内 .

3.3.2　二阶非线性系统自适应控制

接着，我们考虑如下形式的二阶非线性系统：

$$\begin{cases}\dot{x}_1 = x_2 \\ \dot{x}_2 = u + f(x_1, x_2)\end{cases} \tag{3-26}$$

式中，$\boldsymbol{x}=[x_1,x_2]^{\mathrm{T}}$ 是系统状态；$f(x_1,x_2)$是一个未知的连续非线性函数．

同样，我们的目标是设计一个合适的控制输入使得系统半全局一致最终有界．

1. 控制输入设计

定义误差 $e_1=x_1$，$e_2=x_2-\alpha_1$，我们采用反步法来设计控制输入．首先，构造如下 Lyapunov 函数：

$$V_1 = \frac{1}{2}\ln\frac{\bar{x}_1^2}{\bar{x}_1^2 - e_1^2} \tag{3-27}$$

则

$$\dot{V}_1 = \frac{e_1}{\bar{x}_1^2 - e_1^2}x_2 \tag{3-28}$$

设计虚拟控制输入为：

$$\alpha_1 = -\left(c_1 + \frac{1}{2}\right)\frac{e_1}{\bar{x}_1^2 - e_1^2} \tag{3-29}$$

式中，$c_1>0$.

此时，我们可以得到：

$$\dot{V}_1 \leqslant -c_1\frac{e_1^2}{(\bar{x}_1^2 - e_1^2)^2} + \frac{1}{2}e_2^2 \tag{3-30}$$

紧接着，定义 $\tilde{\boldsymbol{\theta}}=\boldsymbol{\theta}^*-\hat{\boldsymbol{\theta}}$，构建一个新的 Lyapunov 函数：

$$V_2 = V_1 + \frac{1}{2}\ln\frac{\bar{x}_2{}^2}{\bar{x}_2{}^2 - e_2{}^2} + \frac{1}{2}\tilde{\boldsymbol{\theta}}^{\mathrm{T}}\tilde{\boldsymbol{\theta}} \tag{3-31}$$

则

$$\begin{aligned}\dot{V}_2 &\leqslant -c_1\frac{e_1^2}{(\bar{x}_1^2 - e_1^2)^2} + \frac{1}{2}e_2^2 + \frac{e_2}{\bar{x}_2^2 - e_2^2}(u + f(x_1,x_2) - \dot{\alpha}_1) - \tilde{\boldsymbol{\theta}}^{\mathrm{T}}\dot{\hat{\boldsymbol{\theta}}} \\ &\leqslant -c_1\frac{e_1^2}{(\bar{x}_1^2 - e_1^2)^2} + \frac{1}{2}e_2^2 + \frac{e_2}{\bar{x}_2^2 - e_2^2}(u + \boldsymbol{\theta}^{*\mathrm{T}}\boldsymbol{H}(x_1,x_2) + \delta(x_1,x_2) - \\ &\quad\ \dot{\alpha}) - \tilde{\boldsymbol{\theta}}^{\mathrm{T}}\dot{\hat{\boldsymbol{\theta}}}\end{aligned} \tag{3-32}$$

如果将控制输入设计为：

$$u = -\left(c_2 + \frac{1}{2}\right)\frac{e_2}{\bar{x}_2{}^2 - e_2{}^2} - \frac{1}{2}e_2(\bar{x}_2{}^2 - e_2{}^2) + \dot{\alpha}_1 - \hat{\boldsymbol{\theta}}^{\mathrm{T}}\boldsymbol{H}(x_1,x_2) \tag{3-33}$$

式中，$\dot{\alpha}_1 = -\left(c_1+\dfrac{1}{2}\right)\dfrac{x_2(\bar{x}_1^2+e_1^2)}{(\bar{x}_1^2-e_1^2)^2}$.

参数更新律设计为：

$$\dot{\hat{\boldsymbol{\theta}}} = \frac{e_2}{\bar{x}_2^2 - e_2^2}\boldsymbol{H}(x_1, x_2) - \rho\hat{\boldsymbol{\theta}} \tag{3-34}$$

式中，c_2、$\bar{x}_1$、$\bar{x}_2$、ρ 都是正常数；$\hat{\boldsymbol{\theta}}$ 是 $\boldsymbol{\theta}^*$ 的估计值；$\boldsymbol{H}(x_1, x_2)$ 是神经网络的基函数向量．

此时，我们可以得到：

$$\dot{V}_2 \leqslant -c_1\frac{e_1^2}{(\bar{x}_1^2 - e_1^2)^2} - (c_2 + \frac{1}{2})\frac{e_2^2}{(\bar{x}_2^2 - e_2^2)^2} + \frac{e_2}{\bar{x}_2^2 - e_2^2}\delta(x_1, x_2) + \rho\tilde{\boldsymbol{\theta}}^{\mathrm{T}}\hat{\boldsymbol{\theta}} \tag{3-35}$$

2. 稳定性分析

由于以下不等式成立：

$$\frac{e_2}{\bar{x}_2^2 - e_2^2}\delta(x_1, x_2) \leqslant \frac{1}{2}\frac{e_2^2}{(\bar{x}_2^2 - e_2^2)^2} + \frac{1}{2}\delta^2(x_1, x_2) \tag{3-36}$$

$$\rho\tilde{\boldsymbol{\theta}}^{\mathrm{T}}\hat{\boldsymbol{\theta}} \leqslant -\frac{\rho}{2}\tilde{\boldsymbol{\theta}}^{\mathrm{T}}\tilde{\boldsymbol{\theta}} + \frac{\rho}{2}\boldsymbol{\theta}^{*\mathrm{T}}\boldsymbol{\theta}^* \tag{3-37}$$

结合所设计的控制输入以及参数更新律，可知：

$$\begin{aligned}\dot{V}_2 &\leqslant -c_1\frac{e_1^2}{(\bar{x}_1^2 - e_1^2)^2} - \left(c_2 + \frac{1}{2}\right)\frac{e_2^2}{(\bar{x}_2^2 - e_2^2)^2} + \frac{e_2}{\bar{x}_2^2 - e_2^2}\delta(x_1, x_2) + \rho\tilde{\boldsymbol{\theta}}^{\mathrm{T}}\hat{\boldsymbol{\theta}} \\ &\leqslant -c_1\frac{1}{\bar{x}_1^2 - e_1^2}\frac{e_1^2}{\bar{x}_1^2 - e_1^2} - c_2\frac{1}{\bar{x}_2^2 - e_2^2}\frac{e_2^2}{\bar{x}_2^2 - e_2^2} + \frac{1}{2}\delta^2(x_1, x_2) - \\ &\quad \frac{\rho}{2}\tilde{\boldsymbol{\theta}}^{\mathrm{T}}\tilde{\boldsymbol{\theta}} + \frac{\rho}{2}\boldsymbol{\theta}^{*\mathrm{T}}\boldsymbol{\theta}^* \\ &\leqslant -\alpha V_2 + b\end{aligned} \tag{3-38}$$

由于 $|e_1| < |\bar{x}_1|$、$|e_2| < |\bar{x}_2|$，所以 $\frac{1}{\bar{x}_1^2 - e_1^2}$ 和 $\frac{1}{\bar{x}_2^2 - e_2^2}$ 都有界，假设其边界为 M_1 和 M_2，则式(3-38)中，$\alpha = \min\{2c_1M_1, 2c_2M_2, \rho\}$，$b = \frac{\delta^2(x_1, x_2)}{2} + \frac{\rho}{2}\boldsymbol{\theta}^{*\mathrm{T}}\boldsymbol{\theta}^*$．

思考：对于二阶系统，保证其状态在紧集 $\boldsymbol{\Omega}$ 内这一条件，如何证明呢？

3.3.3　实例仿真

本节我们将上述的方法运用在电机系统中，并进行仿真结果分析．电机系统的数学模型如下：

$$\begin{cases}\dot{x}_1 = x_2 \\ \dot{x}_2 = \dfrac{1}{J}u + \varphi(x_1, x_2)\end{cases} \tag{3-39}$$

式中，$x_1 = \theta$ 是电机转动的角度；$x_2 = \omega$ 是电机的转速；u 是控制输入；J 是转动惯量．

假设非线性项 $\varphi(x_1, x_2) = \frac{1}{2}x_1x_2$．按照上述理论，可以很容易得到此电机系统的控制输入和参数更新律：

$$u=J\left(-\left(c_2+\frac{1}{2}\right)\frac{e_2}{\bar{x}_2^2-e_2^2}-\frac{1}{2}e_2(\bar{x}_2^2-e_2^2)-\left(c_1+\frac{1}{2}\right)\frac{x_2(\bar{x}_1^2+e_1^2)}{(\bar{x}_1^2-e_1^2)^2}-\hat{\boldsymbol{\theta}}^{\mathrm{T}}\boldsymbol{H}(x_2)\right) \tag{3-40}$$

$$\dot{\hat{\boldsymbol{\theta}}}=\frac{e_2}{\bar{x}_2^2-e_2^2}\boldsymbol{H}(x_2)-\rho\hat{\boldsymbol{\theta}} \tag{3-41}$$

式中，$c_1>0$；$c_2>0$；$\rho>0$.

设此电机系统参数如下：$J=0.6\mathrm{kg}\cdot\mathrm{m}^2$，$\bar{x}_1=4\mathrm{rad}$，$\bar{x}_2=3\mathrm{rad/s}$，初始值 $x_{1_0}=2\mathrm{rad}$，$x_{2_0}=1\mathrm{rad/s}$，$\theta_0=2$，控制参数取：$c_1=8$，$c_2=2$，$\rho=3$. 仿真结果如图 3-7—图 3-9 所示.

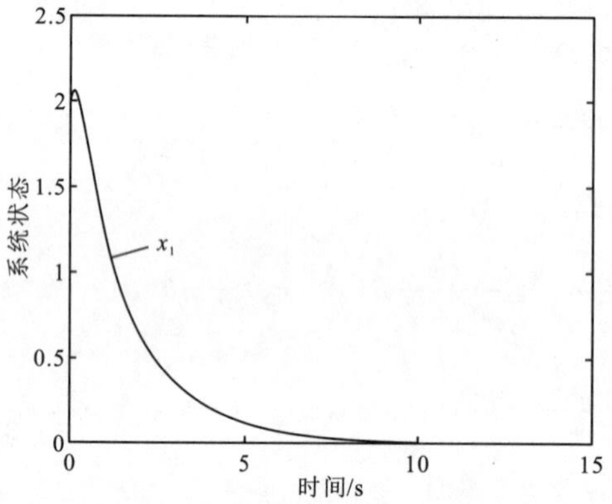

图 3-7　系统状态(x_1)仿真结果

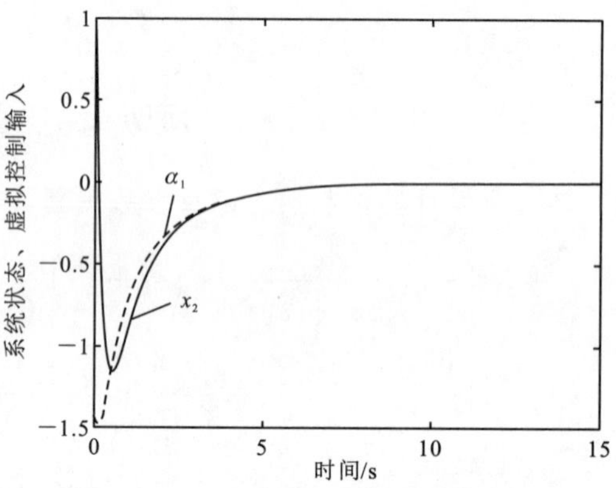

图 3-8　系统状态(x_2)和虚拟控制输入(α_1)仿真结果

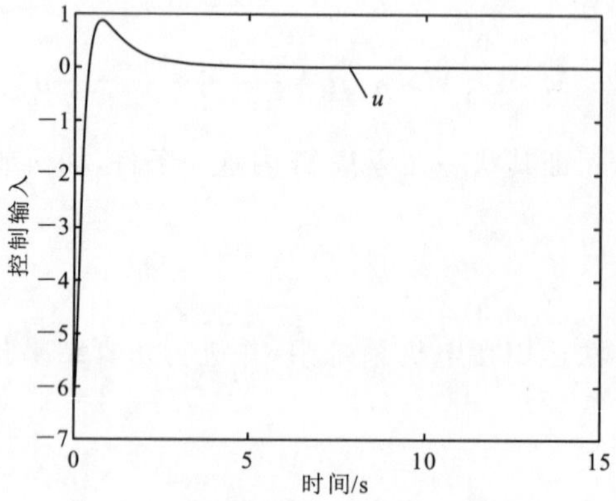

图 3-9　控制输入(u)仿真结果

仿真程序如下：

(1)主程序.

```
clc;
clear;
%系统参数
J = 0.6; overlinex1 = 4; overlinex2 = 3;
%初始值
x1_0 = 2; x2_0 = 1; theta_0 = 2;
%控制参数
c1 = 8; c2 = 2; rho = 3;
ts = 0.001;
for k = 1:15000  %仿真时间 15 秒
    time(k)=(k-1)* ts;  % 设置采样时间和步长
    %一阶误差
    e1(k)= x1_0;
    %虚拟控制输入
    alpha1(k)= -(c1 + 1/2)* e1(k)/(overlinex1^2 - e1(k)^2);
    %二阶误差
    e2(k)= x2_0 - alpha1(k);
    %参数更新律
      theta(k)=(e2(k)/(overlinex2^2 - e2(k)^2)* norm(RBF(x1_0,x2_0,0,2))- rho * theta_0)* ts +
theta_0;
      %控制输入
      u(k)= J *(-(c2 + 1/2)* e2(k)/(overlinex2^2 - e2(k)^2)- 1/2 * e2(k)*(overlinex2^2 - e2(k)^
2)-(c1 + 1/2)* x2_0 …
       *(overlinex1^2 + e1(k)^2)/(overlinex1^2 - e1(k)^2)^2 - theta_0 * norm(RBF(x1_0,x2_0,0,2)));
    %系统方程
    x1(k)= x2_0 * ts + x1_0;
    x2(k)=(1/J * u(k)+ 1/2 * x1_0 * x2_0)* ts+ x2_0;
    %参数更新
    x1_0 = x1(k);
    x2_0 = x2(k);
    theta_0 = theta(k);
end
%画图
figure(1);  %状态 x1 的图像
plot(time, x1,"r-","LineWidth",1.5);
xlabel("Time(sec)");
ylabel('system state');
legend("x1");
```

```
figure(2);  %虚拟控制输入 α1 和状态 x2 的图像
plot(time, alpha1,"g --","LineWidth",1.5);
hold on;
plot(time, x2,"r -.","LineWidth",1.5);
xlabel("Time(sec)");
ylabel('system state');
legend("alpha1","x2");
figure(3);  %控制输入 u 的图像
plot(time, u,"r -","LineWidth",1.5);
xlabel("Time(sec)");
ylabel('control input');
legend("u");
figure(4);  %参数更新律 θ̂ 的图像
plot(time, theta,"r -.","LineWidth",1.5);
xlabel("Time(sec)");
ylabel('adaptive law');
legend("theta");
```

(2)RBF 神经网络.

```
function res =RBF(y1, y2, y3, flag)
mu = 2;
if flag == 1
    for l = 1:1:5
        phi(l)=exp(-(y1 - 3 + l)^2 / mu^2);
    end
    res = phi;
elseif flag == 2
    for l = 1:1:11
        temp1 =(y1 - 2 +(l - 1) * 0.4)^2 +(y2 - 2 +(l - 1) * 0.4)^2;
        phi(l)=exp(-(temp1)/ mu^2);
    end
    res = phi;
else
    for l = 1:1:11
        temp2 =(y1 - 2 +(l - 2) * 0.4)^2 +(y2 - 2 +(l - 2) * 0.4)^2 +(y3 - 2 +(l - 2) * 0.4)^2;
        phi(l)=exp(-(temp2)/ mu^2);
    end
    res = phi;
end
```

3.4　基于扰动观测器的神经网络自适应控制

在实际物理系统中，往往存在着各种各样的外部扰动或者不确定性因素，这给控制系统的性能甚至稳定性带来了不利影响．因此，抑制干扰是控制系统设计的关键目标之一．当扰动可测时，前馈策略可以减弱或消除扰动的影响．然而，通常情况下，外部干扰不能直接测量或测量成本太高．解决这一问题的一种思路是从可测变量中估计扰动（或扰动的影响），然后基于扰动估计采取控制措施来补偿扰动的影响．这一基本思想可以扩展到处理不确定性中，其中不确定性或未建模动态的影响可以视为扰动的一部分．因此，需要设计一种观测机制来估计扰动或不确定性，然后利用估计值来进行补偿．根据不同的系统以及不同的要求，扰动观测器的形式也有多种，常见的扰动观测器有一般线性扰动观测器、高阶扰动观测器、扩张高增益扰动观测器、高阶滑模扰动观测器等．

3.4.1　基于扰动观测器的自适应控制

我们考虑如下含有扰动的二阶非线性系统：

$$\begin{cases}\dot{x}_1 = x_2 \\ \dot{x}_2 = u + f(x_1, x_2) + d\end{cases} \tag{3-42}$$

式中，x_1、x_2 是系统状态；u 是控制输入；d 是系统外部扰动，并假设其有界 $|d|<L$；L 是一个正常数；$f(x_1,x_2)$ 是一个未知的连续非线性函数．

我们的目标是设计一个合适的控制输入使得系统半全局一致最终有界．

1. 扰动观测器设计和稳定性分析

构造如下扰动观测器：

$$\begin{cases}\hat{d} = z + l x_2 \\ \dot{z} = -l\hat{d} - l(u + f(x_1, x_2))\end{cases} \tag{3-43}$$

式中，$l>0$；z 是构造的中间变量；$\hat{d}$ 是扰动的观测值．

定义扰动观测误差 $\tilde{d}=d-\hat{d}$，构造如下 Lyapunov 函数：

$$V_d = \frac{1}{2}\tilde{d}^2 \tag{3-44}$$

则

$$\begin{aligned}\dot{V}_d &= -\tilde{d}\dot{\hat{d}} \\ &= -\tilde{d}(\dot{z} + l(u + f(x_1, x_2) + d)) \\ &= -l\tilde{d}^2 \\ &= -2lV_d \leqslant 0\end{aligned} \tag{3-45}$$

因此，上述扰动观测误差是收敛的，即扰动观测器能够准确地估计外部扰动．

采用扰动观测器对系统（式(3－43)）的外部扰动进行观测，则系统可以转化为以下形式：

$$\begin{cases}\dot{x}_1=x_2\\ \dot{x}_2=u+f(x_1,x_2)+\hat{d}\end{cases}\tag{3-46}$$

2. 控制输入设计及分析

同样采用 3.3.2 的方法进行控制输入的设计，定义误差 $e_1=x_1$、$e_2=x_2-\alpha_1$，我们采用反步法来设计控制输入．首先，构造如式(3－27)所示的 Lyapunov 函数，可得式(3－28)．设计虚拟控制输入为式(3－29)，此时，我们可以得到式(3－30)．

紧接着，定义 $\tilde{\boldsymbol{\theta}}=\boldsymbol{\theta}^*-\hat{\boldsymbol{\theta}}$，我们构建如式(3－31)所示的 Lyapunov 函数，则可得：

$$\begin{aligned}\dot{V}_2&\leqslant -c_1\frac{e_1^2}{(\bar{x}_1^2-e_1^2)^2}+\frac{1}{2}e_2^2+\frac{e_2}{\bar{x}_2^2-e_2^2}(u+f(x_1,x_2)+\hat{d}-\dot{\alpha}_1)-\tilde{\boldsymbol{\theta}}^{\mathrm{T}}\dot{\hat{\boldsymbol{\theta}}}\\ &\leqslant -c_1\frac{e_1^2}{(\bar{x}_1^2-e_1^2)^2}+\frac{1}{2}e_2^2+\frac{e_2}{\bar{x}_2^2-e_2^2}(u+\boldsymbol{\theta}^{\mathrm{T}}\boldsymbol{H}(x_1,x_2)+\delta(x_1,x_2)+\hat{d}-\\ &\quad\dot{\alpha}_1)-\tilde{\boldsymbol{\theta}}^{\mathrm{T}}\dot{\hat{\boldsymbol{\theta}}}\end{aligned}\tag{3-47}$$

如果将控制输入设计为：

$$u=-\left(c_2+\frac{1}{2}\right)\frac{e_2}{\bar{x}_2^2-e_2^2}-\frac{1}{2}e_2(\bar{x}_2^2-e_2^2)+\dot{\alpha}_1-\hat{d}-\hat{\boldsymbol{\theta}}^{\mathrm{T}}\boldsymbol{H}(x_1,x_2)\tag{3-48}$$

式中，$\dot{\alpha}_1=-\left(c_1+\frac{1}{2}\right)\frac{x_2(\bar{x}_1^2+e_1^2)}{(\bar{x}_1^2-e_1^2)^2}$．

参数更新律设计为式(3－34)，此时，我们可以得到式(3－35)．

结合所设计的控制输入以及参数更新律，可得式(3－38)．

由于 $|e_1|<|\bar{x}_1|$、$|e_2|<|\bar{x}_2|$，所以 $\frac{1}{\bar{x}_1^2-e_1^2}$ 和 $\frac{1}{\bar{x}_2^2-e_2^2}$ 都有界，假设其边界为 M_1 和 M_2，则式(3－38)中，$a=\min\{2c_1M_1,2c_2M_2,\rho\}$，$b=\frac{\delta^2(x_1,x_2)}{2}+\frac{\rho}{2}\boldsymbol{\theta}^{*\mathrm{T}}\boldsymbol{\theta}^*$．

3.4.2　实例仿真

同样，本节我们将对电机系统进行仿真分析，与 3.3 节不同的是，此系统我们将考虑外部扰动的影响，并绘制扰动观测器的观测图像．电机的系统模型如下：

$$\begin{cases}\dot{x}_1=x_2\\ \dot{x}_2=\frac{1}{J}u+\varphi(x_1,x_2)+d\end{cases}\tag{3-49}$$

式中，$x_1=\theta$ 是电机转动的角度；$x_2=\omega$ 是电机的转速；u 是控制输入；d 是外界扰动；J 是转动惯量．

假设 $\varphi(x_1,x_2)=\frac{1}{2}x_1x_2$. 按照上述理论，可以很容易得到此电机系统的控制输入和参数更新律为式(3－50)和式(3－41)：

$$u=J\left(-\left(c_2+\frac{1}{2}\right)\frac{e_2}{\bar{x}_2^2-e_2^2}-\frac{1}{2}e_2(\bar{x}_2^2-e_2^2)-\left(c_1+\frac{1}{2}\right)\frac{x_2(\bar{x}_1^2+e_1^2)}{(\bar{x}_1^2-e_1^2)^2}-\hat{d}-\hat{\boldsymbol{\theta}}^{\mathrm{T}}\boldsymbol{H}(x_2)\right) \tag{3-50}$$

式中，$c_1>0$；$c_2>0$；$\rho>0$.

扰动观测器设计如式(3－43).

设此电机系统参数如下：$J=0.6\mathrm{kg\cdot m^2}$，$\bar{x}_1=4\mathrm{rad}$，$\bar{x}_2=3\mathrm{rad/s}$，初始值 $x_{1_0}=2\mathrm{rad}$，$x_{2_0}=1\mathrm{rad/s}$，$\theta_0=2$，$z_0=1$，控制参数取：$c_1=10$，$c_2=20$，$\rho=3$，$l=16$. 为了更好地体现扰动观测器的观测作用，我们假定外部扰动 $d=\sin t$. 仿真结果如图 3－10—图 3－13 所示．

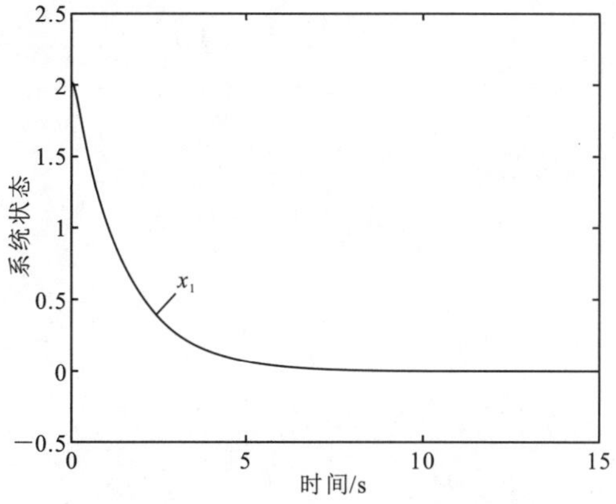

图 3－10　系统状态(x_1)仿真结果

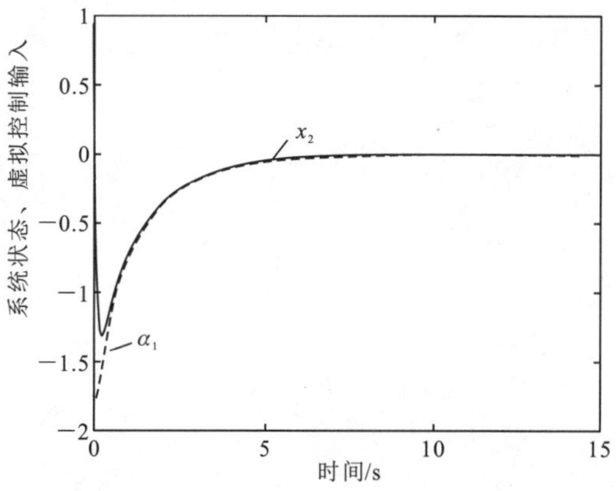

图 3－11　系统状态(x_2)和虚拟控制输入(α_1)仿真结果

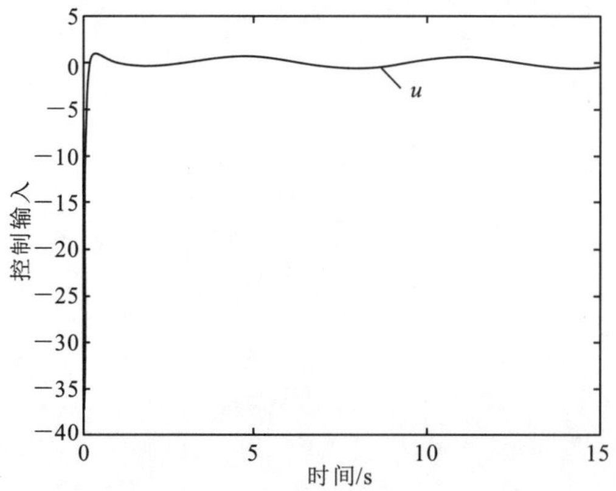

图 3－12　控制输入(μ)仿真结果

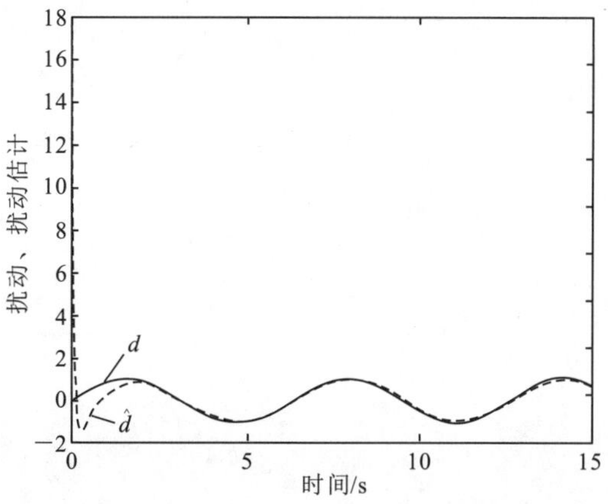

图 3－13　扰动观测器(d.外部扰动；$\hat{d}$ 扰动估计)

仿真程序如下：

(1)主程序.

```
clc;
clear;
%系统参数
J = 0.6; overlinex1 = 4; overlinex2 = 3;
%初始值
x1_0 = 2; x2_0 = 1; theta_0 = 2; z_0 = 1;
%控制参数
c1 = 10; c2 = 20; rho = 3; l = 16;
ts =0.001;
for k = 1:15000
    time(k)=(k-1) * ts; % 设置采样时间和步长
    %外部扰动
    d(k)= sin(time(k));
    %一阶误差
    e1(k)= x1_0;
    %虚拟控制输入
    alpha1(k)=-(c1 + 1/2) * e1(k)/(overlinex1^2 - e1(k)^2);
    %二阶误差
    e2(k)= x2_0 - alpha1(k);
    %参数更新律

    theta(k)=(e2(k)/(overlinex2^2 - e2(k)^2) * norm(RBF(x1_0,x2_0,0,2))- rho * theta_0) * ts +
theta_0;
    %扰动观测器
    hatd(k)= z_0 + l * x2_0;
    %控制输入
    u(k)= J * (-(c2 + 1/2) * e2(k)/(overlinex2^2 - e2(k)^2)- 1/2 * e2(k) * (overlinex2^2 - e2
(k)^2)...
    -(c1 + 1/2) * x2_0 * (overlinex1^2 + e1(k)^2)/(overlinex1^2 - e1(k)^2)^2 - hatd(k)- theta_0
* norm(RBF(x1_0,x2_0,0,2)));
    %扰动观测器
    z(k)=(-l * hatd(k)- l * (1/J * u(k)+ theta_0 * norm(RBF(x1_0,x2_0,0,2)))) * ts + z_0;
    %系统方程
    x1(k)= x2_0 * ts + x1_0;
    x2(k)=((1/J * u(k)+ 1/2 * x1_0 * x2_0 )+ d(k)) * ts + x2_0;
```

```
    %参数更新
    x1_0 = x1(k);
    x2_0 = x2(k);
    theta_0 = theta(k);
    z_0 = z(k);
end

%画图
figure(1);
plot(time,x1,"r-","LineWidth",1.5);
xlabel("Time(sec)");
ylabel('system state');
legend("x1");

figure(2);
plot(time,alpha1,"g--","LineWidth",1.5);
hold on;
plot(time,x2,"r-.","LineWidth",1.5);
xlabel("Time(sec)"); ylabel('system state');
legend("alpha1","x2");

figure(3);
plot(time,u,"r-","LineWidth",1.5);

xlabel("Time(sec)"); ylabel('control input');
legend("u");

figure(4);
plot(time,theta,"r-.","LineWidth",1.5);
xlabel("Time(sec)"); ylabel('adaptive law');
legend("theta");

figure(5);
plot(time,d,"g--","LineWidth", 1.5);
hold on;
plot(time,hatd,"r--","LineWidth", 1.5);
xlabel("Time(sec)"); ylabel('disturbance observer');
legend("d","hatd");
```

(2)RBF 神经网络。

```
function res =RBF(y1, y2, y3, flag)
mu = 2;
if flag == 1
    for l = 1:1:5
        phi(l)=exp(-(y1 - 3 + l)^2 / mu^2);
    end
     res = phi;
elseif flag == 2
    for l = 1:1:11
        temp1 =(y1 - 2 +(l - 1) * 0.4)^2 +(y2 - 2 +(l - 1) * 0.4)^2;
        phi(l)=exp(-(temp1)/ mu^2);
    end
     res = phi;
else
    for l = 1:1:11
        temp2 =(y1 - 2 +(l - 2) * 0.4)^2 +(y2 - 2 +(l - 2) * 0.4)^2 +(y3 - 2 +(l -2) * 0.4)^2;
        phi(l)=exp(-(temp2)/ mu^2);
    end
     res = phi;
end
```

从仿真结果可以看出,对于有外部扰动影响的系统,采用扰动观测器对外部扰动进行估计可以减小外部扰动对系统性能的影响．我们可以很容易地知道,扰动的估计值越准确,控制输入越可以更好地消除扰动所带来的影响;反之,外部扰动对系统的影响也就越大．在扰动观测器参数调节的过程中,不难发现其参数 l 越大,扰动观测器的估计精度越高,控制效果也就越好,但是初始观测误差很大．因此,我们可以进一步得出结论,扰动观测器的观测性能会影响控制输入的控制效果．

思考:既然扰动观测器观测性能的好坏能够影响系统的控制效果,那么我们是不是可以采用不同的扰动观测器进行观测,从而来对比不同观测器的差异?同时,扰动观测器在观测时会有一个观测时间,那么能不能设计一个有限时间来缩短扰动观测器的观测时间,从而优化系统的控制性能?

第 4 章　多智能体系统的自适应控制

4.1　多智能体系统概述

在自然界的众多物种之中都存在着单一个体之间通过相互通信协作来达到某种群体目标的现象，例如鸟群迁徙、蚁群觅食和蜂群筑巢等．不难发现，这些单一个体都不具有高等的智慧，只有简单的信息收集处理以及执行能力，但是个体之间通过相互交流协作却可以使得整个群体表现出更加复杂的行为能力．由于整个群体中的个体数量过于庞大，活动范围也极为广泛，而单一个体的信息接收范围以及接收能力不足以支持其获得整个群体庞杂的行为信息．因此，个体之间的交流协作通常只局限于与之相近的小范围内的其他个体，即局部协作．由此可见，此类个体可以通过局部协作实现全局目标．在控制及工程领域，如何设计局部之间的协作以实现全局控制目标，是一个有着重要研究意义的课题．

20 世纪 70 年代，外国学者 Hewitt 首次提出了“actor”这一概念，它指的是自身具有一定的内在状态和执行能力并且能够与其他同类个体进行信息交换的个体．基于以上概念，Marvin 等于 1988 年针对现实社会发展规律提出了智能体或自主体的概念，它指的是社会系统中具有一定特定技能并可以通过竞争或者合作解决某些矛盾的个体．而在控制及工程领域内，智能体(agent)通常代表具有信息交互、数据处理以及执行能力的系统．而多智能体系统(multi - agent systems)指的是由数个相互作用的同类智能体(子系统)构成的复杂系统．通过对子系统的控制实现整个多智能体系统的控制方法被称为“分布式控制”，多智能体系统是一种全新的分布式控制系统，自 20 世纪 70 年代出现以来得到了迅速发展，已经成为一种对复杂系统进行分析与模拟的工具．

多智能体系统也被称为多自主体系统，该类系统由多个具有相似结构的可以相互通信协作的子智能体(sub - agent)或子系统(sub - system)构成．每个子系统都具有一定的智能性，即其可以进行信息收集、数据处理以及行为决策进而改变自身状态，且其当前状态不仅取决于自身行为变化，更受到其他子系统相互作用的影响．子系统之间通过特定的通信网络进行信息交互并相互作用、相互影响，作用结果与信息的传播强度、传播方式以及接受能力密切相关．特别之处在于，与前文提到的生物种群类似，多智能体系统中的任意一个子系统都无法获得整个系统的全局信息，只能获得与其进行通信的其他子智能体集合(邻居)的信息．在获得其邻居信息之后，该子系统将会根据这些信息对自己的行为及状态进行调整，进而实现全局控制目标．这种只利用局部信息来调整更新自己的状态，从而达到全局控制目标的控制方法，也被称为“分布式协调控制”．

当前，多智能体系统的研究目标在于设计分布式控制输入以解决系统的一致稳定、编队控制、群集、蜂拥以及信号、轨迹跟踪等问题(Olfati - saber R，2006；Lee et al.，2007；Moshtagh et al.，2007；Tanner et al.，2007；Su et al.，2008；Gu et al.，2009；Liu et al.，2009；Shi et al.，2009；Yu et al.，2010；Zhang et al.，2011)．根据多智能体系统本身是否含有领导者，可以将多智能体系统分为领导-跟随(leader - following)控制和无领导(leader - free)控制两类．本章主要研究领导-跟随多智能体系统的一致性跟踪问题，即设计自适应控制器使得各个智能体的输出信号跟随领导者的输出信号，即参考信号．

多智能体系统目前在智能交通、军事、农业等方面得到了广泛的应用(Cao et al.，2006；Nedic et al.，2009；Chen et al.，2011)．例如，在复杂的交通网络中，使用分式交通信号控制系统可以显著提高通行效率，减少等待时间，降低交通事故发生率；在复杂的物理环境下，无人机组可以完成数据收集、检测等任务．

4.2　通信拓扑概述

多智能体系统中子系统之间的通信网络常用通信拓扑(拓扑图)来表示，拓扑图通常分为有向图和无向图两种．简单来说，有向图指的是信号信息在任意两个处于通信范围内的智能体之间只能单向传播，而在无向图的情况下，信息将双向传播．本章如不做特别说明，所举例分析的多智能体系统均在有向图下工作．

现在假设存在一个由一个领导者(leader)和 $N(N\in Z^+)$ 个跟随者(follower)组成的领导-跟随多智能体系统，包括领导者在内的所有子系统分别记为“智能体 0”“智能体 1”直至“智能体 N”．该领导者与各个跟随者之前的通信关系用一个有向拓扑 $G=\{V,E\}$ 来表示，其中节点集合定义为 $V=\{0,1,\cdots,N\}$，该集合代表所有子系统节点，而边的集合定义为 $E=V\times V$．在集合 E 中，若存在边 $(l,m)(l,m\in\{0,\cdots,N\})$，则代表着智能体 l 与 m 之间存在着通信关系，即智能体 l 可以接收到智能体 m 发出的信息，但由于通信有向，智能体 m 无法接收到 l 的信息．由于智能体 l 可以接收到智能体 m 的信息，故而也称智能体 m 是智能体 l 的邻居，由此可见，智能体 l 的所有邻居可以被定义为 $N_l=\{m\mid(l,m)\in E\}$．同理，也可以单独使用子拓扑图 $\bar{G}\triangleq(\bar{V},\bar{E})$ 来表示 N 个子系统之间的通信关系，其中 $\bar{V}\triangleq\{1,\cdots,N\}$，而 $\bar{E}\triangleq\bar{V}\times\bar{V}$．

时变参数 $b_l(t)$ 表示领导者与智能体 l 之间的权值，时变参数 $a_{lm}(t)$ 表示智能体 m 到智

能体 l 的权值．需要指出的是，若智能体 l 无法接收到领导者的状态信息，即 $(l,0)\notin E$，此时 $b_l(t)=0$；否则，$b_l(t)>0$；参数 a_{lm} 同样如此．在本章中，我们只考虑简单的常数权值，即权值取 1 或 0.

4.3　领导-跟随多智能体系统自适应控制

4.3.1　一阶领导-跟随多智能体系统控制

考虑一个由一个领导者和 N 个跟随者构成的一阶多智能体系统，参考信号 y_r 为领导者输出，子系统模型如下：

$$\dot{x}_i=u_i+\rho_i x_i \tag{4-1}$$

式中，$i=1,\cdots,N$；x_i 为智能体 i 的状态，同时也是系统输出；u_i 为系统控制输入；ρ_i 为未知常数．

控制目标为对每个子智能体设计控制输入，使得子智能体的输出跟踪参考信号．设计过程如下：

首先，定义跟踪误差如下：

$$\begin{aligned} z_i&=b_i(x_i-y_r)+\sum\nolimits_{m\in N_i}a_{im}(x_i-x_m)\\ &=(b_i+d_i)x_i-y_I \end{aligned} \tag{4-2}$$

式中，$y_I=b_i y_r+\sum\nolimits_{m\in N_i}a_{im}x_m$.

自适应控制器设计如下：

$$u_i=-k_i z_i-\hat{\rho}_i x_i+\frac{\dot{y}_I}{b_i+d_i} \tag{4-3}$$

式中，$\hat{\rho}_i$ 是未知常数 ρ_i 的估计值；$\tilde{\rho}_i=\rho_i-\hat{\rho}_i$ 为估计误差．$\hat{\rho}_i$ 的参数更新律设计如下：

$$\dot{\hat{\rho}}_i=M_i(b_i+d_i)z_i x_i-m_i\hat{\rho}_i \tag{4-4}$$

选择 Lyapunov 函数 $V_i=\frac{1}{2}z_i^2+\frac{1}{2M_i}\tilde{\rho}_i^2$，对其求导可得：

$$\begin{aligned} \dot{V}_i&=z_i\dot{z}_i-\frac{1}{M_i}\tilde{\rho}_i\dot{\hat{\rho}}_i\\ &\leqslant -k_i(b_i+d_i)z_i^2-\frac{m_i}{2M_i}\tilde{\rho}_i^2+\frac{m_i}{2M_i}\rho_i^2\\ &\leqslant -L_i V_i+H_i \end{aligned} \tag{4-5}$$

式中，$L_i=\min\{k_i,m_i\}$；$H_i=\frac{m_i}{2M_i}\rho_i^2$.

例 4.1 考虑一个由一个领导者和四个跟随者构成的多智能体系统，各智能体之间通过有向图进行通信，权值为 $b_1=1, a_{21}=a_{31}=a_{42}=a_{43}=1$. 领导者输出即参考信号为 $y_r=\sin(t)$. 子系统的数学模型满足式(4-1)，且式中未知常数选择为 rand(1,10). 设计控制输入如式(4-3)，参数更新律如式(4-4)，并进行 MATLAB 仿真，仿真结果如图 4-1、图 4-2 所示. 从图中可以看出，各智能体的输出信号能很好地跟踪领导者.

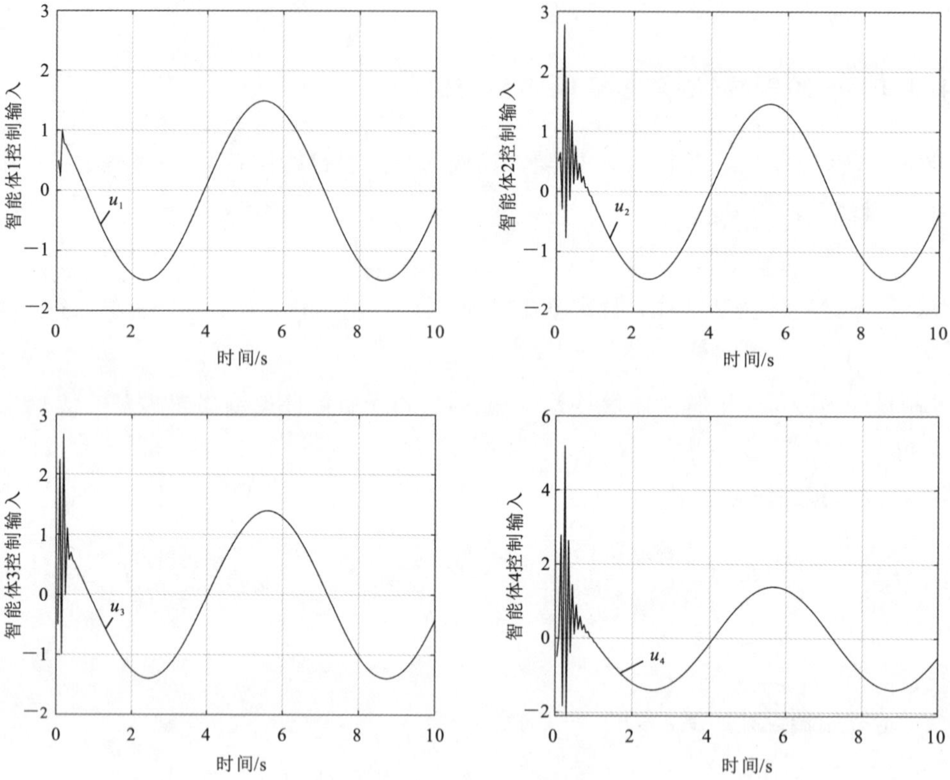

图 4-1 例 4.1 所示控制输入

4.3.2 二阶领导-跟随多智能体系统控制

考虑一个由一个领导者和 N 个跟随者构成的二阶多智能体系统，参考信号 y_r 为领导者输出，子系统模型如下：

$$\begin{cases} \dot{x}_{i1}=x_{i2}+\rho_{i1}x_{i1} \\ \dot{x}_{i2}=u_i+\rho_{i2}x_{i2} \end{cases} \tag{4-6}$$

式中，$i=1,\cdots,N$；$\boldsymbol{x}_i=[x_{i1},x_{i2}]^{\mathrm{T}}$ 为智能体 i 的状态；u_i 为系统控制输入；$\boldsymbol{\rho}_i=[\rho_{i1},\rho_{i2}]^{\mathrm{T}}$ 为未知常数；$y_i=x_{i1}$ 为子系统输出.

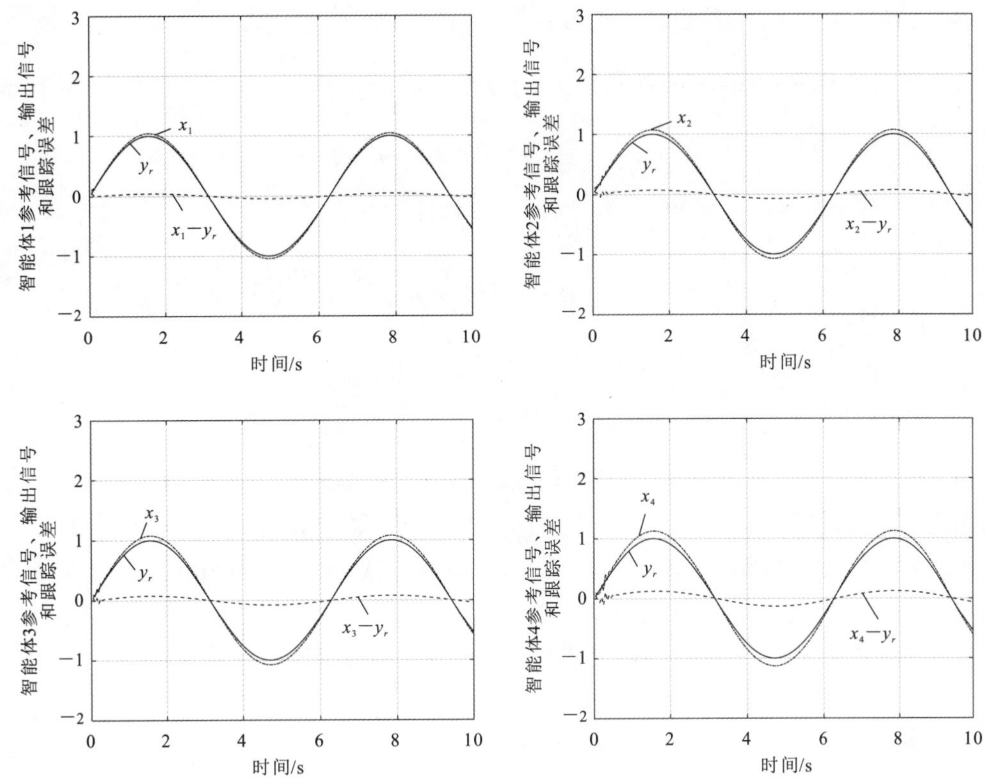

图 4-2　例 4.1 所示输出及跟踪信号

控制目标为对每个子智能体设计控制输入，使得子智能体的输出跟踪参考信号 y_r. 设计过程如下.

首先，定义跟踪误差如下：

$$\begin{cases} z_{i1} = b_i(x_{i1} - y_r) + \sum_{m \in N_i} a_{im}(x_{i1} - x_{m1}) \\ \quad\;\; = (b_i + d_i)x_{i1} - y_I \\ z_{i2} = x_{i2} - \alpha_{i1} \end{cases} \tag{4-7}$$

式中，$y_I = b_i y_r + \sum_{m \in N_i} a_{im} x_m$；$z_{i1}$ 为一阶误差；z_{i2} 为二阶误差；α_{i1} 为虚拟控制输入.

虚拟控制输入以及控制输入设计如下：

$$\begin{cases} \alpha_{i1} = -k_{i1} z_{i1} - \hat{\rho}_{i1} x_{i1} + \dfrac{\dot{y}_I}{b_i + d_i} \\ u_i = -k_{i2} z_{i2} - \hat{\rho}_{i2} x_{i2} + \dot{\alpha}_{i1} - (b_i + d_i) z_{i1} \end{cases} \tag{4-8}$$

式中，$\hat{\boldsymbol{\rho}}_i = [\hat{\rho}_{i1}, \hat{\rho}_{i2}]^{\mathrm{T}}$ 是未知常数 $\boldsymbol{\rho}_i = [\rho_{i1}, \rho_{i2}]^{\mathrm{T}}$ 的估计值；$\tilde{\boldsymbol{\rho}}_i = \boldsymbol{\rho}_i - \hat{\boldsymbol{\rho}}_i = [\tilde{\rho}_{i1}, \tilde{\rho}_{i2}]^{\mathrm{T}}$ 为估计误差. $\hat{\boldsymbol{\rho}}_i$ 的参数更新律设计如下：

$$\begin{cases} \dot{\hat{\rho}}_{i1} = M_{i1}(b_i + d_i) z_{i1} x_{i1} - m_{i1} \hat{\rho}_{i1} \\ \hat{\rho}_{i2} = M_{i2} z_{i2} x_{i2} - m_{i2} \hat{\rho}_{i2} \end{cases} \tag{4-9}$$

式中，M_{i1}、M_{i2}、m_{i1}、m_{i2} 为待设计的正参数．

选择智能体 i 的 Lyapunov 函数为 $V_i=\frac{1}{2}z_{i1}^2+\frac{1}{2}z_{i2}^2+\frac{1}{2M_{i1}}\tilde{\rho}_{i1}^2+\frac{1}{2M_{i2}}\tilde{\rho}_{i2}^2$，对其求导可得：

$$\begin{aligned}\dot{V}_i&=z_{i1}\dot{z}_{i1}+z_{i2}\dot{z}_{i2}-\frac{1}{M_{i1}}\tilde{\rho}_{i1}\dot{\hat{\rho}}_{i1}-\frac{1}{M_{i2}}\tilde{\rho}_{i2}\dot{\hat{\rho}}_{i2}\\&\leqslant -k_{i1}(b_i+d_i)z_{i1}^2-k_{i2}z_{i2}^2+\frac{m_{i1}}{M_{i2}}\tilde{\rho}_{i1}\hat{\rho}_{i1}+\frac{m_{i2}}{M_{i2}}\tilde{\rho}_{i2}\hat{\rho}_{i2}\\&\leqslant -L_iV_i+H_i\end{aligned}\tag{4-10}$$

式中，$L_i=\min\{k_{i1}(b_i+d_i),k_{i2}m_{i1},m_{i2}\}$；$H_i=\frac{m_{i1}}{2M_{i1}}\rho_{i1}^2+\frac{m_{i2}}{2M_{i2}}\rho_{i2}^2$.

例 4.2　考虑一个由一个领导者和四个跟随者构成的多智能体系统，各智能体之间通过有向图进行通信，权值为 $b_1=1$、$a_{21}=a_{31}=a_{42}=a_{43}=1$. 领导者输出即参考信号为 $y_r=\sin(t)$. 子系统的数学模型满足式(4-6)，且式中未知常数 ρ 选为 0～1 的随机常数．设计控制输入如式(4-8)，参数更新律如式(4-9)，并进行 MATLAB 仿真，仿真结果如图 4-3、图 4-4 所示。从图中可以看出，各智能体的输出信号都能很好地跟踪领导者．

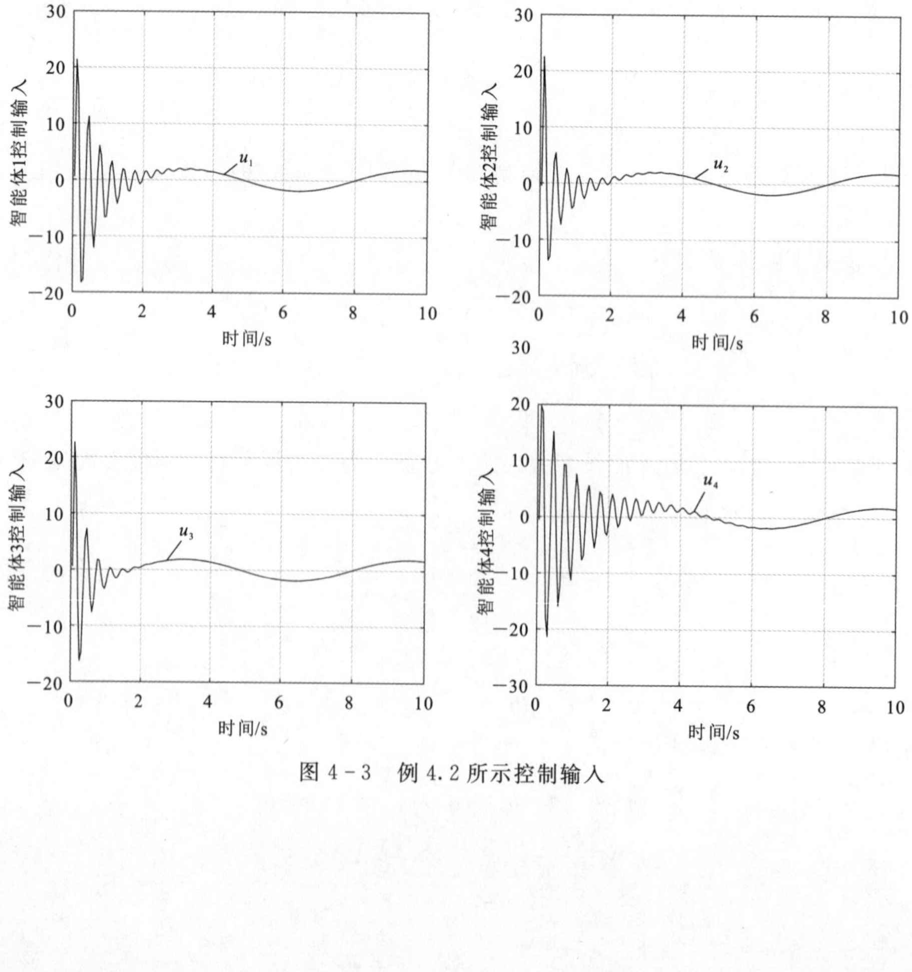

图 4-3　例 4.2 所示控制输入

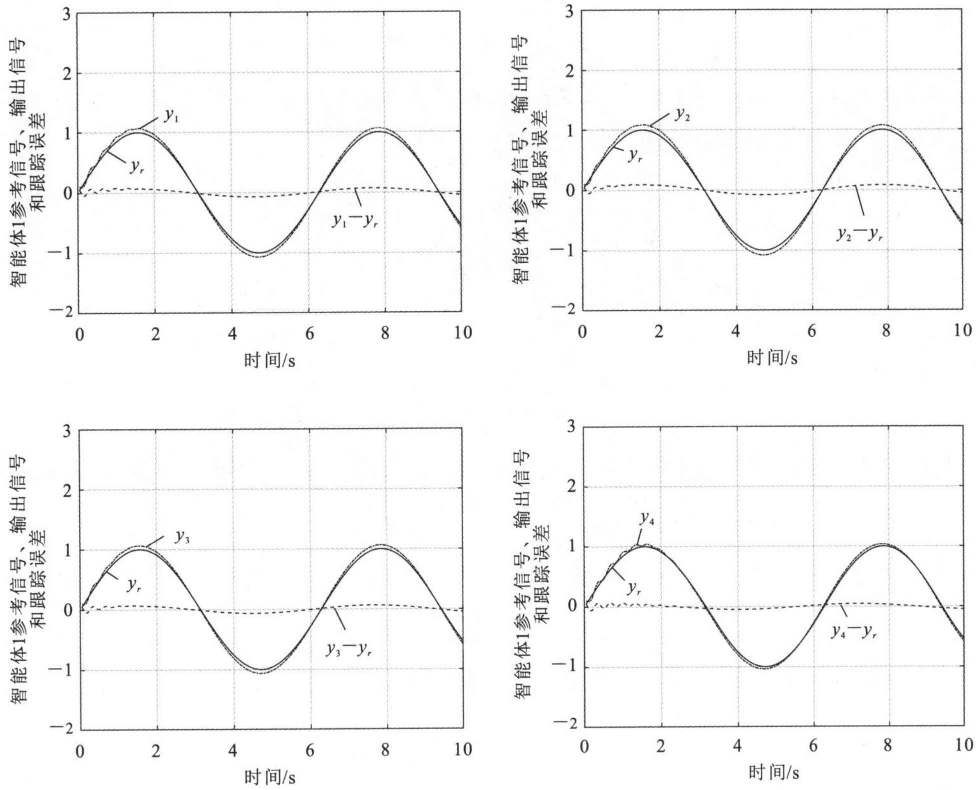

图 4 - 4　例 4.2 所示输出及跟踪信号

4.4　领导-跟随多智能体系统神经网络自适应控制

考虑以下 n 阶领导-跟随多智能体系统，该系统由一个领导者和 N 个跟随者组成，其中，智能体 $i(i\in\{1,\cdots,N\})$ 的模型如下：

$$\begin{cases}\dot{x}_{ik}=x_{ik+1}+f_{ik}(\bar{\boldsymbol{x}}_{ik})+d_{ik}\\ \dot{x}_{in}=u_i+f_{in}(\bar{\boldsymbol{x}}_{in})+d_{in}\end{cases} \tag{4-11}$$

式中，$i=1,\cdots,N$、$k=1,\cdots,n$，x_{ik} 表示智能体 i 的第 k 阶状态；$\bar{\boldsymbol{x}}_{ik}=[x_{i1},\cdots,x_{ik}]^{\mathrm{T}}$；$u_i$ 为智能体 i 的控制输入；$y_i=x_{i1}$ 为智能体输出，领导者的输出 y_d 为参考信号；$d_{ik}(t)$ 为未知但有界的外部扰动；f_{ik} 为未知的连续函数．

控制目标是针对所有子系统设计控制输入 u_i，使得子系统的输出跟踪参考信号．目前对于多智能体系统的研究都是先针对单个子系统，再将控制输入设计方法推广应用至其他子系统．我们将使用 RBF 神经网络、反步法以及 Lyapunov 判据设计控制输入．

接下来，我们将设计智能体 i 的控制输入．首先，令

$$\begin{cases} z_{i1} = b_i(x_{i1} - y_d) + \sum\limits_{m \in N_i} a_{im}(x_{i1} - x_{m1}) \\ z_{ik} = x_{ik} - \alpha_{ik-1} \end{cases} \tag{4-12}$$

式中，$i=1,\cdots,N$；$k=2,\cdots,n$；α_{ik-1} 为待设计的虚拟控制输入；z_{ik} 为各阶跟踪误差.

为方便计算，定义如下参数及公式：

$$\begin{cases} d_i = b_i + \sum_{m \in N_i} a_{im} \\ y_I = b_i y_d + \sum_{m \in N_i} a_{im} x_{m1} \end{cases} \tag{4-13}$$

然后，对一阶误差求导可得：

$$\begin{aligned} \dot{z}_{i1} &= (b_i + d_i)(x_{i2} + f_{i1} + d_{i1}) - \dot{y}_I \\ &= (b_i + d_i)(z_{i2} + \alpha_{i1}) + (b_i + d_i)(\boldsymbol{\theta}_{i1}^{*}\boldsymbol{\varphi}_{i1} + \bar{\Delta}_{i1}) - \dot{y}_I \end{aligned} \tag{4-14}$$

式中，我们使用了 RBF 神经网络来对未知函数 $f_{i1}(\bar{x}_{i1})$ 进行逼近，其逼近结果为 $f_{i1}(\bar{x}_{i1}) = \boldsymbol{\theta}_{i1}^{*\mathrm{T}}\boldsymbol{\varphi}_{i1} + \varepsilon_{i1}^{*}$. 则存在未知常数 Δ_{i1}^{*} 使得 $\bar{\Delta}_{i1} = \varepsilon_{i1}^{*} + d_{i1}$ 满足 $|\bar{\Delta}_{i1}| \leqslant \Delta_{i1}^{*}$.

之后，对神经网络的未知输入向量 $\boldsymbol{\theta}_{i1}^{*}$ 以及未知常数 Δ_{i1}^{*} 进行估计，即 $\boldsymbol{\theta}_{i1}^{*} = \hat{\boldsymbol{\theta}}_{i1} + \tilde{\boldsymbol{\theta}}_{i1}$，$\Delta_{i1}^{*} = \hat{\Delta}_{i1} + \tilde{\Delta}_{i1}$，其中 $\hat{\boldsymbol{\theta}}_{i1}$ 和 $\hat{\Delta}_{i1}$ 是估计值，$\tilde{\boldsymbol{\theta}}_{i1}$ 和 $\tilde{\Delta}_{i1}$ 是估计误差.

这一步的 Lyapunov 函数选择为：

$$V_{i1} = \frac{1}{2}z_{i1}^2 + \frac{1}{2M_{i1}}\tilde{\boldsymbol{\theta}}_{i1}^{\mathrm{T}}\tilde{\boldsymbol{\theta}}_{i1} + \frac{1}{2N_{i1}}\tilde{\Delta}_{i1}^2 \tag{4-15}$$

式中，M_{i1} 和 N_{i1} 均为正常数.

由于任何常数以及常数向量的导数均为 0，又因为 $\boldsymbol{\theta}_{i1}^{*}$ 和 Δ_{i1}^{*} 分别为未知常向量以及常数，故有 $\dot{\tilde{\boldsymbol{\theta}}}_{i1} = -\dot{\hat{\boldsymbol{\theta}}}_{i1}$，$\dot{\tilde{\Delta}}_{i1} = -\dot{\hat{\Delta}}_{i1}$. 然后，对该 Lyapunov 待选函数进行求导，可得：

$$\begin{aligned} \dot{V}_{i1} &= z_{i1}\dot{z}_{i1} + \frac{1}{M_{i1}}\tilde{\boldsymbol{\theta}}_{i1}^{\mathrm{T}}\dot{\tilde{\boldsymbol{\theta}}}_{i1} + \frac{1}{N_{i1}}\tilde{\Delta}_{i1}\dot{\tilde{\Delta}}_{i1} \\ &\leqslant (b_i + d_i)z_{i1}(z_{i2} + \alpha_{i1}) + (b_i + d_i)z_{i1}(\boldsymbol{\theta}_{i1}^{*}\boldsymbol{\varphi}_{i1} + \bar{\Delta}_{i1}) - \\ &\quad z_{i1}\dot{y}_I - \frac{1}{M_{i1}}\tilde{\boldsymbol{\theta}}_{i1}^{\mathrm{T}}\dot{\hat{\boldsymbol{\theta}}}_{i1} - \frac{1}{N_{i1}}\tilde{\Delta}_{i1}\dot{\hat{\Delta}}_{i1} \end{aligned} \tag{4-16}$$

为使 Lyapunov 函数满足 $\dot{V} \leqslant -aV + b(a、b > 0)$，本步骤的虚拟控制输入 α_{i1} 以及参数更新律设计如下：

$$\alpha_{i1} = -k_{i1}z_{i1} - \hat{\boldsymbol{\theta}}_{i1}\boldsymbol{\varphi}_{i1}(\bar{x}_{i1}) - \hat{\Delta}_{i1} + \frac{\dot{y}_I}{b_i + d_i} \tag{4-17}$$

$$\begin{cases} \dot{\hat{\boldsymbol{\theta}}}_{i1} = (b_i + d_i)M_{i1}z_{i1}\boldsymbol{\varphi}_{i1} - m_{i1}\hat{\boldsymbol{\theta}}_{i1} \\ \dot{\hat{\Delta}}_{i1} = (b_i + d_i)N_{i1}z_{i1} - n_{i1}\hat{\Delta}_{i1} \end{cases} \tag{4-18}$$

式中，m_{i1} 和 n_{i1} 为待设计的正参数.

将上述虚拟控制输入以及参数更新律代入式(4-16)可得：

$$\dot{V}_{i1} \leqslant -k_{i1}(b_i+d_i)z_{i1}^2+(b_i+d_i)z_{i1}z_{i2}+\frac{m_{i1}}{M_{i1}}\tilde{\boldsymbol{\theta}}_{i1}^{\mathrm{T}}\hat{\boldsymbol{\theta}}_{i1}+\frac{n_{i1}}{N_{i1}}\tilde{\Delta}_{i1}\hat{\Delta}_{i1} \tag{4-19}$$

由杨氏不等式可得：

$$\dot{V}_{i1} \leqslant -k_{i1}(b_i+d_i)z_{i1}^2+(b_i+d_i)z_{i1}z_{i2}- \frac{m_{i1}}{2M_{i1}}\tilde{\boldsymbol{\theta}}_{i1}^{\mathrm{T}}\tilde{\boldsymbol{\theta}}_{i1}-\frac{n_{i1}}{2N_{i1}}\tilde{\Delta}_{i1}^2+\frac{m_{i1}}{2M_{i1}}\|\boldsymbol{\theta}_{i1}^*\|^2+\frac{n_{i1}}{2N_{i1}}\Delta_{i1}^{*2} \tag{4-20}$$

可得：

$$\dot{V}_{i1} \leqslant -L_{i1}z_{i1}^2+H_{i1}+(b_i+d_i)z_{i1}z_{i2} \tag{4-21}$$

式中，$L_{i1}=\min\{2k_{i1}(b_i+d_i),m_{i1},n_{i1}\}$；$H_{i1}=\frac{m_{i1}}{2M_{i1}}\|\boldsymbol{\theta}_{i1}^*\|^2+\frac{n_{i1}}{2N_{i1}}\Delta_{i1}^{*2}$.

接下来，进行第二步设计，与第一步类似，对二阶误差求导得：

$$\begin{aligned}\dot{z}_{i2}&=\dot{x}_{i2}-\dot{\alpha}_{i1}\\&=z_{i3}+\alpha_{i2}+f_{i2}+d_{i2}-\dot{\alpha}_{i1}\end{aligned} \tag{4-22}$$

我们将使用 RBF 神经网络来估计未知函数 f_{i2}，并对由此产生的未知常数以及常向量进行估计，而本步骤的 Lyapunov 函数选择为：

$$V_{i2}=\frac{1}{2}z_{i2}^2+\frac{1}{2M_{i2}}\tilde{\boldsymbol{\theta}}_{i2}^{\mathrm{T}}\tilde{\boldsymbol{\theta}}_{i2}+\frac{1}{2N_{i2}}\tilde{\Delta}_{i2}^2 \tag{4-23}$$

为使 Lyapunov 函数满足 $\dot{V}_{i2}\leqslant -aV_{i2}+b(a、b>0)$，设计本步骤的虚拟控制输入以及参数更新律如下：

$$\alpha_{i2}=-k_{i2}z_{i2}-\hat{\boldsymbol{\theta}}_{i2}\boldsymbol{\varphi}_{i2}-\hat{\Delta}_{i2}+\dot{\alpha}_{i1}-(b_i+d_i)z_{i1} \tag{4-24}$$

$$\begin{cases}\dot{\hat{\boldsymbol{\theta}}}_{i2}=M_{i2}z_{i2}\boldsymbol{\varphi}_{i2}-m_{i2}\hat{\boldsymbol{\theta}}_{i2}\\ \dot{\hat{\Delta}}_{i2}=N_{i2}z_{i2}-n_{i2}\hat{\Delta}_{i2}\end{cases} \tag{4-25}$$

由式(4－23)可得：

$$\dot{V}_{i2} \leqslant -k_{i2}z_{i2}^2-(b_i+d_i)z_{i1}z_{i2}+z_{i2}z_{i3}+\frac{m_{i2}}{M_{i2}}\tilde{\boldsymbol{\theta}}_{i2}\hat{\boldsymbol{\theta}}_{i2}+\frac{n_{i2}}{N_{i2}}\tilde{\Delta}_{i2}\hat{\Delta}_{i2} \tag{4-26}$$

使用杨氏不等式可得：

$$\dot{V}_{i2} \leqslant -L_{i2}z_{i2}^2+H_{i2}-(b_i+d_i)z_{i1}z_{i2}+z_{i2}z_{i3} \tag{4-27}$$

式中，$L_{i2}=\min\{2k_{i2},m_{i2},n_{i2}\}$；$H_{i2}=\frac{m_{i2}}{2M_{i2}}\|\boldsymbol{\theta}_{i2}^*\|^2+\frac{n_{i2}}{2N_{i2}}\Delta_{i2}^{*.2}$.

第 k 步($3\leqslant k\leqslant n-1$)与之前的类似，对 k 阶误差求导可得：

$$\begin{aligned}\dot{z}_{ik}&=\dot{x}_{ik}-\dot{\alpha}_{i,k-1}\\&=z_{ik+1}+\alpha_{ik}+f_{ik}+d_{ik}-\dot{\alpha}_{ik-1}\end{aligned} \tag{4-28}$$

选择 Lyapunov 函数为 $V_{ik}=\frac{1}{2}z_{ik}^2+\frac{m_{ik}}{2M_{ik}}\tilde{\boldsymbol{\theta}}_{ik}^{\mathrm{T}}\tilde{\boldsymbol{\theta}}_{ik}+\frac{n_{ik}}{2M_{ik}}\tilde{\Delta}_{ik}^2$，并设计如下虚拟控制输入以及参数更新律：

$$\alpha_{ik}=-k_{ik}z_{ik}-\hat{\boldsymbol{\theta}}_{ik}\boldsymbol{\varphi}_{ik}-\hat{\Delta}_{ik}+\dot{\alpha}_{ik-1}-z_{ik-1} \tag{4-29}$$

$$\begin{cases}\dot{\hat{\boldsymbol{\theta}}}_{ik}=M_{ik}z_{ik}\boldsymbol{\varphi}_{ik}-m_{ik}\hat{\boldsymbol{\theta}}_{ik}\\ \dot{\hat{\Delta}}_{ik}=N_{ik}z_{ik}-n_{ik}\hat{\Delta}_{ik}\end{cases} \tag{4-30}$$

在式(4-29)、式(4-30)的基础上并对 Lyapunov 函数 V_{ik} 求导可得：

$$\dot{V}_{ik}\leqslant -L_{ik}V_{i,k}+H_{ik}-z_{i,k-1}z_{ik}+z_{ik}z_{ik+1} \tag{4-31}$$

式中，$L_{ik}=\min\{2k_{ik},m_{ik},n_{ik}\}$；$H_{ik}=\dfrac{m_{ik}}{2M_{ik}}\|\boldsymbol{\theta}_{ik}^{*}\|^{2}+\dfrac{n_{ik}}{2N_{ik}}\Delta_{ik}^{*2}$.

最后，将设计自适应控制器，对 n 阶误差求导可得：

$$\dot{z}_{in}=u_i+f_{in}+d_{in}-\dot{\alpha}_{ik-1} \tag{4-32}$$

选择 Lyapunov 函数为 $V_{in}=\dfrac{1}{2}z_{in}^{2}+\dfrac{1}{2M_{in}}\tilde{\boldsymbol{\theta}}_{in}^{\mathrm{T}}\tilde{\boldsymbol{\theta}}_{in}+\dfrac{1}{2N_{in}}\tilde{\Delta}_{in}^{2}$，并设计自适应控制器 u_i 以及参数更新律如下：

$$u_i=-k_{in}z_{in}-\hat{\boldsymbol{\theta}}_{in}\boldsymbol{\varphi}_{in}-\hat{\Delta}_{in}+\dot{\alpha}_{ik-1}-z_{in-1} \tag{4-33}$$

$$\begin{cases}\dot{\hat{\boldsymbol{\theta}}}_{in}=M_{in}z_{in}\boldsymbol{\varphi}_{in}-m_{in}\hat{\boldsymbol{\theta}}_{in}\\ \dot{\hat{\Delta}}_{in}=N_{in}z_{in}-n_{in}\hat{\Delta}_{in}\end{cases} \tag{4-34}$$

对 n 阶 Lyapunov 函数求导并使用式(4-33)、式(4-34)可得：

$$\dot{V}_{in}\leqslant -L_{in}V_{in}+H_{in}-z_{in-1}z_{in} \tag{4-35}$$

式中，$L_{in}=\min\{2k_{in},m_{in},n_{in}\}$；$H_{in}=\dfrac{m_{in}}{2M_{in}}\|\boldsymbol{\theta}_{in}^{*}\|^{2}+\dfrac{n_{in}}{2N_{in}}\Delta_{in}^{*2}$.

选择智能体 i 的闭环 Lyapunov 函数如下：

$$V_i=V_{i1}+V_{i2}+\cdots V_{ik}+\cdots+V_{in} \tag{4-36}$$

对 Lyapunov 函数求导可得：

$$\begin{aligned}\dot{V}_i&=\sum_{k=1}^{n}\dot{V}_{ik}\\&\leqslant -L_i+H_i\end{aligned} \tag{4-37}$$

式中，$L_i=\min\{L_{i1},L_{i2},\cdots,L_{in}\}$；$H_i=\sum\limits_{k=1}^{n}H_{ik}$. 以上内容为 n 阶领导-跟随多智能体系统的神经网络自适应控制器设计过程。接下来，我们将以一阶和二阶领导-跟随多智能体系统为例，进一步说明该方法 .

4.4.1 一阶领导-跟随多智能体系统神经网络自适应控制

考虑一个由一个领导者和 N 个跟随者构成的一阶多智能体系统，子系统模型如下：

$$\dot{x}_i=u_i+f_i(x_i)+d_i \tag{4-38}$$

式中，u_i 为智能体 i 的控制输入；x_i 为系统状态变量，同时也是系统输出；f_i 为未知函数 .

控制目标为对每个跟随者设计控制输入，使其输出跟踪参考信号 . 设计过程如下 .

首先，定义跟踪误差为：

$$z_i = b_i(x_i - y_r) + \sum\nolimits_{m\in N_i} a_{im}(x_i - x_m) \tag{4-39}$$

对上式求导可得：

$$\dot{z}_i = (b_i + d_i)(u_i + f_i + d_i) - \dot{y}_I \tag{4-40}$$

式中，$y_I = b_i y_r + \sum\nolimits_{m\in N_i} a_{im} x_m$；$y_r$ 为参考信号，即领导者的输出信号 .

使用 RBF 神经网络逼近未知函数 f_i，并进行参数估计，控制输入及参数更新律设计如下：

$$u_i = -k_i z_i - \hat{\boldsymbol{\theta}}_i \boldsymbol{\varphi}_i - \hat{\Delta}_i + \frac{\dot{y}_I}{b_i + d_i} \tag{4-41}$$

$$\begin{cases} \dot{\hat{\boldsymbol{\theta}}}_i = (b_i + d_i) M_i z_i \boldsymbol{\varphi}_i - m_i \hat{\boldsymbol{\theta}}_i \\ \dot{\hat{\Delta}}_i = (b_i + d_i) N_i z_i - n_i \hat{\Delta}_i \end{cases} \tag{4-42}$$

其中，$\boldsymbol{\varphi}_i$ 为 RBF 神经网络的基函数(详见第 3 章)，选择 Lyapunov 函数为 $V_i = \frac{1}{2} z_i^2 + \frac{1}{2M_i} \tilde{\boldsymbol{\theta}}_i^{\mathrm{T}} \tilde{\boldsymbol{\theta}}_i + \frac{1}{2N_i} \tilde{\Delta}_i^2$，并对其求导，可得：

$$\begin{aligned} \dot{V}_i &\leqslant -k_i(b_i + d_i) z_i^2 + \frac{m_i}{M_i} \tilde{\boldsymbol{\theta}}_i^{\mathrm{T}} \hat{\boldsymbol{\theta}}_i + \frac{n_i}{N_i} \tilde{\Delta}_i \hat{\Delta}_i \\ &\leqslant -k_i(b_i + d_i) z_i^2 - \frac{m_i}{2M_i} \tilde{\boldsymbol{\theta}}_i^{\mathrm{T}} \tilde{\boldsymbol{\theta}}_i - \frac{n_i}{2N_i} \tilde{\Delta}_i^2 + \frac{m_i}{2M_i} \| \boldsymbol{\theta}_i^* \|^2 + \frac{n_i}{2N_i} \Delta_i^{*2} \\ &\leqslant -L_i V_i + H_i \end{aligned} \tag{4-43}$$

式中，$L_i = \min\{2k_i, m_i, n_i\}$；$H_i = \frac{m_i}{2M_i} \| \theta_i^* \|^2 + \frac{n_i}{2N_i} \Delta_i^{*2}$.

例 4.3　考虑一个由一个领导者和四个跟随者构成的多智能体系统，各智能体之间通过有向图进行通信，权值为 $b_1 = 1, a_{21} = a_{31} = a_{42} = a_{43} = 1$. 领导者输出即参考信号为 $y_r = \sin(t)$，子系统的数学模型满足式(4 - 38)，且取 $f_1 = \sin(x_1)$，$f_2 = \cos(x_2)$，$f_3 = \exp(-x_3)$，$f_4 = x_4^2$，外部扰动选择为 $d = \pm 0.1\sin(t)$ 或者 $d = \mp 0.1\cos(t)$. 设计自适应控制器如式(4 - 41)、式(4 - 42)，并进行 MATLAB 仿真，仿真结果如图 4 - 5、图 4 - 6 所示。从图中可以看出，各智能体的输出信号都能很好地跟踪领导者。

4.4.2　二阶领导-跟随多智能体系统神经网络自适应控制

考虑一个由 1 个领导者和 N 个跟随者组成的多智能体系统，跟随者 i 的模型如下：

$$\begin{cases} \dot{x}_{i1} = x_{i2} + f_{i1}(\bar{x}_{i1}) + d_{i1} \\ \dot{x}_{i2} = u_i + f_{i2}(\bar{x}_{i2}) + d_{i2} \end{cases} \tag{4-44}$$

控制输入设计过程如下 . 首先，定义跟踪误差为：

$$\begin{cases} z_{i1} = b_i(x_{i1} - y_r) + \sum\nolimits_{m\in N_i} a_{im}(x_{i1} - x_{m1}) \\ z_{i2} = x_{i2} - \alpha_{i1} \end{cases} \tag{4-45}$$

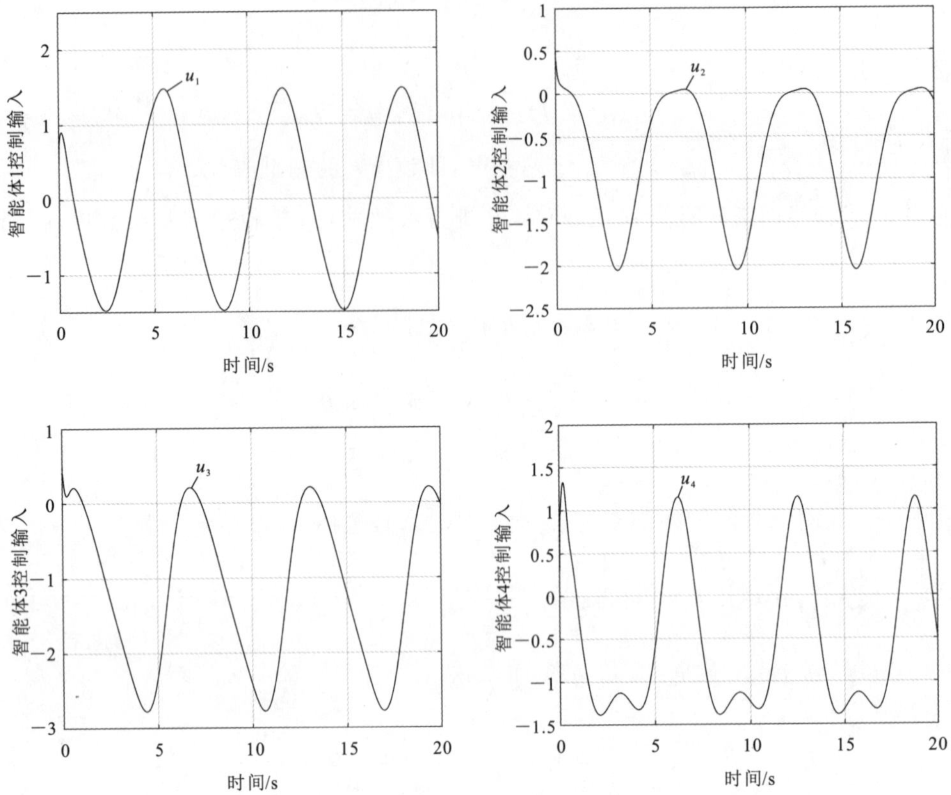

图 4-5　例 4.3 所示控制输入

控制输入设计步骤已在前文介绍过，现在选择各阶 Lyapunov 函数如下：

$$\begin{cases} V_{i1}=\dfrac{1}{2}z_{i1}^2+\dfrac{1}{2M_{i1}}\tilde{\boldsymbol{\theta}}_{i1}^{\mathrm{T}}\tilde{\boldsymbol{\theta}}_{i1}+\dfrac{1}{2N_{i2}}\tilde{\Delta}_{i1}^{*2} \\ V_{i2}=\dfrac{1}{2}z_{i2}^2+\dfrac{1}{2M_{i2}}\tilde{\boldsymbol{\theta}}_{i2}^{\mathrm{T}}\tilde{\boldsymbol{\theta}}_{i2}+\dfrac{1}{2N_{i2}}\tilde{\Delta}_{i2}^{*2} \end{cases} \tag{4-46}$$

参数更新律设计如下：

$$\begin{cases} \dot{\hat{\boldsymbol{\theta}}}_{i1}=(b_i+d_i)M_{i1}z_{i1}\boldsymbol{\varphi}_{i1}-m_{i1}\hat{\boldsymbol{\theta}}_{i1} \\ \dot{\hat{\boldsymbol{\theta}}}_{i2}=M_{i2}z_{i2}\boldsymbol{\varphi}_{i2}-m_{i2}\hat{\boldsymbol{\theta}}_{i2} \\ \dot{\hat{\Delta}}_{i1}=(b_i+d_i)N_{i1}z_{i1}-n_{i1}\hat{\Delta}_{i1} \\ \dot{\hat{\Delta}}_{i2}=N_{i2}z_{i2}-n_{i2}\hat{\Delta}_{i2} \end{cases} \tag{4-47}$$

虚拟控制输入以及自适应控制器设计如下：

$$\begin{cases} \alpha_{i1}=-k_{i1}z_{i1}-\hat{\boldsymbol{\theta}}_{i1}\boldsymbol{\varphi}_{i1}-\hat{\Delta}_{i1}+\dfrac{\dot{y}_I}{b_i+d_i} \\ u_i=-k_{i2}-\hat{\boldsymbol{\theta}}_{i2}\boldsymbol{\varphi}_{i2}-\hat{\Delta}_{i2}+\dot{\alpha}_{i1}-(b_i+d_i)z_i \end{cases} \tag{4-48}$$

选择闭环 Lyapunov 函数为 $V_i=V_{i1}+V_{i2}$，求导并使用式(4-46)—式(4-48)，可得：

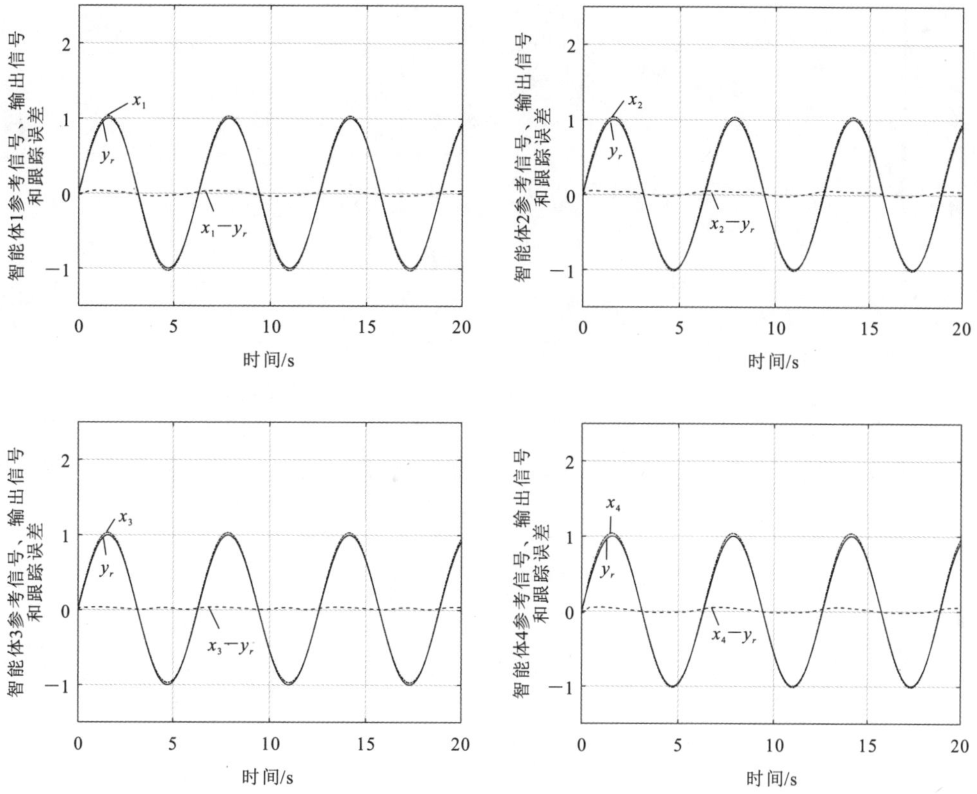

图 4-6　例 4.3 所示输出及跟踪信号

$$\dot{V}_i \leqslant -L_i V_i + H_i \tag{4-49}$$

例 4.4　考虑一个由一个领导者和四个跟随者构成的多智能体系统，各智能体之间通过有向图进行通信，权值为 $b_1=1, a_{21}=a_{31}=a_{42}=a_{43}=1$. 领导者输出即参考信号为 $y_r=\sin(t)$，子系统的数学模型满足式(4-44)，且 $f_{11}=\sin(x_{11}), f_{12}=x_{11}x_{12}; f_{21}=\cos(x_{21}), f_{22}=x_{22}\sin(x_{21}); f_{31}=x_{31}, f_{32}=x_{32}; f_{41}=\exp(-x_{41}), f_{42}=x_{41}\cos(x_{42}^2)$. 设计控制输入如式(4-47)、式(4-48)，并进行 MATLAB 仿真，仿真结果如图 4-7、图 4-8 所示 . 从图中可以看出，各智能体的输出信号都能很好地跟踪领导者 .

4.5　互联系统自适应控制

互联系统(interconnected systems)是一类特殊的多智能体系统，它是由按照某种特定方式互相连接的子系统构成的一个复合大规模系统，在实际应用中广泛存在，如电力系统、机械系统、化工生产系统、智能交通系统、计算机网络通信系统、航天系统等，由于子系统之间相互连接，因此具有高维数、强耦合、强不确定性等特点 . 随着科学技术的发展与生产生

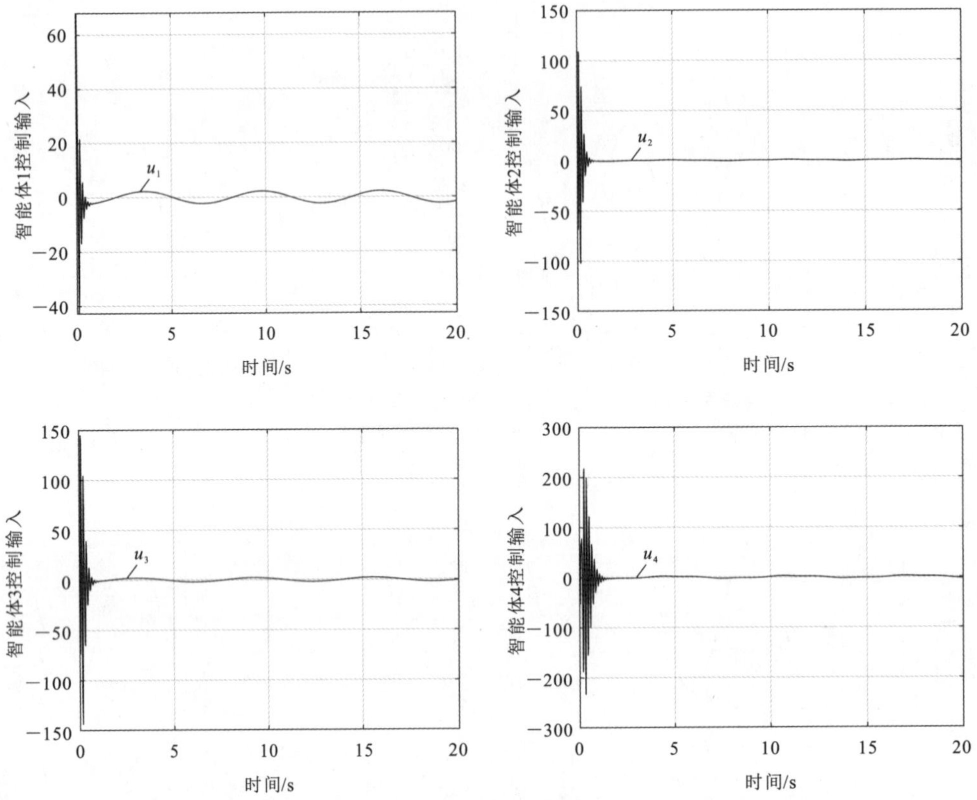

图 4-7　例 4.4 所示控制输入

活的需要,在工业生产和社会生活中控制的系统规模越来越大,系统之间的联系与影响越来越复杂,传统的关于单个系统研究的控制理论难以直接用来解决互联系统的分析与控制问题,因此有关互联系统的控制一直是一个热门的研究领域.

分散式控制(decentralized control)作为大规模系统控制理论中的一个重要分支,自 20 世纪 70 年代开始应用于互联系统的控制,从而得到了快速的发展和广泛的应用,为规模较大且有整体性能要求的互联系统提供了高效实用的控制方案. 分散式控制的基本思想是,基于子系统自身的信息为各个子系统设计独立的子控制输入,通过这些子控制输入的共同作用实现互联系统的控制目标. 分散式控制将互联系统分为多个子系统,有效解决了互联系统的维数问题,同时减少了控制所处理的信息量,使各子系统可以实现实时控制,提高了控制准确性. 当某个子系统因故障与其他子系统之间不再发生关联的时候,并不影响互联系统的整体稳定性,进而使得整个互联系统的容错能力和可靠性得到提高. 从实际应用出发,考虑到实际工程环境的复杂性,互联系统模型中常存在未知参数和未知互联项等不确定项,使得分散式自适应控制方法被广泛应用.

在本节中,我们主要解决互联系统的镇定及跟踪控制问题. 在该类互联系统中,子系统之间的互联项是未知且满足高阶非线性增长条件的,我们通过设计补偿函数来抵消其影响.

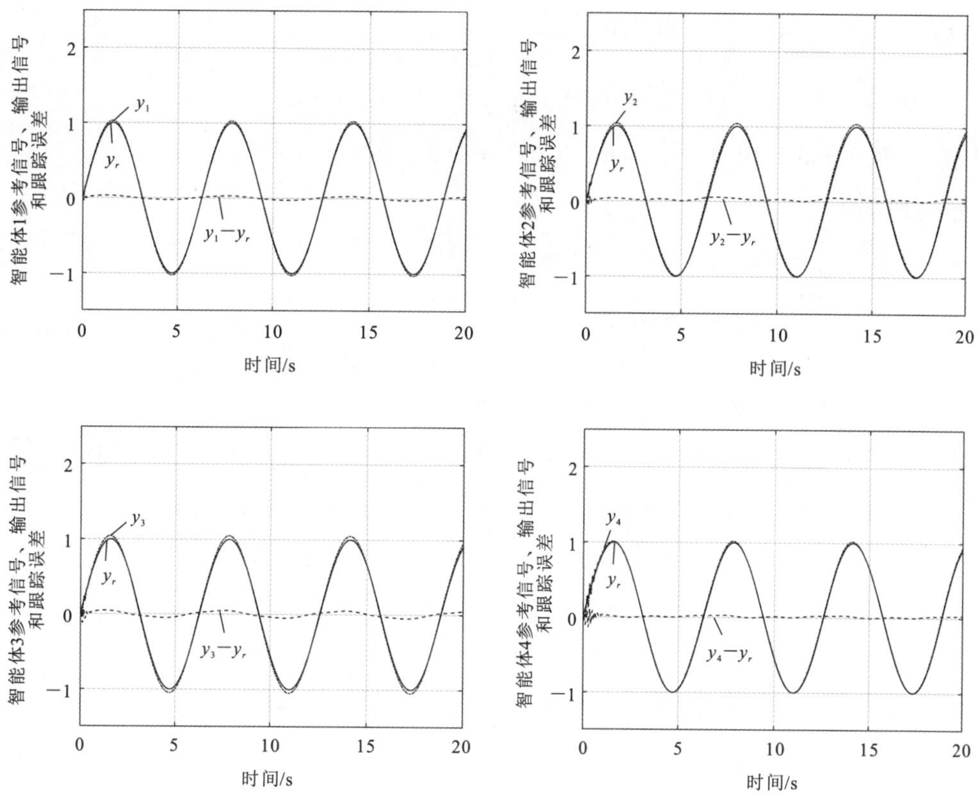

图 4-8　例 4.4 所示输出及跟踪信号

我们使用反步法设计分散式自适应控制器．结果表明，设计的控制输入可以使整个互联系统全局稳定并实现镇定或跟踪的控制目标．

4.5.1　模型参数已知的互联系统的自适应控制

首先，我们考虑一类模型参数已知、只含有未知互联项的互联系统，重点关注未知互联项的处理方法，设计合适的分散式自适应控制器，实现系统镇定的控制目标．

1. 系统模型

由 N 个子系统组成的互联系统的高阶模型如下：

$$\begin{cases}\dot{x}_{i,j}=x_{i,j+1}+\theta_i\varphi_{i,j}(\bar{\boldsymbol{x}}_{i,j})+\psi_{i,j}(\bar{\boldsymbol{x}}_{i,j})+f_{i,j}(\boldsymbol{y})\\ \dot{x}_{i,n_i}=a_iu_i+\theta_i\varphi_{i,n_i}(\boldsymbol{x}_i)+\psi_{i,n_i}(\boldsymbol{x}_i)+f_{i,n_i}(\boldsymbol{y})\\ y_i=x_{i,1},j=1,\cdots,n_i\end{cases} \tag{4-50}$$

式中，$\boldsymbol{x}_i$、y_i 和 u_i 分别为第 i 个子系统的状态量、输出量和控制量；a_i 和 θ_i 为系统参数；$\varphi_{i,j}(\bar{\boldsymbol{x}}_{i,j})$和 $\psi_{i,j}(\bar{\boldsymbol{x}}_{i,j})$是非线性函数；$\bar{\boldsymbol{x}}_{i,j}=[x_{i,1},\cdots,x_{i,j}]$；$x_i=[x_{i,1},\cdots,x_in_i]$. $f_{i,j}(\boldsymbol{y})$是子系统之间的互联项，一般是未知的，其依赖的变量 $\boldsymbol{y}=[y_1,\cdots,y_N]$由其所有子系统的输出量

$y_q(q=1,\cdots,N)$组成．

假设 4.1：互联项 $f_{i,j}(\mathbf{y})$满足不等式：

$$|f_{i,j}(\mathbf{y})|\leqslant\sum_{q=1}^{N}\beta_{i,j,q}|y_q\varphi_q(y_q)| \tag{4-51}$$

式中，$\beta_{i,j,q}$ 表示互联作用的强度；$\varphi_q(y_q)$为已知的非线性函数．

2. 控制输入设计

为了方便后续的控制输入设计，我们首先令

$$\begin{cases}z_{i,1}=y_i\\ z_{i,j}=x_{i,j}-\alpha_{i,j-1},j=2,\cdots,n\end{cases} \tag{4-52}$$

式中，$\alpha_{i,j-1}$ 是虚拟控制输入，我们将在后面的步骤中进行设计．

步骤 1　我们对误差变量 $z_{i,1}$ 进行求导，由式(4-50)和式(4-52)可以得到：

$$\begin{aligned}\dot{z}_{i,1}&=x_{i,2}+\theta_i\varphi_{i,1}(x_{i,1})+\psi_{i,1}(x_{i,1})+f_{i,1}(\mathbf{y})\\&=z_{i,2}+\alpha_{i,1}+\theta_i\varphi_{i,1}(x_{i,1})+\psi_{i,1}(x_{i,1})+f_{i,1}(\mathbf{y})\end{aligned} \tag{4-53}$$

根据需要，我们可以设计虚拟控制输入 $\alpha_{i,1}$ 如下：

$$\alpha_{i,1}=-c_{i,1}z_{i,1}-\theta_i\varphi_{i,1}(x_{i,1})-\psi_{i,1}(x_{i,1})-l_{i,1}z_{i,1}-\hat{\mu}_iz_{i,1}\varphi_i^2(x_{i,1}) \tag{4-54}$$

式中，$c_{i,1}$ 和 $l_{i,1}$ 是正的设计参数；$l_{i,1}$ 用来处理互联项 $f_{i,1}(\mathbf{y})$，使得后续在稳定性分析时可以利用设计的光滑函数来补偿互联项的影响；$\hat{\mu}_i$ 是 μ_i 的估计值，$\tilde{\mu}_i=\mu_i-\hat{\mu}_i$，$\mu_i$ 的值将在第 n_i 步给出．将式(4-54)代入式(4-53)，可得：

$$\dot{z}_{i,1}=z_{i,2}-c_{i,1}z_{i,1}-l_{i,1}z_{i,1}+f_{i,1}(\mathbf{y})-\mu_iz_{i,1}\varphi_i^2(x_{i,1})+\tilde{\mu}_iz_{i,1}\varphi_i^2(x_{i,1}) \tag{4-55}$$

两边同时乘 $z_{i,1}$，可得：

$$z_{i,1}\dot{z}_{i,1}=z_{i,1}z_{i,2}-c_{i,1}z_{i,1}^2-l_{i,1}z_{i,1}^2+z_{i,1}f_{i,1}(\mathbf{y})-\mu_iz_{i,1}^2\varphi_i^2(x_{i,1})+\tilde{\mu}_iz_{i,1}^2\varphi_i^2(x_{i,1}) \tag{4-56}$$

利用杨氏不等式 $ab\leqslant a^2+\frac{1}{4}b^2$ 进行分析，可得：

$$z_{i,1}\dot{z}_{i,1}\leqslant z_{i,1}z_{i,2}-c_{i,1}z_{i,1}^2+\frac{1}{4l_{i,1}}f_{i,1}^2-\mu_iz_{i,1}^2\varphi_i^2(x_{i,1})+\tilde{\mu}_iz_{i,1}^2\varphi_i^2(x_{i,1}) \tag{4-57}$$

接下来，构造如下形式的 Lyapunov 函数：

$$V_{i,1}=\frac{1}{2}z_{i,1}^2+\frac{1}{2\gamma_i}\tilde{\mu}_i^2 \tag{4-58}$$

对 $V_{i,1}$ 求导，可得：

$$\dot{V}_{i,1}=z_{i,1}\dot{z}_{i,1}+\frac{1}{\gamma_i}\tilde{\mu}_i\dot{\tilde{\mu}}_i \tag{4-59}$$

将式(4-57)代入式(4-59)，可得：

$$\begin{aligned}\dot{V}_{i,1} &\leqslant z_{i,1}z_{i,2}-c_{i,1}z_{i,1}^2+\frac{1}{4l_{i,1}}f_{i,1}^2-\mu_i z_{i,1}^2\varphi_i^2(x_{i,1})+\tilde{\mu}_i z_{i,1}^2\varphi_i^2(x_{i,1})-\frac{1}{\gamma_i}\tilde{\mu}_i\dot{\hat{\mu}}_i \\ &=z_{i,1}z_{i,2}-c_{i,1}z_{i,1}^2+\frac{1}{4l_{i,1}}f_{i,1}^2-\mu_i z_{i,1}^2\varphi_i^2(x_{i,1})-\frac{1}{\gamma_i}\tilde{\mu}_i(\dot{\hat{\mu}}_i-\gamma_i z_{i,1}^2\varphi_i^2(x_{i,1}))\end{aligned} \tag{4-60}$$

设计参数更新律 $\dot{\hat{\mu}}_i$ 如下：

$$\dot{\hat{\mu}}_i=\gamma_i z_{i,1}^2\varphi_i^2(x_{i,1}) \tag{4-61}$$

将式(4-61)代入式(4-60)，$\dot{V}_{i,1}$ 可以转换为：

$$\dot{V}_{i,1}\leqslant z_{i,1}z_{i,2}-c_{i,1}z_{i,1}^2+\frac{1}{4l_{i,1}}f_{i,1}^2-\mu_i z_{i,1}^2\varphi_i^2(x_{i,1}) \tag{4-62}$$

第 1 步的设计推导完成，得到的式(4-62)将在后面构造 Lyapunov 函数时用到，并在后面稳定性分析环节进一步讨论．下面，我们将开始下一步的控制输入设计．

步骤 $j(j=2,\cdots,n_i-1)$　与上一步的设计过程类似，对误差变量 $z_{i,j}$ 进行求导，可以得到：

$$\begin{aligned}\dot{z}_{i,j}&=x_{i,j+1}+\theta_i\varphi_{i,j}(\bar{\boldsymbol{x}}_{i,j})+\psi_{i,j}(\bar{\boldsymbol{x}}_{i,j})+f_{i,j}(\boldsymbol{y})-\dot{\alpha}_{i,j-1} \\ &=z_{i,j+1}+\alpha_{i,j}+\theta_i\varphi_{i,j}(\bar{\boldsymbol{x}}_{i,j})+\psi_{i,j}(\bar{\boldsymbol{x}}_{i,j})+f_{i,j}(\boldsymbol{y})-\dot{\alpha}_{i,j-1}\end{aligned} \tag{4-63}$$

设计虚拟控制输入 $\alpha_{i,j}$ 如下：

$$\alpha_{i,j}=-c_{i,j}z_{i,j}-z_{i,j-1}-\theta_i\varphi_{i,j}(\bar{\boldsymbol{x}}_{i,j})-\psi_{i,j}(\bar{\boldsymbol{x}}_{i,j})-l_{i,j}z_{i,j}+\dot{\alpha}_{i,j-1} \tag{4-64}$$

式中，$c_{i,j}$ 和 $l_{i,j}$ 是正的设计参数．将式(4-64)代入式(4-63)，可得：

$$\dot{z}_{i,j}=z_{i,j+1}-c_{i,j}z_{i,j}-z_{i,j-1}-l_{i,j}z_{i,j}+f_{i,j}(\boldsymbol{y}) \tag{4-65}$$

两边同时乘 $z_{i,j}$，并用杨氏不等式分析，可得：

$$\begin{aligned}z_{i,j}\dot{z}_{i,j}&=z_{i,j}z_{i,j+1}-c_{i,j}z_{i,j}^2-z_{i,j-1}z_{i,j}-l_{i,j}z_{i,j}^2+z_{i,j}f_{i,j}(\boldsymbol{y}) \\ &\leqslant z_{i,j}z_{i,j+1}-c_{i,j}z_{i,j}^2-z_{i,j-1}z_{i,j}+\frac{1}{4l_{i,j}}f_{i,j}^2\end{aligned} \tag{4-66}$$

接下来，构造如下形式的 Lyapunov 函数：

$$V_{i,j}=V_{i,j-1}+\frac{1}{2}z_{i,j}^2 \tag{4-67}$$

对 $V_{i,j}$ 求导，可得：

$$\dot{V}_{i,j}=\dot{V}_{i,j-1}+z_{i,j}\dot{z}_{i,j} \tag{4-68}$$

将式(4-62)、式(4-66)代入式(4-68)，可得：

$$\begin{aligned}\dot{V}_{i,j}&\leqslant-\sum_{k=1}^{j-1}c_{i,k}z_{i,k}^2+\sum_{k=1}^{j-1}\frac{1}{4l_{i,k}}f_{i,k}^2-\mu_i z_{i,1}^2\varphi_i^2(x_{i,1})+z_{i,j}z_{i,j+1}-c_{i,j}z_{i,j}^2+\frac{1}{4l_{i,j}}f_{i,j}^2 \\ &=-\sum_{k=1}^{j}c_{i,k}z_{i,k}^2+\sum_{k=1}^{j}\frac{1}{4l_{i,k}}f_{i,k}^2-\mu_i z_{i,1}^2\varphi_i^2(x_{i,1})+z_{i,j}z_{i,j+1}\end{aligned} \tag{4-69}$$

下面我们将进行最后一步的控制输入设计，并设计出合适的控制量 u_i．

步骤 n_i　对误差变量 z_{i,n_i} 求导，可以得到：

$$\dot{z}_{i,n_i}=a_iu_i+\theta_i\varphi_{i,n_i}(\boldsymbol{x}_i)+\psi_i(\boldsymbol{x}_i)+f_{i,n_i}(\boldsymbol{y})-\dot{\alpha}_{i,n_i-1} \tag{4-70}$$

设计控制输入 u_i 如下：

$$u_i=\frac{1}{a_i}(-c_{i,n_i}z_{i,n_i}-z_{i,n_i-1}-\theta_i\varphi_{i,n_i}(\boldsymbol{x}_i)-\psi_{i,n_i}(\boldsymbol{x}_i)-l_{i,n_i}z_{i,n_i}+\dot{\alpha}_{i,n_i-1}) \tag{4-71}$$

式中，c_{i,n_i} 和 l_{i,n_i} 是正的设计参数．将式(4－71)代入式(4－70)，两边同时乘 z_{i,n_i}，并用杨氏不等式分析，可以得到：

$$\begin{aligned}z_{i,n_i}\dot{z}_{i,n_i}&=-c_{i,n_i}z_{i,n_i}^2-z_{i,n_i-1}z_{i,n_i}-l_{i,n_i}z_{i,n_i}^2+z_{i,n_i}f_{i,n_i}(\boldsymbol{y})\\&\leqslant-c_{i,n_i}z_{i,n_i}^2-z_{i,n_i-1}z_{i,n_i}+\frac{1}{4l_{i,n_i}}f_{i,n_i}^2\end{aligned} \tag{4-72}$$

接下来，构造如下形式的 Lyapunov 函数：

$$V_{i,n_i}=V_{i,n_i-1}+\frac{1}{2}z_{i,n_i}^2 \tag{4-73}$$

对 V_{i,n_i} 求导，可得：

$$\dot{V}_{i,n_i}=\dot{V}_{i,n_i-1}+z_{i,n_i}\dot{z}_{i,n_i} \tag{4-74}$$

将式(4－69)、式(4－72)代入式(4－73)，可得：

$$\dot{V}_{i,n_i}\leqslant-\sum_{k=1}^{n_i}c_{i,k}z_{i,k}^2+\sum_{k=1}^{n_i}\frac{1}{4l_{i,k}}f_{i,k}^2-\mu_iz_{i,1}^2\varphi_i^2(x_{i,1}) \tag{4-75}$$

3. 稳定性分析

在本节中，我们将分析整个闭环系统的稳定性，理论上证明设计的分散式控制输入可以用于控制互联系统，完成控制目标．

首先，对整个互联系统定义 Lyapunov 函数：

$$V=\sum_{i=1}^{N}V_{i,n_i} \tag{4-76}$$

即对所有子系统的 Lyapunov 函数 V_{i,n_i} 进行整合．

根据式(4－75)，对 V 求导，可得：

$$\begin{aligned}\dot{V}&=\sum_{i=1}^{N}\dot{V}_{i,n_i}\\&\leqslant\sum_{i=1}^{N}\left(-\sum_{k=1}^{n_i}c_{i,k}z_{i,k}^2+\sum_{k=1}^{n_i}\frac{1}{4l_{i,k}}f_{i,k}^2-\mu_iz_{i,1}^2\varphi_i^2(x_{i,1})\right)\end{aligned} \tag{4-77}$$

在系统(式(4－76))模型中，我们对互联项 $f_{i,j}(\boldsymbol{y})$ 进行了如下假设(式(4－51))：

$$|f_{i,j}(\boldsymbol{y})|\leqslant\sum_{q=1}^{N}\beta_{i,j,q}\,|y_q\varphi_q(y_q)|$$

根据该假设分析式(4－77)中的互联项，可以得到：

$$\sum_{k=1}^{n_i}\frac{1}{4l_{i,k}}f_{i,k}^2\leqslant\sum_{k=1}^{n_i}\sum_{q=1}^{N}\frac{\beta_{i,k,q}^2}{4l_{i,k}}y_q^2\varphi_q^2(y_q) \tag{4-78}$$

进一步，可以计算得到：

$$\begin{aligned}\sum_{i=1}^{N}\Big[\sum_{k=1}^{n_i}\frac{1}{4l_{i,k}}f_{i,k}^2-\mu_i z_{i,1}^2\varphi_i^2(x_{i,1})\Big]&\leqslant\sum_{i=1}^{N}\Big[\sum_{k=1}^{n_i}\sum_{q=1}^{N}\frac{\beta_{q,k,i}^2}{4l_{q,k}}y_i^2\varphi_i^2(y_i)-\mu_i z_{i,1}^2\varphi_i^2(x_{i,1})\Big]\\&=\sum_{i=1}^{N}\mu_i\big[y_i^2\varphi_i^2(y_i)-z_{i,1}^2\varphi_i^2(x_{i,1})\big]\\&=0\end{aligned}\tag{4-79}$$

式中，μ_i 是常数且满足不等式 $\mu_i\geqslant\sum_{k=1}^{n_i}\sum_{q=1}^{N}\frac{\beta_{q,k,i}^2}{4l_{q,k}}$. 所以式(4-77)可以转换为：

$$\dot{V}\leqslant-\sum_{i=1}^{N}\sum_{k=1}^{n_i}c_{i,k}z_{i,k}^2\leqslant 0\tag{4-80}$$

通过 Lasalle 定理可得，该 Lyapunov 函数保证了系统的一致渐进稳定，即 $z_{i,1},z_{i,2},\cdots,z_{i,n_i},\hat{\mu}_i$ 有界，且$\lim\limits_{t\to\infty}z_{i,j}\to 0,j=1,\cdots,n_i$. 因此，我们可以得到结论$\lim\limits_{t\to\infty}y_i\to 0$，实现了系统的镇定控制．进一步分析，由式(4-54)、式(4-64)和式(4-71)可得，$\tau_{i,j}(j=1,\cdots,n_i-1)$和 u_i 有界，进而也保证了 $x_{i,j}=z_{i,j}+\tau_{i,j-1},j=2,\cdots,n_i$ 有界，使得系统内所有信号的有界性得到了保证．

4. 仿真分析

在本节中，我们将通过一个数值仿真实验来验证上述分散式控制输入的有效性．

由两个子系统组成的互联系统模型如下：

$$\begin{cases}\dot{x}_{i1}=x_{i2}+\psi_{i1}+f_{i1}\\\dot{x}_{i2}=b_i u_i+\psi_{i2}+f_{i2}\\y_i=x_{i1},i=1,2\end{cases}\tag{4-81}$$

式中，$b_1=b_2=1$；$\psi_{11}=0$；$\psi_{12}=x_{11}x_{12}$；$\psi_{21}=x_{11}^2$；$\psi_{22}=x_{22}^2$；$f_{11}=y_2$；$f_{12}=2y_2$；$f_{21}=0.5y_1$；$f_{22}=y_1$. 初始值我们设置为 $x_{ij}(0)=1,\hat{\mu}_i(0)=0,i=1,2$ 且 $j=1,2$. 控制目标是使互联系统镇定．

根据本节内容中设计的控制输入(式(4-71))、虚拟控制输入(式(4-64))、参数更新律(式(4-61))，构造分散式自适应控制器．分散式自适应控制器的设计参数我们选取为 $c_{i,1}=k_{i,1}=l_{i,1}=3,c_{i,2}=k_{i,2}=l_{i,2}=3,\gamma_i=1,i=1,2$. 仿真结果如图 4-9—图 4-11 所示．图 4-9 展示了系统输出的变化曲线，从图中可以看到两个子系统的输出 y_1 和 y_2 最终都收敛到 0，实现了镇定目标．图 4-10 展示了两个子系统的控制输入 u_1 和 u_2 的变化曲线．图 4-11 展示的是参数更新律 $\hat{\mu}_i$ 的变化曲线．仿真结果表明，我们设计的分散式自适应控制器可以使互联系统镇定，证实了该控制方法的有效性．

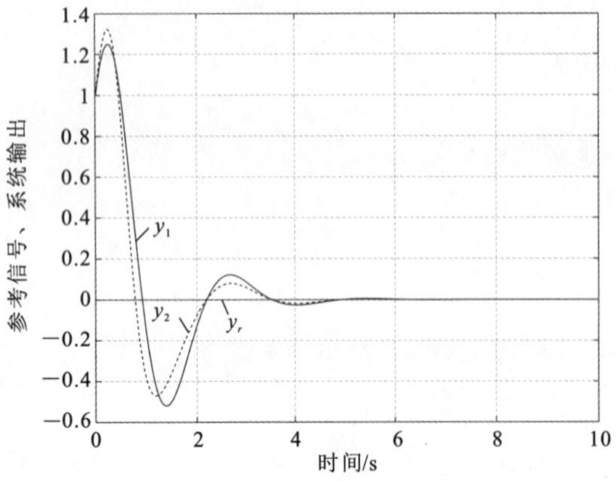

图 4－9　系统输出变化曲线

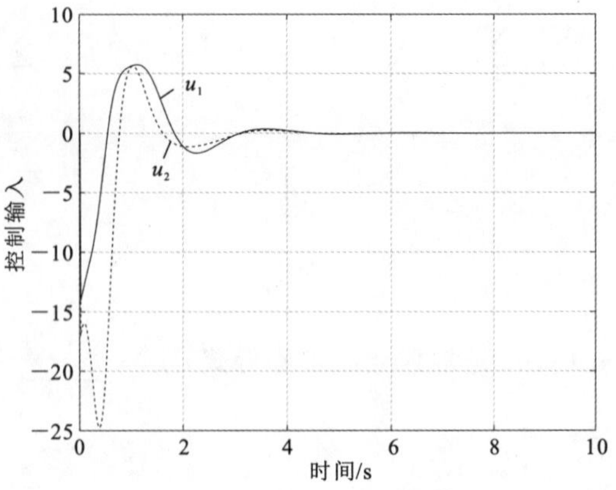

图 4－10　控制输入变化曲线

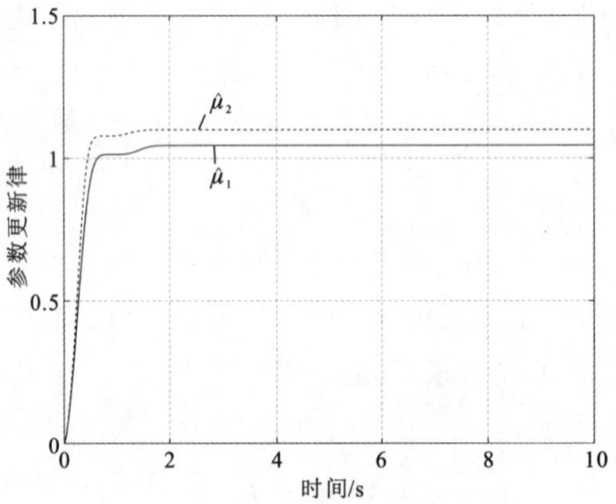

图 4－11　参数更新律变化曲线

4.5.2　含未知参数的互联系统的自适应控制

经过学习上一节的分析设计，我们对互联系统的分散式控制方法已经有了一个初步的了解．本节中，我们将进一步研究，考虑一类在实际应用中更为普遍的被控对象，即模型中含有未知参数的互联系统，重点研究其分散式自适应控制方法，实现系统的镇定控制目标．

1. 系统模型

由 N 个子系统组成的互联系统的高阶模型如下：

$$\begin{cases} \dot{x}_{i,j} = x_{i,j+1} + \theta_{i,j}\varphi_{i,j}(\bar{\boldsymbol{x}}_{i,j}) + \psi_{i,j}(\bar{\boldsymbol{x}}_{i,j}) + f_{i,j}(\boldsymbol{y}) \\ \dot{x}_{i,n_i} = a_i u_i + \theta_{i,n_i}\varphi_{i,n_i}(\boldsymbol{x}_i) + \psi_{i,n_i}(\boldsymbol{x}_i) + f_{i,n_i}(\boldsymbol{y}) \\ y_i = x_{i,1}, j = 1, \cdots, n_i \end{cases} \tag{4-82}$$

式中，$\boldsymbol{x}_i$、y_i 和 u_i 分别为第 i 个子系统的状态量、输出量和控制量；a_i 和 $\theta_{i,j}$ 为未知常数；$\varphi_{i,j}(\bar{\boldsymbol{x}}_{i,j})$和 $\psi_{i,j}(\bar{\boldsymbol{x}}_{i,j})$是非线性函数；$\bar{\boldsymbol{x}}_{i,j}=[x_{i,1},\cdots,x_{i,j}]$；$\boldsymbol{x}_i=[x_{i,1},\cdots,x_{i,n_i}]$. $f_i(\boldsymbol{y})$是子

系统之间的未知互联项，其依赖的变量 $\boldsymbol{y}=[y_1,\cdots,y_N]$ 由其所有子系统的输出量 $y_q(q=1,\cdots,N)$ 组成．

该模型与上一节模型结构相同，但其中的系统参数 a_i 和 $\theta_{i,j}$ 是未知的．因此，该模型中包含了三类未知量．与上一节相比，该模型更能反映一般情况下复杂的实际工程环境对被控对象造成的影响．

假设 4.2：互联项 $f_{i,j}(\boldsymbol{y})$ 满足不等式(4-51)：

$$|f_{i,j}(\boldsymbol{y})|\leqslant\sum_{q=1}^{N}\beta_{i,j,q}|y_q\varphi_q(y_q)|$$

式中，$\beta_{i,j,q}$ 表示互联作用的强度；$\varphi_q(y_q)$ 为已知的非线性函数．

假设 4.3：控制系数 a_i 符号已知．

2. 控制输入设计

首先，我们进行如式(4-52)所示的误差变换．

步骤 1　我们对误差变量 $z_{i,1}$ 进行求导，由式(4-82)和式(4-52)可以得到：

$$\begin{aligned}\dot{z}_{i,1}&=x_{i,2}+\theta_{i,1}\varphi_{i,1}(x_{i,1})+\psi_{i,1}(x_{i,1})+f_{i,1}(\boldsymbol{y})\\&=z_{i,2}+\alpha_{i,1}+\theta_{i,1}\varphi_{i,1}(x_{i,1})+\psi_{i,1}(x_{i,1})+f_{i,1}(\boldsymbol{y})\end{aligned}\tag{4-83}$$

设计虚拟控制输入 $\alpha_{i,1}$ 如下：

$$\alpha_{i,1}=-c_{i,1}z_{i,1}-\hat{\theta}_{i,1}\varphi_{i,1}(x_{i,1})-\psi_{i,1}(x_{i,1})-l_{i,1}z_{i,1}-\hat{\mu}_i z_{i,1}\varphi_i^2(x_{i,1})\tag{4-84}$$

式中，$c_{i,1}$ 和 $l_{i,1}$ 是正的设计参数；$l_{i,1}$ 用来处理互联项 $f_{i,1}(\boldsymbol{y})$，使得后续在稳定性分析时可以利用设计的光滑函数来补偿互联项的影响；$\hat{\theta}_{i,1}$ 是 $\theta_{i,1}$ 的估计值，$\tilde{\theta}_{i,1}=\theta_{i,1}-\hat{\theta}_{i,1}$ 是其估计误差；$\hat{\mu}_i$ 是 μ_i 的估计值，$\tilde{\mu}_i=\mu_i-\hat{\mu}_i$，$\mu_i$ 的值将在第 n_i 步给出．

将式(4-84)代入式(4-83)，可以得到：

$$\dot{z}_{i,1}=z_{i,2}-c_{i,1}z_{i,1}+\tilde{\theta}_{i,1}\varphi_{i,1}(x_{i,1})-l_{i,1}z_{i,1}+f_{i,1}(y)-\mu_i z_{i,1}\varphi_i^2(x_{i,1})+\tilde{\mu}_i z_{i,1}\varphi_i^2(x_{i,1})\tag{4-85}$$

两边同时乘 $z_{i,1}$，并用杨氏不等式 $ab\leqslant a^2+\frac{1}{4}b^2$ 分析，可得：

$$\begin{aligned}z_{i,1}\dot{z}_{i,1}&=z_{i,1}z_{i,2}-c_{i,1}z_{i,1}^2+z_{i,1}\tilde{\theta}_{i,1}\varphi_{i,1}-l_{i,1}z_{i,1}^2+z_{i,1}f_{i,1}-\mu_i z_{i,1}^2\varphi_i^2+\tilde{\mu}_i z_{i,1}^2\varphi_i^2\\&\leqslant z_{i,1}z_{i,2}-c_{i,1}z_{i,1}^2+z_{i,1}\tilde{\theta}_{i,1}\varphi_{i,1}+\frac{1}{4l_{i,1}}f_{i,1}^2-\mu_i z_{i,1}^2\varphi_i^2+\tilde{\mu}_i z_{i,1}^2\varphi_i^2\end{aligned}\tag{4-86}$$

接下来，构造 Lyapunov 函数：

$$V_{i,1}=\frac{1}{2}z_{i,1}^2+\frac{1}{2\eta_{i,1}}\tilde{\theta}_{i,1}^2+\frac{1}{2\gamma_i}\tilde{\mu}_i^2\tag{4-87}$$

对 $V_{i,1}$ 求导，可得：

$$\dot{V}_{i,1}=z_{i,1}\dot{z}_{i,1}+\frac{1}{\eta_{i,1}}\tilde{\theta}_{i,1}\dot{\tilde{\theta}}_{i,1}+\frac{1}{\gamma_i}\tilde{\mu}_i\dot{\tilde{\mu}}_i\tag{4-88}$$

将式(4-86)代入式(4-88)，可得：

$$\begin{aligned}\dot{V}_{i,1} &\leqslant z_{i,1}z_{i,2}-c_{i,1}z_{i,1}^2+z_{i,1}\tilde{\theta}_{i,1}\varphi_{i,1}+\frac{1}{4l_{i,1}}f_{i,1}^2-\mu_i z_{i,1}^2\varphi_i^2+\tilde{\mu}_i z_{i,1}^2\varphi_i^2-\frac{1}{\eta_{i,1}}\tilde{\theta}_{i,1}\dot{\hat{\theta}}_{i,1}-\frac{1}{\gamma_i}\tilde{\mu}_i\dot{\hat{\mu}}_i\\ &\leqslant z_{i,1}z_{i,2}-c_{i,1}z_{i,1}^2+\frac{1}{4l_{i,1}}f_{i,1}^2-\mu_i z_{i,1}^2\varphi_i^2-\frac{1}{\eta_{i,1}}\tilde{\theta}_{i,1}(\dot{\hat{\theta}}_{i,1}-\eta_{i,1}z_{i,1}\varphi_{i,1})-\\ &\quad\frac{1}{\gamma_i}\tilde{\mu}_i(\dot{\hat{\mu}}_i-\gamma_i z_{i,1}^2\varphi_i^2)\end{aligned}\tag{4-89}$$

设计参数更新律 $\dot{\hat{\theta}}_{i,1}$ 为式(4-90)，$\dot{\hat{\mu}}_i$ 为式(4-61)：

$$\dot{\hat{\theta}}_{i,1}=\eta_{i,1}z_{i,1}\varphi_{i,1}(x_{i,1})\tag{4-90}$$

将设计的参数更新律代入式(4-89)，$\dot{V}_{i,1}$ 可以转换为：

$$\dot{V}_{i,1}\leqslant z_{i,1}z_{i,2}-c_{i,1}z_{i,1}^2+\frac{1}{4l_{i,1}}f_{i,1}^2-\mu_i z_{i,1}^2\varphi_i^2\tag{4-91}$$

步骤 $j(j=2,\cdots,n_i-1)$　对误差变量 $z_{i,j}$ 进行求导，可以得到：

$$\begin{aligned}\dot{z}_{i,j}&=x_{i,j+1}+\theta_{i,j}\varphi_{i,j}(\bar{\boldsymbol{x}}_{i,j})+\psi_{i,j}(\bar{\boldsymbol{x}}_{i,j})+f_{i,j}(\boldsymbol{y})-\dot{\alpha}_{i,j-1}\\ &=z_{i,j+1}+\alpha_{i,j}+\theta_{i,j}\varphi_{i,j}(\bar{\boldsymbol{x}}_{i,j})+\psi_{i,j}(\bar{\boldsymbol{x}}_{i,j})+f_{i,j}(\boldsymbol{y})-\dot{\alpha}_{i,j-1}\end{aligned}\tag{4-92}$$

设计虚拟控制输入 $\alpha_{i,j}$ 如下：

$$\alpha_{i,j}=-c_{i,j}z_{i,j}-z_{i,j-1}-\hat{\theta}_{i,j}\varphi_{i,j}-\psi_{i,j}-l_{i,j}z_{i,j}+\dot{\alpha}_{i,j-1}\tag{4-93}$$

式中，$c_{i,j}$ 和 $l_{i,j}$ 是正的设计参数，$\hat{\theta}_{i,j}$ 是 $\theta_{i,j}$ 的估计值，$\tilde{\theta}_{i,j}=\theta_{i,j}-\hat{\theta}_{i,j}$。

将式(4-93)代入式(4-92)，可以得到：

$$\dot{z}_{i,j}=z_{i,j+1}-c_{i,j}z_{i,j}-z_{i,j-1}+\tilde{\theta}_{i,j}\varphi_{i,j}-l_{i,j}z_{i,j}+f_{i,j}\tag{4-94}$$

两边同时乘 $z_{i,j}$，并用杨氏不等式分析，可得：

$$\begin{aligned}z_{i,j}\dot{z}_{i,j}&=z_{i,j}z_{i,j+1}-c_{i,j}z_{i,j}^2-z_{i,j-1}z_{i,j}+z_{i,j}\tilde{\theta}_{i,j}\varphi_{i,j}-l_{i,j}z_{i,j}^2+z_{i,j}f_{i,j}\\ &\leqslant z_{i,j}z_{i,j+1}-c_{i,j}z_{i,j}^2-z_{i,j-1}z_{i,j}+z_{i,j}\tilde{\theta}_{i,j}\varphi_{i,j}+\frac{1}{4l_{i,j}}f_{i,j}^2\end{aligned}\tag{4-95}$$

接下来，构造 Lyapunov 函数：

$$V_{i,j}=V_{i,j-1}+\frac{1}{2}z_{i,j}^2+\frac{1}{2\eta_{i,j}}\tilde{\theta}_{i,j}^2\tag{4-96}$$

对 $V_{i,j}$ 求导，可得：

$$\dot{V}_{i,j}=\dot{V}_{i,j-1}+z_{i,j}\dot{z}_{i,j}+\frac{1}{\eta_{i,j}}\tilde{\theta}_{i,j}\dot{\tilde{\theta}}_{i,j}\tag{4-97}$$

将式(4-91)、式(4-95)代入式(4-97)，可得：

$$\begin{aligned}\dot{V}_{i,j}&\leqslant-\sum_{k=1}^{j-1}c_{i,k}z_{i,k}^2+\sum_{k=1}^{j-1}\frac{1}{4l_{i,k}}f_{i,k}^2-\mu_i z_{i,1}^2\varphi_i^2+z_{i,j}z_{i,j+1}-c_{i,j}z_{i,j}^2+\frac{1}{4l_{i,j}}f_{i,j}^2+\\ &\quad z_{i,j}\tilde{\theta}_{i,j}\varphi_{i,j}-\frac{1}{\eta_{i,j}}\tilde{\theta}_{i,j}\dot{\hat{\theta}}_{i,j}\\ &=-\sum_{k=1}^{j}c_{i,k}z_{i,k}^2+\sum_{k=1}^{j}\frac{1}{4l_{i,k}}f_{i,k}^2-\mu_i z_{i,1}^2\varphi_i^2+z_{i,j}z_{i,j+1}-\frac{1}{\eta_{i,j}}\tilde{\theta}_{i,j}(\dot{\hat{\theta}}_{i,j}-\eta_{i,j}z_{i,j}\varphi_{i,j})\end{aligned}\tag{4-98}$$

设计参数更新律 $\dot{\hat{\theta}}_{i,j}$ 如下：

$$\dot{\hat{\theta}}_{i,j}=\eta_{i,j}z_{i,j}\varphi_{i,j}(\bar{x}_{i,j})\tag{4-99}$$

将其代入式(4-98)，可得：

$$\dot{V}_{i,j}=-\sum_{k=1}^{j}c_{i,k}z_{i,k}^{2}+\sum_{k=1}^{j}\frac{1}{4l_{i,k}}f_{i,k}^{2}-\mu_i z_{i,1}^{2}\varphi_i^{2}+z_{i,j}z_{i,j+1}\tag{4-100}$$

步骤 n_i　与前面推导过程类似，对误差变量 z_{i,n_i} 进行求导，可以得到：

$$\dot{z}_{i,n_i}=a_iu_i+\theta_{i,n_i}\varphi_{i,n_i}(\boldsymbol{x}_i)+\psi_i(\boldsymbol{x}_i)+f_{i,n_i}(\boldsymbol{y})-\dot{\alpha}_{i,n_i-1}\tag{4-101}$$

设计控制输入 u_i 如下：

$$u_i=\hat{p}_i\nu_i\tag{4-102}$$

$$\nu_i=-c_{i,n_i}z_{i,n_i}-z_{i,n_i-1}-\hat{\theta}_{i,n_i}\varphi_{i,n_i}-\psi_{i,n_i}-l_{i,n_i}z_{i,n_i}+\dot{\alpha}_{i,n_i-1}\tag{4-103}$$

式中，$p_i=\dfrac{1}{a_i}$，$\hat{p}_i$ 是 p_i 的估计值，$\tilde{p}_i=p_i-\hat{p}_i$；$c_{i,n_i}$ 和 l_{i,n_i} 是正的设计参数；$\hat{\theta}_{i,n_i}$ 是 θ_{i,n_i} 的估计值，$\tilde{\theta}_{i,n_i}=\theta_{i,n_i}-\hat{\theta}_{i,n_i}$。

将式(4-102)、式(4-103)代入式(4-101)，可得：

$$\dot{z}_{i,n_i}=-c_{i,n_i}z_{i,n_i}-z_{i,n_i-1}+\tilde{\theta}_{i,n_i}\varphi_{i,n_i}-l_{i,n_i}z_{i,n_i}+f_{i,n_i}-a_i\tilde{p}_i\nu_i\tag{4-104}$$

其中，用到了等效变换 $u_i=(p_i-\tilde{p}_i)\nu_i$。两边同时乘 z_{i,n_i}，并用杨氏不等式分析，可得：

$$\begin{aligned}z_{i,n_i}\dot{z}_{i,n_i}&=-c_{i,n_i}z_{i,n_i}^{2}-z_{i,n_i-1}z_{i,n_i}+z_{i,n_i}\tilde{\theta}_{i,n_i}\varphi_{i,n_i}-l_{i,n_i}z_{i,n_i}^{2}+z_{i,n_i}f_{i,n_i}-z_{i,n_i}a_i\tilde{p}_i\nu_i\\&\leqslant-c_{i,n_i}z_{i,n_i}^{2}-z_{i,n_i-1}z_{i,n_i}+z_{i,n_i}\tilde{\theta}_{i,n_i}\varphi_{i,n_i}+\frac{1}{4l_{i,n_i}}f_{i,n_i}^{2}-z_{i,n_i}a_i\tilde{p}_i\nu_i\end{aligned}\tag{4-105}$$

接下来，构造 Lyapunov 函数：

$$V_{i,n_i}=V_{i,n_i-1}+\frac{1}{2}z_{i,n_i}^{2}+\frac{1}{2\eta_{i,n_i}}\tilde{\theta}_{i,n_i}^{2}+\frac{|a_i|}{2\lambda_i}\tilde{p}_i^{2}\tag{4-106}$$

对 V_{i,n_i} 求导，可得：

$$\dot{V}_{i,n_i}=\dot{V}_{i,n_i-1}+z_{i,n_i}\dot{z}_{i,n_i}-\frac{1}{\eta_{i,n_i}}\tilde{\theta}_{i,n_i}\dot{\hat{\theta}}_{i,n_i}-\frac{|a_i|}{\lambda_i}\tilde{p}_i\dot{\hat{p}}_i\tag{4-107}$$

将式(4-100)、式(4-105)代入式(4-107)，可得：

$$\begin{aligned}\dot{V}_{i,n_i}\leqslant&-\sum_{k=1}^{n_i}c_{i,k}z_{i,k}^{2}+\sum_{k=1}^{n_i}\frac{1}{4l_{i,k}}f_{i,k}^{2}-\mu_i z_{i,1}^{2}\varphi_i^{2}-\frac{1}{\eta_{i,n_i}}\tilde{\theta}_{i,n_i}(\dot{\hat{\theta}}_{i,n_i}-\eta_{i,n_i}z_{i,n_i}\varphi_{i,n_i})-\\&\frac{|a_i|}{\lambda_i}\tilde{p}_i(\dot{\hat{p}}_i+\operatorname{sgn}(a_i)\lambda_i z_{i,n_i}\nu_i)\end{aligned}\tag{4-108}$$

设计如下参数更新律 $\dot{\hat{\theta}}_{i,n_i}$ 和 $\dot{\hat{p}}_i$：

$$\dot{\hat{\theta}}_{i,n_i} = \eta_{i,n_i} z_{i,n_i} \varphi_{i,n_i}(x_i) \tag{4-109}$$

$$\dot{\hat{p}}_i = -\operatorname{sgn}(a_i)\lambda_i z_{i,n_i} \nu_i \tag{4-110}$$

将设计的参数更新律代入式(4－108)，可得式(4－75)。

3. 稳定性分析

在本节中，我们将分析整个闭环系统的稳定性．首先，将互联系统整体定义为式(4－76)所示 Lyapunov 函数，即对所有子系统的 Lyapunov 函数 V_{i,n_i} 进行整合．

根据式(4－75)，对 V 求导，可得式(4－77)。

在假设 4.1 中，我们对互联项 $f_{i,j}(\boldsymbol{y})$ 进行了如式(4－51)所示的假设，根据该假设，对式(4－77)中的互联项进行分析，可得式(4－78)。

$$\sum_{k=1}^{n_i} \frac{1}{4l_{i,k}} f_{i,k}^2 \leqslant \sum_{k=1}^{n_i} \sum_{q=1}^{N} \frac{\beta_{i,k,q}^2}{4l_{i,k}} y_q^2 \varphi_q^2(y_q)$$

进一步，可以计算得到式(4－79)，式(4－79)中，μ_i 是常数且满足不等式 $\mu_i \geqslant \sum_{k=1}^{n_i} \sum_{q=1}^{N} \frac{\beta_{q,k,i}^2}{4l_{q,k}}$．所以可以得到式(4－80)。

$$\dot{V} \leqslant -\sum_{i=1}^{N} \sum_{k=1}^{n_i} c_{i,k} z_{i,k}^2 \leqslant 0$$

通过 Lasalle 定理可得，该 Lyapunov 函数保证了系统的一致渐进稳定，即 $z_{i,j}$，$\hat{\mu}_i$，$\hat{\theta}_{i,j}$，$\hat{p}_i$ 有界，且 $\lim_{t\to\infty} z_{i,j} \to 0$，$j=1,\cdots,n_i$．因此，我们可以得到结论 $\lim_{t\to\infty} y_i \to 0$，实现了系统的镇定控制．进一步分析，由式(4－84)、式(4－93)、式(4－102)和式(4－103)可得 $\alpha_{i,j}(j=1,\cdots,n_i-1)$ 和 u_i 有界，进而也保证了 $x_{i,j}=z_{i,j}+\alpha_{i,j-1}$，$j=2,\cdots,n$ 有界，使得系统内所有的有界性得到了保障．

4. 仿真分析

在本节中，我们将通过一例数值仿真实验来验证上述分散式控制输入的有效性．

由两个子系统组成的互联系统模型如下：

$$\begin{cases} \dot{x}_{i1} = x_{i2} + f_{i1} \\ \dot{x}_{i2} = b_i u_i + \theta_{i2}\varphi_{i2} + f_{i2} \\ y_i = x_{i1}, i = 1,2,3 \end{cases} \tag{4-111}$$

式(4－111)中的一些变量(φ_{i2}，f_{i1}，f_{i2})和系数(b_i，θ_{i2})的全局形式为：$\boldsymbol{\varphi}_2 = \left[x_{11}x_{12}, x_{21}^2 x_{22}^2, \frac{x_{31}}{1+x_{32}^2}\right]^{\mathrm{T}}$，$\boldsymbol{f}_1=[y_2-y_3, y_1-y_3, y_1+y_2]^{\mathrm{T}}$，$\boldsymbol{f}_2=[y_2y_3, y_1y_3, -y_3y_2]^{\mathrm{T}}$，$\boldsymbol{b}=[2,3,-2]^{\mathrm{T}}$，$\boldsymbol{\theta}_2=[3,-2,2]^{\mathrm{T}}$．初始值我们设置为 $x_{ij}(0)=1$，$\theta_{ij}(0)=0$，$\hat{\mu}_i(0)=0$，$\hat{p}_i(0)=0$，$i=1,2,3$ 且 $j=1,2$．控制目标是使互联系统镇定．

基于本节内容中设计的控制输入(式(4－102)、式(4－103))、虚拟控制输入(式(4－93))、参数更新律(式(4－90)、式(4－61)),构造分散式自适应控制器,设计参数我们选取为 $i=1,2,c_{i,1}=k_{i,1}=l_{i,1}=3,c_{i,2}=k_{i,2}=l_{i,2}=3,\gamma_i=1,\eta_{ij}=1,\lambda_i=1$. 仿真结果如图 4－12—图 4－16 所示．图 4－12 展示了系统输出的变化曲线,从图中可以看到三个子系统的输出 y_1、y_2 和 y_3 最终都收敛到 0,实现了镇定目标．图 4－13 展示了三个子系统的控制输入 u_1、u_2 和 u_3 的变化曲线．图 4－14—图 4－16 展示的是参数更新律的变化曲线．仿真结果表明,我们设计的分散式自适应控制器可以使互联系统镇定,证实了该控制方法的有效性．

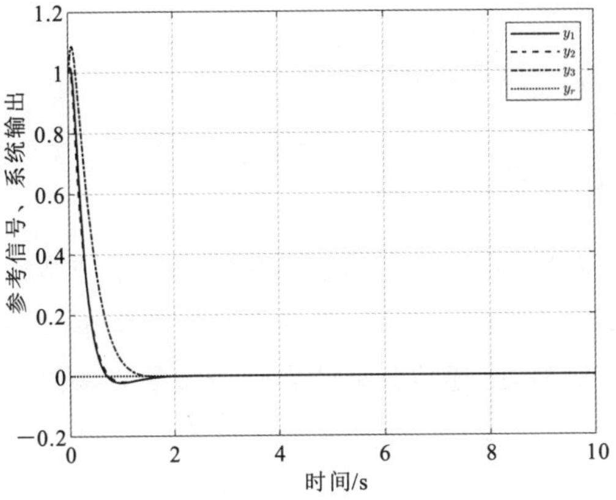

图 4－12　系统输出变化曲线

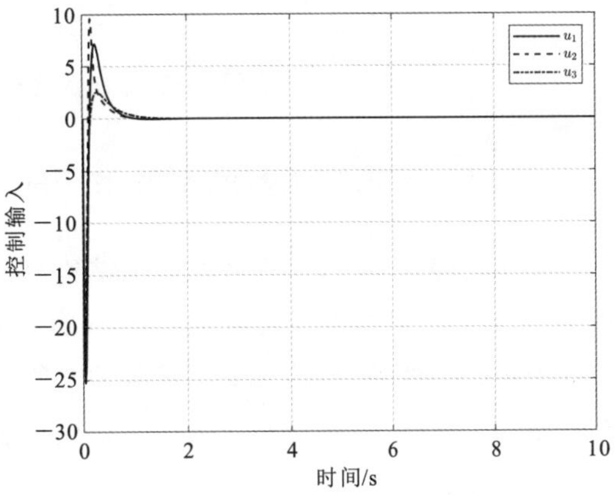

图 4－13　控制输入变化曲线

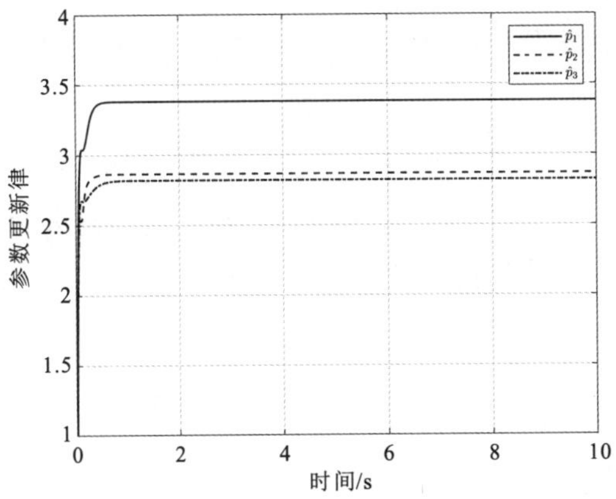

图 4－14　参数更新律($\hat{\rho}_1$、$\hat{\rho}_2$、$\hat{\rho}_3$)变化曲线

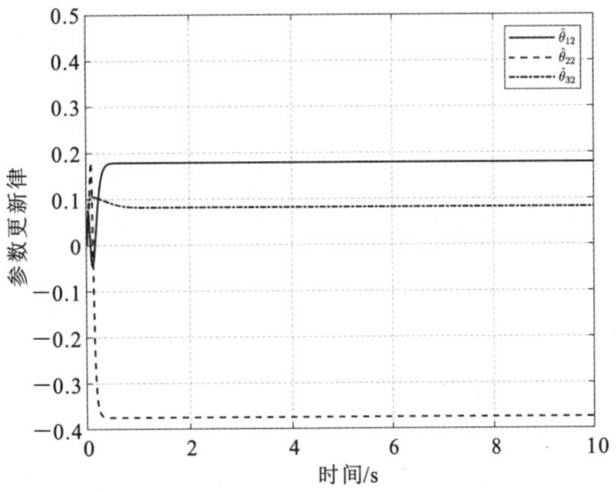

图 4－15　参数更新律($\hat{\theta}_{12}$、$\hat{\theta}_{22}$、$\hat{\theta}_{32}$)变化曲线

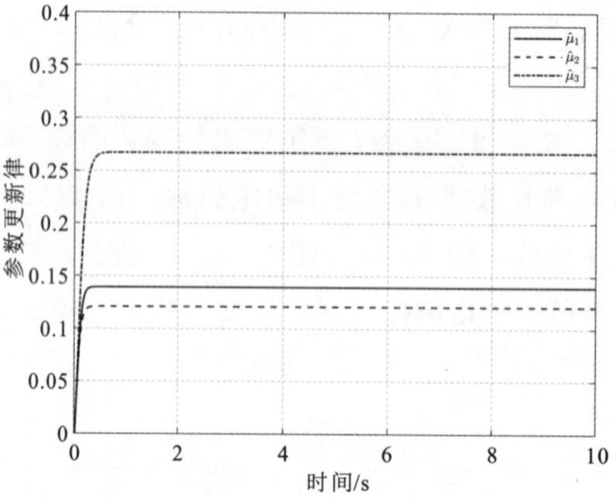

图 4－16　参数更新律($\hat{\mu}_1$、$\hat{\mu}_2$、$\hat{\mu}_3$)变化曲线

4.5.3　含未知函数的互联系统的自适应控制

实际工程环境中，因为被控对象结构复杂，可能导致我们并不能准确地知道其系统结构和模型，此时的被控对象便构成模型不确定的互联系统，具体来说，互联系统的数学模型中含有未知非线性函数，即含未知函数的互联系统．此时，上述的分散式自适应控制方法便不再适用，需要我们设计新的分散式自适应控制器，实现系统对给定参考信号的跟踪控制．

1. 系统模型

由 N 个子系统组成的互联系统的高阶模型如下：

$$\begin{cases}\dot{x}_{i,j}=x_{i,j+1}+\psi_{i,j}(\bar{\boldsymbol{x}}_{i,j})+f_{i,j}(\boldsymbol{y}) \\ \dot{x}_{i,n_i}=a_i u_i+\psi_{i,n_i}(\boldsymbol{x}_i)+f_{i,n_i}(\boldsymbol{y}) \\ y_i=x_{i,1},j=1,\cdots,n_i\end{cases} \tag{4-112}$$

式中，$\boldsymbol{x}_i$、y_i 和 u_i 分别为第 i 个子系统的状态量、输出量和控制量；a_i 为未知常数；$\psi_{i,j}(\bar{\boldsymbol{x}}_{i,j})$ 是未知非线性函数；$\bar{\boldsymbol{x}}_{i,j}=[x_{i,1},\cdots,x_{i,j}]$；$x_i=[x_{i,1},\cdots,x_{i,n_i}]$. $f_{i,j}(\boldsymbol{y})$是子系统之间的未知互联项，其依赖的变量 $\boldsymbol{y}=[y_1,\cdots,y_N]$由其所有子系统的输出量 $y_q(q=1,\cdots,N)$组成．

假设 4.4：互联项 $f_{i,j}(\boldsymbol{y})$满足不等式：

$$|f_{i,j}(\boldsymbol{y})|\leqslant\sum_{q=1}^{N}\beta_{i,j,q}|\varphi_q(y_q)| \tag{4-113}$$

式中，$\beta_{i,j,q}$ 表示互联作用的强度；$\varphi_q(y_q)$为已知的非线性函数．

假设 4.5：控制系数 a_i 符号已知．

假设 4.6：参考信号 y_{ri} 及 $\dot{y}_{ri}$ 是有界、已知的光滑函数．

与之前考虑的系统模型相比，我们在本节考虑的系统模型更具有一般性，其具体的结构是未知的，通过未知函数 $\psi_{i,j}(\bar{\boldsymbol{x}}_{i,j})$来表示．因此，上述针对未知参数的解决方案并不适用于该类未知部分，这给控制输入的设计增加了难度．为了在控制输入设计中消除未知函数的影响，我们采用模糊逻辑系统来近似估计未知函数，并作为主要组成部分参与控制输入的设计当中．下面我们先简单介绍模糊逻辑系统．

2. 模糊逻辑系统(fuzzy logic systems, FLSs)

模糊逻辑系统常用来逼近非线性函数，根据专家经验设计出适合系统的模糊规则来在线辨识系统模型．模糊逻辑系统主要由模糊规则库、模糊器、模糊推理机和去模糊器四部分组成．其中，最重要的知识库根据专家经验确定，采用如下形式：

$$\text{if } x_1 \text{ is } F_1^k \text{ and } x_2 \text{ is } F_2^k \text{ and} \cdots \text{and } x_n \text{ is } F_n^k,$$

$$\text{then } y \text{ is } P^k,\ k=1,\cdots,N.$$

其中，$\boldsymbol{x}=[x_1,\cdots,x_n]$ 和 y 是模糊逻辑系统的输入量和输出量，$F_i^k(i=1,\cdots,n)$ 和 P^k 是定义在 $\boldsymbol{U}$ 上的模糊集，$\boldsymbol{U}\subset\mathbf{R}^n$.

通过使用单个模糊器、乘积推理和中心平均法去模糊化，模糊逻辑系统可以表示为：

$$y(\boldsymbol{x})=\frac{\sum_{k=1}^{N}\bar{y}_k\prod_{i=1}^{n}\mu_{F_i^k}(x_i)}{\sum_{k=1}^{N}\prod_{i=1}^{n}\mu_{F_i^k}(x_i)} \tag{4-114}$$

式中，$\mu_{F_i^k}(x_i)$是隶属度函数；$\bar{y}_k=\max_{y\in\mathbf{R}}\mu_{P^k}(y)$. 进一步，令

$$\varphi_k=\frac{\prod_{i=1}^{n}\mu_{F_i^k}(x_i)}{\sum_{k=1}^{N}\prod_{i=1}^{n}\mu_{F_i^k}(x_i)},k=1,2,\cdots,N$$

式(4-114)可以表示为：

$$y(\boldsymbol{x})=\boldsymbol{\theta}^{\mathrm{T}}\boldsymbol{\varphi}(\boldsymbol{x}) \tag{4-115}$$

式中，$\boldsymbol{\theta}^{\mathrm{T}}=[\theta_1,\cdots,\theta_N]=[\bar{y}_1,\cdots,\bar{y}_N]$；$\boldsymbol{\varphi}(\boldsymbol{x})=[\varphi_1(\boldsymbol{x}),\cdots,\varphi_N(\boldsymbol{x})]^{\mathrm{T}}$.

根据以上定义，我们可以得到如下重要定理．

定理 4.1　$f(\boldsymbol{x})$是定义在紧集 $\boldsymbol{\Omega}$ 上的连续函数，则对于任意常数 $\varepsilon\geqslant0$，存在模糊逻辑系统使得：

$$\sup_{x\in\boldsymbol{\Omega}}|f(\boldsymbol{x})-\boldsymbol{\theta}^{\mathrm{T}}\boldsymbol{\varphi}(\boldsymbol{x})|\leqslant\varepsilon \tag{4-116}$$

恒成立．

3. 控制输入设计

首先，我们令

$$\begin{cases}z_{i,1}=y_i-y_{ri}\\ z_{i,j}=x_{i,j}-\alpha_{i,j-1},j=2,\cdots,n\end{cases} \tag{4-117}$$

式中，$\alpha_{i,j-1}$ 是虚拟控制输入，我们将在后面的设计过程中给出其设计值．

步骤 1　对误差变量 $z_{i,1}$ 进行求导，由式(4-112)和式(4-117)可以得到：

$$\begin{aligned}\dot{z}_{i,1}&=x_{i,2}+\psi_{i,1}(x_{i,1})+f_{i,1}(\boldsymbol{y})-\dot{y}_{ri}\\&=z_{i,2}+\alpha_{i,1}+\psi_{i,1}(x_{i,1})+f_{i,1}(\boldsymbol{y})-\dot{y}_{ri}\end{aligned} \tag{4-118}$$

该式中存在未知非线性函数 $\psi_{i,1}(x_{i,1})$，我们采用模糊逻辑对其进行逼近处理：

$$\hat{\psi}_{i,1}=\boldsymbol{\theta}_{i,1}^{\mathrm{T}}\boldsymbol{\varphi}_{i,1}(x_{i,1}) \tag{4-119}$$

在闭集 $\boldsymbol{\Omega}_{i,1}$ 和 $\boldsymbol{\Xi}_{i,1}$ 内，最优参数向量 $\boldsymbol{\theta}_{i,1}^{*}$ 可以定义为：

$$\boldsymbol{\theta}_{i,1}^{*}=\arg\min_{\boldsymbol{\theta}_{i,1}\in\boldsymbol{\Omega}_{i,1}}\left[\sup_{x_{i,1}\in\boldsymbol{\Xi}_{i,1}}\left|\psi_{i,1}-\hat{\psi}_{i,1}(x_{i,1},\boldsymbol{\theta}_{i,1})\right|\right] \tag{4-120}$$

相应地，最优逼近误差可以定义为：

$$\varepsilon_{i,1}=\psi_{i,1}-\hat{\psi}_{i,1}(x_{i,1},\boldsymbol{\theta}_{i,1}^{*}) \tag{4-121}$$

此时存在一个常数 $\bar{\varepsilon}_{i,1}>0$ 使得不等式 $|\varepsilon_{i,1}|\leqslant\bar{\varepsilon}_{i,1}$ 恒成立．

因此，我们可以得到：

$$\begin{aligned}\dot{z}_{i,1}&=z_{i,2}+\alpha_{i,1}+\psi_{i,1}(x_{i,1})-\hat{\psi}_{i,1}(x_{i,1},\boldsymbol{\theta}_{i,1}^{*})+\hat{\psi}_{i,1}(x_{i,1},\boldsymbol{\theta}_{i,1}^{*})+f_{i,1}(\boldsymbol{y})-\dot{y}_{ri}\\&\leqslant z_{i,2}+\alpha_{i,1}+\boldsymbol{\theta}_{i,1}^{*\mathrm{T}}\boldsymbol{\varphi}_{i,1}(x_{i,1})+\varepsilon_{i,1}+f_{i,1}(\boldsymbol{y})-\dot{y}_{ri}\end{aligned} \tag{4-122}$$

设计虚拟控制输入 $\alpha_{i,1}$ 如下：

$$\alpha_{i,1}=-c_{i,1}z_{i,1}-k_{i,1}z_{i,1}-\boldsymbol{\theta}_{i,1}\boldsymbol{\varphi}_{i,1}(x_{i,1})-l_{i,1}z_{i,1}-\hat{\mu}_i\frac{2z_{i,1}}{z_{i,1}^2+\omega_i}\varphi_i^2(x_{i,1})+\dot{y}_{ri} \tag{4-123}$$

式中，$c_{i,1}$、$k_{i,1}$ 和 $l_{i,1}$ 是正的设计参数；$k_{i,1}$ 和 $l_{i,1}$ 分别被设计用来处理逼近误差 $\varepsilon_{i,1}$ 和互联项 $f_{i,1}(y)$；$\boldsymbol{\theta}_{i,1}$ 是 $\boldsymbol{\theta}_{i,1}^{*}$ 的估计值，$\tilde{\boldsymbol{\theta}}_{i,1}=\boldsymbol{\theta}_{i,1}^{*}-\boldsymbol{\theta}_{i,1}$ 是估计误差；$\hat{\mu}_i$ 是 μ_i 的估计值，$\tilde{\mu}_i=\mu_i-\hat{\mu}_i$，$\mu_i$ 的值将在第 n_i 步给出．将式(4-123)代入式(4-122)，可得：

$$\begin{aligned}\dot{z}_{i,1}=&z_{i,2}-c_{i,1}z_{i,1}+\tilde{\boldsymbol{\theta}}_{i,1}\boldsymbol{\varphi}_{i,1}-k_{i,1}z_{i,1}+\varepsilon_{i,1}-l_{i,1}z_{i,1}+f_{i,1}-\\&\mu_i\frac{2z_{i,1}}{z_{i,1}^2+\omega_i}\varphi_i^2+\tilde{\mu}_i\frac{2z_{i,1}}{z_{i,1}^2+\omega_i}\varphi_i^2\end{aligned} \tag{4-124}$$

两边同时乘 $z_{i,1}$，并用杨氏不等式 $ab\leqslant a^2+\frac{1}{4}b^2$ 分析，可得：

$$\begin{aligned}z_{i,1}\dot{z}_{i,1}=&z_{i,1}z_{i,2}-c_{i,1}z_{i,1}^2+z_{i,1}\tilde{\boldsymbol{\theta}}_{i,1}\boldsymbol{\varphi}_{i,1}-k_{i,1}z_{i,1}^2+z_{i,1}\varepsilon_{i,1}-l_{i,1}z_{i,1}^2+z_{i,1}f_{i,1}-\\&\mu_i\frac{2z_{i,1}^2}{z_{i,1}^2+\omega_i}\varphi_i^2+\tilde{\mu}_i\frac{2z_{i,1}^2}{z_{i,1}^2+\omega_i}\varphi_i^2\\\leqslant&z_{i,1}z_{i,2}-c_{i,1}z_{i,1}^2+z_{i,1}\tilde{\boldsymbol{\theta}}_{i,1}\boldsymbol{\varphi}_{i,1}+\frac{1}{4k_{i,1}}\bar{\varepsilon}_{i,1}^2+\frac{1}{4l_{i,1}}f_{i,1}^2-\\&\mu_i\frac{2z_{i,1}^2}{z_{i,1}^2+\omega_i}\varphi_i^2+\tilde{\mu}_i\frac{2z_{i,1}^2}{z_{i,1}^2+\omega_i}\varphi_i^2\end{aligned} \tag{4-125}$$

接下来，构造 Lyapunov 函数：

$$V_{i,1}=\frac{1}{2}z_{i,1}^2+\frac{1}{2}\tilde{\boldsymbol{\theta}}_{i,1}^{\mathrm{T}}\boldsymbol{\Lambda}_{i,1}^{-1}\tilde{\boldsymbol{\theta}}_{i,1}+\frac{1}{2\gamma_{i,1}}\tilde{\mu}_i^2 \tag{4-126}$$

对 $V_{i,1}$ 求导，可得：

$$\dot{V}_{i,1}=z_{i,1}\dot{z}_{i,1}+\tilde{\boldsymbol{\theta}}_{i,1}^{\mathrm{T}}\boldsymbol{\Lambda}_{i,1}^{-1}\dot{\tilde{\boldsymbol{\theta}}}_{i,1}+\frac{1}{\gamma_{i,1}}\tilde{\mu}_i\dot{\tilde{\mu}}_i \tag{4-127}$$

将式(4-125)代入式(4-127)，可得：

$$\begin{aligned}\dot{V}_{i,1}\leqslant{}& z_{i,1}z_{i,2}-c_{i,1}z_{i,1}^2+\frac{1}{4k_{i,1}}\bar{\varepsilon}_{i,1}^2+\frac{1}{4l_{i,1}}f_{i,1}^2-\mu_i\frac{2z_{i,1}^2}{z_{i,1}^2+\omega_i}\varphi_i^2+z_{i,1}\tilde{\boldsymbol{\theta}}_{i,1}\boldsymbol{\varphi}_{i,1}-\\ &\tilde{\boldsymbol{\theta}}_{i,1}^{\mathrm{T}}\boldsymbol{\Lambda}_{i,1}^{-1}\dot{\boldsymbol{\theta}}_{i,1}+\tilde{\mu}_i\frac{2z_{i,1}^2}{z_{i,1}^2+\omega_i}\varphi_i^2-\frac{1}{\gamma_{i,1}}\tilde{\mu}_i\dot{\hat{\mu}}_i\\ ={}&z_{i,1}z_{i,2}-c_{i,1}z_{i,1}^2+\frac{1}{4k_{i,1}}\bar{\varepsilon}_{i,1}^2+\frac{1}{4l_{i,1}}f_{i,1}^2-\mu_i\frac{2z_{i,1}^2}{z_{i,1}^2+\omega_i}\varphi_i^2-\\ &\tilde{\boldsymbol{\theta}}_{i,1}^{\mathrm{T}}\boldsymbol{\Lambda}_{i,1}^{-1}(\dot{\boldsymbol{\theta}}_{i,1}-z_{i,1}\boldsymbol{\Lambda}_{i,1}\boldsymbol{\varphi}_{i,1})-\frac{1}{\gamma_{i,1}}\tilde{\mu}_i\left(\dot{\hat{\mu}}_i-\gamma_{i,1}\frac{2z_{i,1}^2}{z_{i,1}^2+\omega_i}\varphi_i^2\right)\end{aligned} \tag{4-128}$$

设计参数更新律 $\dot{\boldsymbol{\theta}}_{i,1}$ 和 $\dot{\hat{\mu}}_i$ 如下：

$$\dot{\boldsymbol{\theta}}_{i,1}=z_{i,1}\boldsymbol{\Lambda}_{i,1}\boldsymbol{\varphi}_{i,1}(x_{i,1})-\eta_{i,1}\boldsymbol{\theta}_{i,1} \tag{4-129}$$

$$\dot{\hat{\mu}}_i=\gamma_{i,1}\frac{2z_{i,1}^2}{z_{i,1}^2+\omega_i}\varphi_i^2(x_{i,1})-\gamma_{i,2}\hat{\mu}_i \tag{4-130}$$

将设计的参数更新律代入式(4-128)，$\dot{V}_{i,1}$ 可以转换为：

$$\begin{aligned}\dot{V}_{i,1}\leqslant{}& z_{i,1}z_{i,2}-c_{i,1}z_{i,1}^2+\frac{1}{4l_{i,1}}f_{i,1}^2+\frac{1}{4k_{i,1}}\bar{\varepsilon}_{i,1}^2-\mu_i\frac{2z_{i,1}^2}{z_{i,1}^2+\omega_i}\varphi_i^2+\\ &\eta_{i,1}\tilde{\boldsymbol{\theta}}_{i,1}^{\mathrm{T}}\boldsymbol{\Lambda}_{i,1}^{-1}\boldsymbol{\theta}_{i,1}+\frac{\gamma_{i,2}}{\gamma_{i,1}}\tilde{\mu}_i\hat{\mu}_i\\ ={}&z_{i,1}z_{i,2}-c_{i,1}z_{i,1}^2+\frac{1}{4l_{i,1}}f_{i,1}^2+\frac{1}{4k_{i,1}}\bar{\varepsilon}_{i,1}^2-\mu_i\frac{2z_{i,1}^2}{z_{i,1}^2+\omega_i}\varphi_i^2-\\ &\eta_{i,1}\tilde{\boldsymbol{\theta}}_{i,1}^{\mathrm{T}}\boldsymbol{\Lambda}_{i,1}^{-1}\tilde{\boldsymbol{\theta}}_{i,1}+\eta_{i,1}\tilde{\boldsymbol{\theta}}_{i,1}^{\mathrm{T}}\boldsymbol{\Lambda}_{i,1}^{-1}\boldsymbol{\theta}_{i,1}^{*}-\frac{\gamma_{i,2}}{\gamma_{i,1}}\tilde{\mu}_i^2+\frac{\gamma_{i,2}}{\gamma_{i,1}}\tilde{\mu}_i\mu_i\end{aligned} \tag{4-131}$$

利用杨氏不等式分析，可得：

$$\begin{aligned}\dot{V}_{i,1}\leqslant{}& z_{i,1}z_{i,2}-c_{i,1}z_{i,1}^2+\frac{1}{4l_{i,1}}f_{i,1}^2+\frac{1}{4k_{i,1}}\bar{\varepsilon}_{i,1}^2-\mu_i\frac{2z_{i,1}^2}{z_{i,1}^2+\omega_i}\varphi_i^2-\frac{\eta_{i,1}}{2}\tilde{\boldsymbol{\theta}}_{i,1}^{\mathrm{T}}\boldsymbol{\Lambda}_{i,1}^{-1}\tilde{\boldsymbol{\theta}}_{i,1}+\\ &\frac{\eta_{i,1}}{2}\boldsymbol{\theta}_{i,1}^{*\mathrm{T}}\boldsymbol{\Lambda}_{i,1}^{-1}\boldsymbol{\theta}_{i,1}^{*}-\frac{\gamma_{i,2}}{2\gamma_{i,1}}\tilde{\mu}_i^2+\frac{\gamma_{i,2}}{\gamma_{i,1}}\mu_i^2\\ \leqslant{}&-\lambda_{i,1}V_{i,1}+z_{i,1}z_{i,2}+\delta_{i,1}\end{aligned} \tag{4-132}$$

其中，$\lambda_{i,1}=\min\{2c_{i,1},\eta_{i,1},\gamma_{i,2}\}$；$\delta_{i,1}=\frac{1}{4k_{i,1}}\bar{\varepsilon}_{i,1}^2+\frac{1}{4l_{i,1}}f_{i,1}^2-\mu_i\frac{2z_{i,1}^2}{z_{i,1}^2+\omega_i}\varphi_i^2(x_{i,1})+\frac{\eta_{i,1}}{2}\boldsymbol{\theta}_{i,1}^{*\mathrm{T}}\boldsymbol{\Lambda}_{i,1}^{-1}\boldsymbol{\theta}_{i,1}^{*}+\frac{\gamma_{i,2}}{\gamma_{i,1}}\mu_i^2$。

步骤 $j(j=2,\cdots,n_i-1)$　对误差变量 $z_{i,j}$ 求导，可以得到：

$$\begin{aligned}\dot{z}_{i,j}&=x_{i,j+1}+\psi_{i,j}(\bar{\boldsymbol{x}}_{i,j})+f_{i,j}(\boldsymbol{y})-\dot{\alpha}_{i,j-1}\\&=z_{i,j+1}+\alpha_{i,j}+\psi_{i,j}(\bar{\boldsymbol{x}}_{i,j})+f_{i,j}(\boldsymbol{y})-\dot{\alpha}_{i,j-1}\\&=z_{i,j+1}+\alpha_{i,j}+\boldsymbol{\Psi}_{i,j}+f_{i,j}(\boldsymbol{y})\end{aligned}\tag{4-133}$$

式中，$\boldsymbol{\Psi}_{i,j}=\psi_{i,j}(\bar{\boldsymbol{x}}_{i,j})-\dot{\alpha}_{i,j-1}$ 是非线性函数，由未知非线性函数 $\psi_{i,j}(\bar{\boldsymbol{x}}_{i,j})$ 和虚拟控制输入的导数 $\dot{\alpha}_{i,j-1}$ 组成，我们采用模糊逻辑系统对其进行逼近处理，既可以解决未知非线性函数的影响，也可以减少控制输入计算复杂运算 $\dot{\alpha}_{i,j-1}$ 时的计算量．此时，可得：

$$\begin{aligned}\dot{z}_{i,j}&=z_{i,j+1}+\alpha_{i,j}+\boldsymbol{\Psi}_{i,j}-\hat{\psi}_{i,j}(\bar{\boldsymbol{x}}_{i,j},\boldsymbol{\theta}^*_{i,j})+\hat{\psi}_{i,j}(\bar{\boldsymbol{x}}_{i,j},\boldsymbol{\theta}^*_{i,j})+f_{i,j}(\boldsymbol{y})\\&=z_{i,j+1}+\alpha_{i,j}+\hat{\psi}_{i,j}(\bar{\boldsymbol{x}}_{i,j},\boldsymbol{\theta}^*_{i,j})+\varepsilon_{i,j}+f_{i,j}(\boldsymbol{y})\end{aligned}\tag{4-134}$$

设计虚拟控制输入 $\alpha_{i,j}$ 如下：

$$\alpha_{i,j}=-c_{i,j}z_{i,j}-z_{i,j-1}-k_{i,j}z_{i,j}-\boldsymbol{\theta}^{\mathrm{T}}_{i,j}\boldsymbol{\varphi}_{i,j}(\bar{\boldsymbol{x}}_{i,j})-l_{i,j}z_{i,j}\tag{4-135}$$

式中，$c_{i,j}$、$k_{i,j}$ 和 $l_{i,j}$ 是正的设计参数；$\boldsymbol{\theta}_{i,j}$ 是 $\boldsymbol{\theta}^*_{i,j}$ 的估计值，$\tilde{\boldsymbol{\theta}}_{i,j}=\boldsymbol{\theta}^*_{i,j}-\boldsymbol{\theta}_{i,j}$．将 $\alpha_{i,j}$ 代入式(4－134)，可得：

$$\dot{z}_{i,j}=z_{i,j+1}-c_{i,j}z_{i,j}-z_{i,j-1}+\tilde{\boldsymbol{\theta}}_{i,j}\boldsymbol{\varphi}_{i,j}-k_{i,j}z_{i,j}+\varepsilon_{i,j}-l_{i,j}z_{i,j}+f_{i,j}\tag{4-136}$$

两边同时乘 $z_{i,j}$，并用杨氏不等式分析，可得：

$$\begin{aligned}z_{i,j}\dot{z}_{i,j}&=z_{i,j}z_{i,j+1}-c_{i,j}z^2_{i,j}-z_{i,j-1}z_{i,j}+z_{i,j}\tilde{\boldsymbol{\theta}}_{i,j}\boldsymbol{\varphi}_{i,j}-k_{i,j}z^2_{i,j}+z_{i,j}\varepsilon_{i,j}-l_{i,j}z^2_{i,j}+\\&\quad z_{i,j}f_{i,j}\leqslant z_{i,j}z_{i,j+1}-c_{i,j}z^2_{i,j}-z_{i,j-1}z_{i,j}+z_{i,j}\tilde{\boldsymbol{\theta}}_{i,j}\boldsymbol{\varphi}_{i,j}+\frac{1}{4k_{i,j}}\bar{\varepsilon}^2_{i,j}+\frac{1}{4l_{i,j}}f^2_{i,j}\end{aligned}\tag{4-137}$$

接下来，构造 Lyapunov 函数：

$$V_{i,j}=V_{i,j-1}+\frac{1}{2}z^2_{i,j}+\frac{1}{2}\tilde{\boldsymbol{\theta}}^{\mathrm{T}}_{i,j}\boldsymbol{\Lambda}^{-1}_{i,j}\tilde{\boldsymbol{\theta}}_{i,j}\tag{4-138}$$

对 $V_{i,j}$ 求导，可得：

$$\dot{V}_{i,j}=\dot{V}_{i,j-1}+z_{i,j}\dot{z}_{i,j}+\tilde{\boldsymbol{\theta}}^{\mathrm{T}}_{i,j}\boldsymbol{\Lambda}^{-1}_{i,j}\dot{\tilde{\boldsymbol{\theta}}}_{i,j}\tag{4-139}$$

将式(4－132)、式(4－137)代入式(4－139)，可得：

$$\begin{aligned}\dot{V}_{i,j}&\leqslant-\lambda_{i,j-1}V_{i,j-1}+\delta_{i,j-1}+z_{i,j}z_{i,j+1}-c_{i,j}z^2_{i,j}+\frac{1}{4k_{i,j}}\bar{\varepsilon}^2_{i,j}+\frac{1}{4l_{i,j}}f^2_{i,j}+\\&\quad z_{i,j}\tilde{\boldsymbol{\theta}}_{i,j}\boldsymbol{\varphi}_{i,j}-\tilde{\boldsymbol{\theta}}^{\mathrm{T}}_{i,j}\boldsymbol{\Lambda}^{-1}_{i,j}\dot{\boldsymbol{\theta}}_{i,j}\\&=-\lambda_{i,j-1}V_{i,j-1}+\delta_{i,j-1}+z_{i,j}z_{i,j+1}-c_{i,j}z^2_{i,j}+\frac{1}{4k_{i,j}}\bar{\varepsilon}^2_{i,j}+\frac{1}{4l_{i,j}}f^2_{i,j}-\\&\quad\tilde{\boldsymbol{\theta}}^{\mathrm{T}}_{i,j}\boldsymbol{\Lambda}^{-1}_{i,j}(\dot{\boldsymbol{\theta}}_{i,j}-z_{i,j}\boldsymbol{\Lambda}_{i,j}\boldsymbol{\varphi}_{i,j})\end{aligned}\tag{4-140}$$

设计参数更新律 $\dot{\hat{\boldsymbol{\theta}}}_{i,j}$ 如下：

$$\dot{\boldsymbol{\theta}}_{i,j}=z_{i,j}\boldsymbol{\Lambda}_{i,j}\boldsymbol{\varphi}_{i,j}(\bar{\boldsymbol{x}}_{i,j})-\eta_{i,j}\boldsymbol{\theta}_{i,j}\tag{4-141}$$

将其代入式(4-140),可得:

$$\begin{aligned}\dot{V}_{i,j} &\leqslant -\lambda_{i,j-1}V_{i,j-1}+\delta_{i,j-1}+z_{i,j}z_{i,j+1}-c_{i,j}z_{i,j}^2+\frac{1}{4k_{i,j}}\bar{\varepsilon}_{i,j}^2+\frac{1}{4l_{i,j}}f_{i,j}^2-\eta_{i,j}\tilde{\boldsymbol{\theta}}_{i,j}^{\mathrm{T}}\boldsymbol{\Lambda}_{i,j}^{-1}\boldsymbol{\theta}_{i,j}\\ &\leqslant -\lambda_{i,j-1}V_{i,j-1}+\delta_{i,j-1}+z_{i,j}z_{i,j+1}-c_{i,j}z_{i,j}^2+\frac{1}{4k_{i,j}}\bar{\varepsilon}_{i,j}^2+\frac{1}{4l_{i,j}}f_{i,j}^2-\\ &\quad \frac{\eta_{i,j}}{2}\tilde{\boldsymbol{\theta}}_{i,j}^{\mathrm{T}}\boldsymbol{\Lambda}_{i,j}^{-1}\tilde{\boldsymbol{\theta}}_{i,j}+\frac{\eta_{i,j}}{2}\boldsymbol{\theta}_{i,j}^{*\mathrm{T}}\boldsymbol{\Lambda}_{i,j}^{-1}\boldsymbol{\theta}_{i,j}^{*}\\ &\leqslant -\lambda_{i,j}V_{i,j}+z_{i,j}z_{i,j+1}+\delta_{i,j}\end{aligned} \tag{4-142}$$

式中,$\lambda_{i,j}=\min\{\lambda_{i,j-1},2c_{i,j},\eta_{i,j}\}$;$\delta_{i,j}=\delta_{i,j-1}+\frac{1}{4k_{i,j}}\bar{\varepsilon}_{i,j}^2+\frac{1}{4l_{i,j}}f_{i,j}^2+\frac{\eta_{i,j}}{2}\boldsymbol{\theta}_{i,j}^{*\mathrm{T}}\boldsymbol{\Lambda}_{i,j}^{-1}\boldsymbol{\theta}_{i,j}^{*}$.

步骤 n_i　对误差变量 z_{i,n_i} 进行求导,可以得到:

$$\begin{aligned}\dot{z}_{i,n_i} &= a_iu_i+\psi_{i,n_i}(x_i)+f_{i,n_i}(y)-\dot{\alpha}_{i,j-1}\\ &= a_iu_i+\Psi_{i,n_i}(x_i)-\hat{\psi}_{i,n_i}(x_{i,n_i},\boldsymbol{\theta}_{i,n_i}^{*})+\hat{\psi}_{i,n_i}(x_{i,n_i},\boldsymbol{\theta}_{i,n_i}^{*})+f_{i,n_i}(y)\\ &= a_iu_i+\hat{\psi}_{i,n_i}(x_{i,n_i},\boldsymbol{\theta}_{i,n_i}^{*})+\varepsilon_{i,n_i}+f_{i,n_i}(y)\end{aligned} \tag{4-143}$$

式中,$\Psi_{i,n_i}(x_i)=\psi_{i,n_i}(x_i)-\dot{\alpha}_{i,j-1}$ 为非线性函数并采用模糊逻辑系统进行逼近处理.

设计控制输入 u_i 如式(4-102):

$$u_i=\hat{p}_iv_i$$

$$\nu_i=-c_{i,n_i}z_{i,n_i}-z_{i,n_i-1}-k_{i,n_i}z_{i,n_i}-\boldsymbol{\theta}_{i,n_i}\boldsymbol{\varphi}_{i,n_i}(\boldsymbol{x}_i)-l_{i,n_i}z_{i,n_i} \tag{4-144}$$

式中,$p_i=\frac{1}{a_i}$,$\hat{p}_i$ 是 p_i 的估计值,$\tilde{p}_i=p_i-\hat{p}_i$;$c_{i,n_i}$,$k_{i,n_i}$ 和 l_{i,n_i} 是正的设计参数;$\boldsymbol{\theta}_{i,n_i}$ 是 $\boldsymbol{\theta}_{i,n_i}^{*}$ 的估计值,$\tilde{\boldsymbol{\theta}}_{i,n_i}=\boldsymbol{\theta}_{i,n_i}^{*}-\boldsymbol{\theta}_{i,n_i}$. 将 u_i 代入式(4-143),可得:

$$\dot{z}_{i,n_i}=-c_{i,n_i}z_{i,n_i}-z_{i,n_i-1}+\tilde{\boldsymbol{\theta}}_{i,n_i}\boldsymbol{\varphi}_{i,n_i}-k_{i,n_i}z_{i,n_i}+\varepsilon_{i,n_i}-l_{i,n_i}z_{i,n_i}+f_{i,n_i}-\tilde{p}_ia_i\nu_i \tag{4-145}$$

其中,用到了等效变换 $u_i=(p_i-\tilde{p}_i)\nu_i$. 两边同时乘 z_{i,n_i},并用杨氏不等式分析,可得:

$$\begin{aligned}z_{i,n_i}\dot{z}_{i,n_i} &= -c_{i,n_i}z_{i,n_i}^2-z_{i,n_i-1}z_{i,n_i}+z_{i,n_i}\tilde{\boldsymbol{\theta}}_{i,n_i}\boldsymbol{\varphi}_{i,n_i}-k_{i,n_i}z_{i,n_i}^2+z_{i,n_i}\varepsilon_{i,n_i}-\\ &\quad l_{i,n_i}z_{i,n_i}^2+z_{i,n_i}f_{i,n_i}-z_{i,n_i}a_i\tilde{p}_i\nu_i\\ &\leqslant -c_{i,n_i}z_{i,n_i}^2-z_{i,n_i-1}z_{i,n_i}+z_{i,n_i}\tilde{\boldsymbol{\theta}}_{i,n_i}\boldsymbol{\varphi}_{i,n_i}+\frac{1}{4k_{i,n_i}}\bar{\varepsilon}_{i,n_i}^2+\frac{1}{4l_{i,n_i}}f_{i,n_i}^2-z_{i,n_i}a_i\tilde{p}_i\nu_i\end{aligned} \tag{4-146}$$

接下来,构造 Lyapunov 函数:

$$V_{i,n_i}=V_{i,n_i-1}+\frac{1}{2}z_{i,n_i}^2+\frac{1}{2}\tilde{\boldsymbol{\theta}}_{i,n_i}^{\mathrm{T}}\boldsymbol{\Lambda}_{i,n_i}^{-1}\tilde{\boldsymbol{\theta}}_{i,n_i}+\frac{|a_i|}{2\rho_{i,1}}\tilde{p}_i^2 \tag{4-147}$$

对 V_{i,n_i} 求导,可得:

$$\dot{V}_{i,n_i}=\dot{V}_{i,n_i-1}+z_{i,n_i}\dot{z}_{i,n_i}-\frac{1}{2}\tilde{\boldsymbol{\theta}}_{i,n_i}^{\mathrm{T}}\boldsymbol{\Lambda}_{i,n_i}^{-1}\dot{\boldsymbol{\theta}}_{i,n_i}-\frac{|a_i|}{\rho_{i,1}}\tilde{p}_i\dot{\hat{p}}_i \tag{4-148}$$

将式(4-142)、式(4-146)代入式(4-148),可得:

$$\begin{aligned}\dot{V}_{i,n_i}\leqslant&-\lambda_{i,n_i-1}V_{i,n_i-1}+\delta_{i,n_i-1}-c_{i,n_i}z_{i,n_i}^2+\frac{1}{4k_{i,n_i}}\bar{\varepsilon}_{i,n_i}^2+\frac{1}{4l_{i,n_i}}f_{i,n_i}^2-\\&\tilde{\boldsymbol{\theta}}_{i,n_i}^{\mathrm{T}}\boldsymbol{\Lambda}_{i,n_i}^{-1}(\dot{\boldsymbol{\theta}}_{i,n_i}-z_{i,n_i}\boldsymbol{\Lambda}_{i,n_i}\boldsymbol{\varphi}_{i,n_i})-\frac{|a_i|}{\rho_{i,1}}\tilde{p}_i(\dot{\hat{p}}_i+\mathrm{sgn}(a_i)\lambda_i z_{i,n_i}\nu_i)\end{aligned} \tag{4-149}$$

设计参数更新律 $\dot{\boldsymbol{\theta}}_{i,n_i}$ 和 $\dot{\hat{p}}_i$ 如下:

$$\dot{\boldsymbol{\theta}}_{i,n_i}=z_{i,n_i}\boldsymbol{\Lambda}_{i,n_i}\boldsymbol{\varphi}_{i,n_i}-\eta_{i,n_i}\boldsymbol{\theta}_{i,n_i} \tag{4-150}$$

$$\dot{\hat{p}}_i=-\mathrm{sgn}(a_i)\rho_{i,1}z_{i,n_i}\nu_i-\rho_{i,2}\hat{p}_i \tag{4-151}$$

将设计的参数更新律代入式(4-149),可得:

$$\begin{aligned}\dot{V}_{i,n_i}\leqslant&-\lambda_{i,n_i-1}V_{i,n_i-1}+\delta_{i,n_i-1}-c_{i,n_i}z_{i,n_i}^2+\frac{1}{4k_{i,n_i}}\bar{\varepsilon}_{i,n_i}^2+\frac{1}{4l_{i,n_i}}f_{i,n_i}^2-\\&\frac{\eta_{i,n_i}}{2}\tilde{\boldsymbol{\theta}}_{i,n_i}^{\mathrm{T}}\boldsymbol{\Lambda}_{i,n_i}^{-1}\tilde{\boldsymbol{\theta}}_{i,n_i}+\frac{\eta_{i,n_i}}{2}\boldsymbol{\theta}_{i,n_i}^{*\mathrm{T}}\boldsymbol{\Lambda}_{i,n_i}^{-1}\boldsymbol{\theta}_{i,n_i}^{*}-\frac{\rho_{i,2}\,|a_i|}{2\rho_{i,1}}\tilde{p}_i^2+\frac{\rho_{i,2}\,|a_i|}{2\rho_{i,1}}p_i^2\\\leqslant&-\lambda_{i,n_i}V_{i,n_i}+\delta_{i,n_i}\end{aligned} \tag{4-152}$$

式中,$\lambda_{i,n_i}=\min\{\lambda_{i,n_i-1},2c_{i,n_i},\eta_{i,n_i}\}$;$\delta_{i,n_i}=\frac{1}{4k_{i,n_i}}\bar{\varepsilon}_{i,n_i}^2+\frac{1}{4l_{i,n_i}}f_{i,n_i}^2+\frac{\eta_{i,n_i}}{2}\boldsymbol{\theta}_{i,n_i}^{*\mathrm{T}}\boldsymbol{\Lambda}_{i,n_i}^{-1}\boldsymbol{\theta}_{i,n_i}^{*}+\frac{\rho_{i,2}|a_i|}{2\rho_{i,1}}p_i^2$.

4. 稳定性分析

在本节中,我们将分析整个闭环系统的稳定性. 首先,对互联系统整体定义如式(4-76)所示的 Lyapunov 函数,即对所有子系统的 Lyapunov 函数 V_{i,n_i} 进行整合.

根据式(4-152),对 V 求导,可得:

$$\begin{aligned}\dot{V}=&\sum_{i=1}^{N}\dot{V}_{i,n_i}\\\leqslant&\sum_{i=1}^{N}(-\lambda_{i,n_i}V_{i,n_i}+\delta_{i,n_i})\\=&-\sum_{i=1}^{N}\lambda_{i,n_i}V_{i,n_i}+\sum_{i=1}^{N}\sum_{j=1}^{n_i}(\frac{1}{4k_{i,j}}\bar{\varepsilon}_{i,j}^2+\frac{\eta_{i,j}}{2}\boldsymbol{\theta}_{i,j}^{*\mathrm{T}}\boldsymbol{\Lambda}_{i,j}^{-1}\boldsymbol{\theta}_{i,j}^{*})+\sum_{i=1}^{N}\frac{\gamma_{i,2}}{\gamma_{i,1}}\mu_i^2+\\&\sum_{i=1}^{N}\left(\sum_{j=1}^{n_i}\frac{1}{4l_{i,j}}f_{i,j}^2-\mu_i\frac{2z_{i,1}^2}{z_{i,1}^2+\omega_i}\varphi_i^2(x_{i,1})\right)\end{aligned} \tag{4-153}$$

在假设 4.4 中，我们对互联项 $f_{i,j}(\boldsymbol{y})$ 进行了如下假设(式(4－113))：

$$|f_{i,j}(\boldsymbol{y})| \leqslant \sum_{q=1}^{N} \beta_{i,j,q} |\varphi_q(y_q)|$$

根据该假设分析式(4－153)中的互联项，可以得到：

$$\sum_{j=1}^{n_i} \frac{1}{4l_{i,j}} f_{i,j}^2 \leqslant \sum_{j=1}^{n_i} \sum_{q=1}^{N} \frac{\beta_{i,j,q}^2}{4l_{i,j}} \varphi_q^2(y_q) \tag{4-154}$$

进一步，可以计算得到：

$$\begin{aligned}
&\sum_{i=1}^{N} \left[\sum_{j=1}^{n_i} \frac{1}{4l_{i,j}} f_{i,j}^2 - \mu_i \frac{2z_{i,1}^2}{z_{i,1}^2+\omega_i} \varphi_i^2(x_{i,1})\right] \\
&\leqslant \sum_{i=1}^{N} \left[\sum_{j=1}^{n_i} \sum_{q=1}^{N} \frac{\beta_{q,j,i}^2}{4l_{q,j}} \varphi_i^2(y_i) - \mu_i \frac{2z_{i,1}^2}{z_{i,1}^2+\omega_i} \varphi_i^2(x_{i,1})\right] \\
&\leqslant \sum_{i=1}^{N} \mu_i \frac{\omega_i - z_{i,1}^2}{z_{i,1}^2+\omega_i} \varphi_i^2(x_{i,1})
\end{aligned} \tag{4-155}$$

式中，μ_i 是常数且满足不等式 $\mu_i \geqslant \sum_{k=1}^{n_i} \sum_{q=1}^{N} \frac{\beta_{q,j,i}^2}{4l_{q,j}}$.

从式中可以看出，如果 $z_{i,1}^2 \geqslant \omega_i$，则 $\sum_{i=1}^{N} \mu_i \frac{\omega_i - z_{i,1}^2}{z_{i,1}^2+\omega_i} \varphi_i^2(x_{i,1}) \leqslant 0$；如果 $z_{i,1}^2 \leqslant \omega_i$，则 $z_{i,1}$ 有界且存在常数 Φ_i 满足不等式 $\mu_i \frac{\omega_i - z_{i,1}^2}{z_{i,1}^2+\omega_i} \varphi_i^2(x_{i,1}) \leqslant \Phi_i$. 所以，可以得到：

$$\begin{aligned}
\dot{V} &\leqslant -\sum_{i=1}^{N} \lambda_{i,n_i} V_{i,n_i} + \sum_{i=1}^{N} \sum_{j=1}^{n_i} \left(\frac{1}{4k_{i,j}} \bar{\varepsilon}_{i,j}^2 + \frac{\eta_{i,j}}{2} \boldsymbol{\theta}_{i,j}^{*\mathrm{T}} \boldsymbol{\Lambda}_{i,j}^{-1} \boldsymbol{\theta}_{i,j}^*\right) + \sum_{i=1}^{N} \frac{\gamma_{i,2}}{\gamma_{i,1}} \mu_i^2 + \sum_{i=1}^{N} \Phi_i \\
&\leqslant -\lambda V + \delta
\end{aligned} \tag{4-156}$$

式中，常数 $\lambda = \min\{\lambda_{i,1}, \cdots, \lambda_{i,n_i}\}$；常数 $\delta = \sum_{i=1}^{N} \sum_{j=1}^{n_i} \left(\frac{1}{4k_{i,j}} \bar{\varepsilon}_{i,j}^2 + \frac{\eta_{i,j}}{2} \boldsymbol{\theta}_{i,j}^{*\mathrm{T}} \boldsymbol{\Lambda}_{i,j}^{-1} \boldsymbol{\theta}_{i,j}^*\right) + \sum_{i=1}^{N} \frac{\gamma_{i,2}}{\gamma_{i,1}} \mu_i^2 + \sum_{i=1}^{N} \Phi_i$.

不等式(4－156)是 Lyapunov 稳定性理论的一个弱化结论，可以保证 V 一致有界. 因为不确定项的存在，且控制目标是对参考信号的跟踪，有时难以确定系统是否存在平衡点，所以采用该判别条件，确保系统内所有信号的有界性. 值得注意的是，通过调节控制输入内的设计参数，可以改变 V 的收敛情况，使 V 和跟踪误差 $z_{i,1}$ 收敛到 0 的任意小的邻域内. 下面展开其分析过程.

对式(4－156)进行积分运算，可得：

$$\begin{cases}
\dot{V} \leqslant -\lambda V + \delta \\
\dfrac{\mathrm{d}(e^{\lambda t} V)}{\mathrm{d}t} \leqslant \delta e^{\lambda t} \\
V \leqslant V(0) e^{-\lambda t} + \dfrac{1}{\lambda}\delta - \dfrac{1}{\lambda}\delta e^{-\lambda t}
\end{cases} \tag{4-157}$$

由上述不等式可以看出,V 有界,且当 $t\to\infty$ 时,$V\leqslant\frac{1}{\lambda}\delta$. 根据 Lyapunov 稳定性理论可得 $z_{i,j}$,$\hat{\mu}_i$,$\boldsymbol{\theta}_{i,j}$,$\hat{p}_i$ 有界,进一步分析,由式(4-135)和式(4-102)可以得到 $\alpha_{i,j}(j=1,\cdots,n_i-1)$ 和 u_i 有界,进而可以得到状态量 $x_{i,j}$ 有界,确保了系统内所有信号有界. 同时,通过调节设计参数,跟踪误差可以收敛在 0 的足够小的邻域内,实现了跟踪控制的目标.

5. 仿真分析

在本节中,我们将通过仿真实验来验证设计的分散式控制输入的有效性,被控对象为由多电机系统组成的互联系统,其数学模型如下:

$$\begin{cases}\dot{x}_{i1}=x_{i2}+f_{i1}\\ \dot{x}_{i2}=\dfrac{1}{J_i}u_i+\psi_{i2}(\boldsymbol{x}_i)+f_{i2}\\ y_i=x_{i1},i=1,2,3\end{cases}\tag{4-158}$$

式中,$x_{i1}=\theta_i$ 是电机转动的角度;$x_{i2}=\omega_i$ 是电机转动的角速度;J_i 是转动惯量;$\psi_{i2}(\boldsymbol{x}_i)$是未知的非线性函数;$f_{ij}$ 是互联项. $J_1=1$,$J_2=-\frac{1}{2}$,$J_3=\frac{1}{3}$;$\psi_{12}=x_{11}x_{12}$,$\psi_{22}=\sin x_{21}x_{22}$,$\psi_{32}=\frac{x_{32}}{1+x_{31}^2}$.

式(4-158)中的一些变量(f_{i1},f_{i2})的全局形式如:$\boldsymbol{f}_1=[\sin(y_2y_3),\ \cos(y_1y_3),\ -\sin(y_1y_2)]^{\mathrm{T}}$,$\boldsymbol{f}_2=[-y_2y_3,-y_1y_3,y_2y_3]^{\mathrm{T}}$,参考信号为 $y_{ri}=\sin 2t$;变量初始值我们设置为 $\hat{\mu}_i(0)=0$,$x_{ij}(0)=1$;模糊逻辑系统中的隶属度函数我们选择为 $\mu_{F_{i,j}}^k(x_{ij})=\exp[-0.5(x_{i,j}-3+k)^2]$,$k=1,\cdots,5$,$\theta_{ij}$ 初始值为 0;$i=1,2,3$ 且 $j=1,2$.

基于本节内容中设计的控制输入(式(4-102)、式(4-144))、虚拟控制输入(式(4-135))、参数更新律(式(4-150)、式(4-151)),构造分散式自适应控制器,设计参数选取为 $c_{i,1}=k_{i,1}=l_{i,1}=5$,$c_{i,2}=k_{i,2}=l_{i,2}=1$,$\omega_i=1$,$\eta_{i,2}=0.5$,$\gamma_{i,1}=10$,$\gamma_{i,2}=0.1$,$\rho_{i,1}=1$,$\rho_{i,2}=0.1$,$\Lambda_{i,2}=I$,$i=1,2,3$ 且 $j=1,2$.

仿真结果如图 4-17—图 4-22 所示. 图 4-17 展示了系统输出的变化曲线,从图中可以看到三个子系统的输出 y_1、y_2 和 y_3 最终都很好地跟踪了参考信号. 图 4-18 展示了各子系统的跟踪误差,最终都收敛到 0 的邻域内. 图 4-19 展示了三个子系统的控制输入 u_1、u_2 和 u_3 的变化曲线. 图 4-20—图 4-22 展示的是参数更新律的变化曲线. 仿真结果表明,我们设计的分散式自适应控制器可以使互联系统跟踪参考信号,证实了该控制方法的有效性.

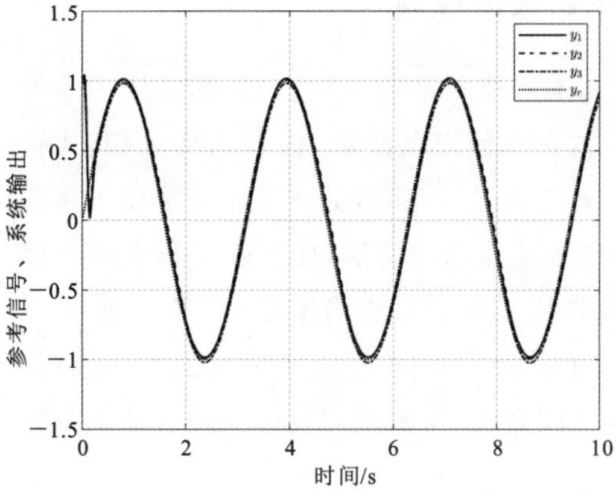

图 4－17　系统输出变化曲线

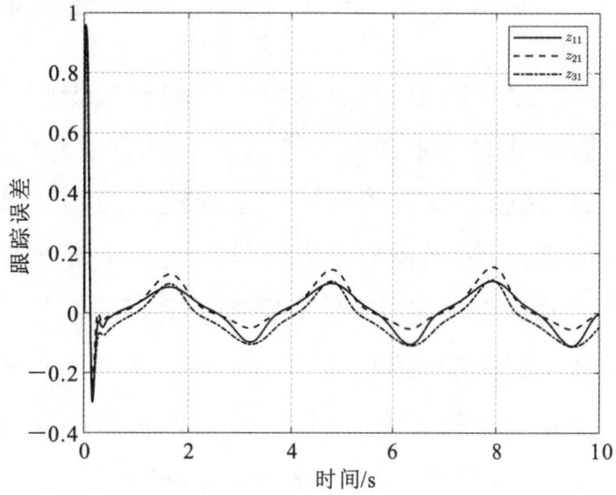

图 4－18　跟踪误差变化曲线

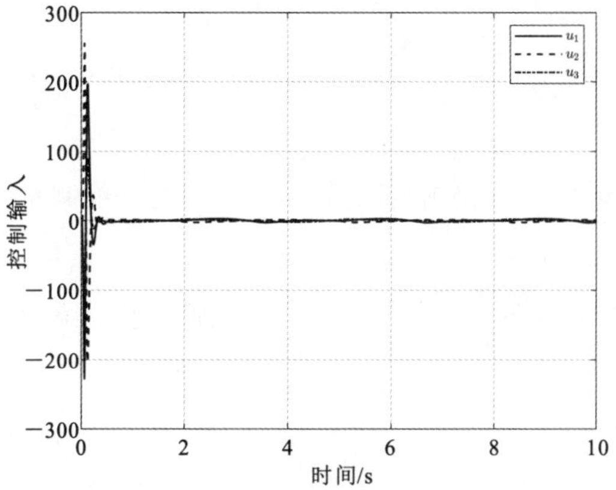

图 4－19　控制输入变化曲线

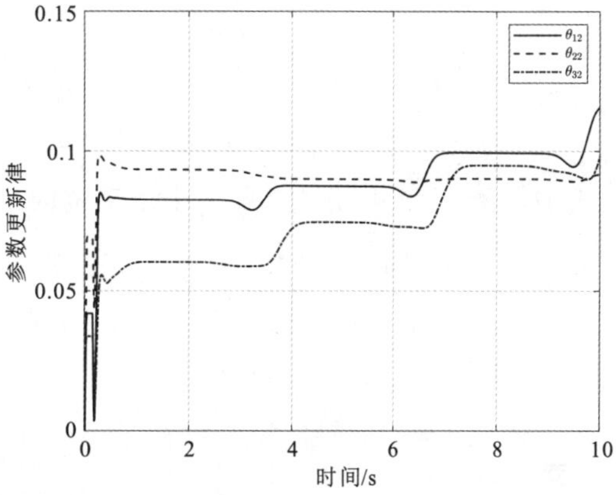

图 4－20　参数更新律(θ_{12}、θ_{22}、θ_{32})变化曲线

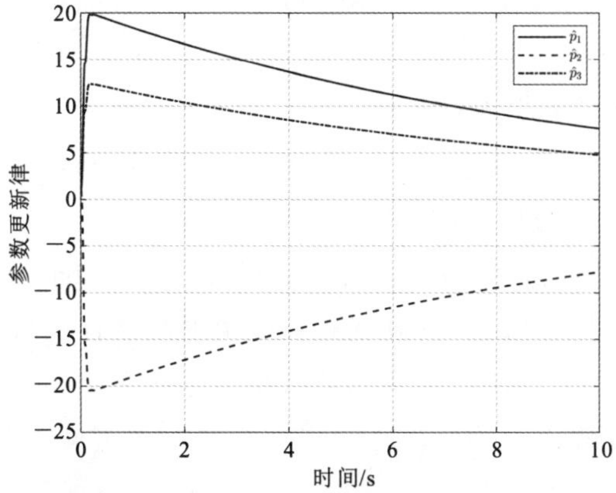

图 4－21　参数更新律($\hat{p}_1$、$\hat{p}_2$、$\hat{p}_3$)变化曲线

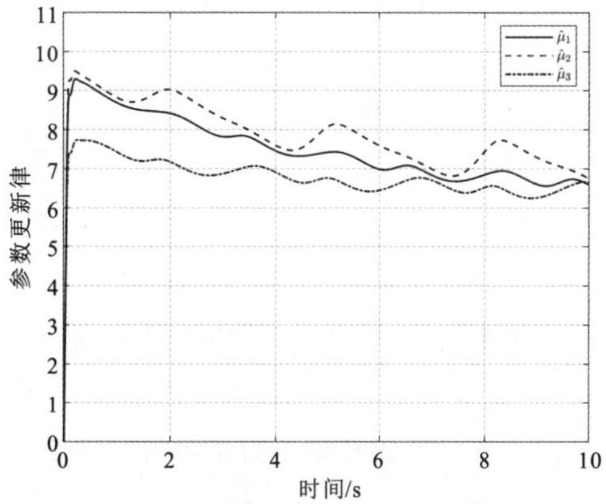

图 4－22　参数更新律($\hat{\mu}_1$、$\hat{\mu}_2$、$\hat{\mu}_3$)变化曲线

4.5.4 含未知控制方向的强互联系统的自适应控制

上述章节中，对被控对象的系统模型，均假设其未知控制系数符号已知，即系统内的控制系数大小未知而符号已知．然而，在实际系统中，存在因设备故障、内部结构未知、执行器/传感器攻击等造成的系统模型控制系数方向未知的情况．此时，上述控制方法便不再适用，特别是当控制量方向与控制方向相同时，会造成系统状态的发散，使实际工程中出现严重的后果．另外，上述章节考虑的子系统间的互联作用只与子系统输出量 y_i 有关，而对于日益复杂的实际工程系统，子系统之间可能存在与子系统状态量 x_i 有关的强互联作用，需要新的解决方案．因此，针对含未知控制方向的强互联系统，需要我们设计一种合适的分散式自适应控制器，实现跟踪控制的目标．

1. 系统模型

由 N 个子系统组成的互联系统的高阶模型如下：

$$\begin{cases}\dot{x}_{i,j}=g_{i,j}(t)x_{i,j+1}+\psi_{i,j}(\bar{\boldsymbol{x}}_{i,j})+f_{i,j}(\boldsymbol{X})\\ \dot{x}_{i,n_i}=g_{i,n_i}(t)u_i+\psi_{i,n_i}(\boldsymbol{x}_i)+f_{i,n_i}(\boldsymbol{X})\\ y_i=x_{i,1},j=1,\cdots,n_i\end{cases}\tag{4-159}$$

式中，$\boldsymbol{x}_i$、y_i 和 u_i 分别为第 i 个子系统的状态量、输出量和控制量；$g_{i,j}(t)$为未知时变控制系数，其大小和方向均未知；$\psi_{i,j}(\bar{\boldsymbol{x}}_{i,j})$是未知非线性函数，$\bar{\boldsymbol{x}}_{i,j}=[x_{i,1},\cdots,x_{i,j}]$；$x_i=[x_{i,1},\cdots,x_{i,n_i}]$；$f_i(\cdot)$是子系统之间的未知互联项，其依赖的变量 $\boldsymbol{X}=[\boldsymbol{x}_1,\cdots,\boldsymbol{x}_N]$由所有子系统的状态量 $\boldsymbol{x}_q(q=1,\cdots,N)$组成．

假设 4.7：互联项 $f_{i,j}(\boldsymbol{X})$满足不等式：

$$|f_{i,j}(\boldsymbol{X})|\leqslant\sum_{q=1}^{N}\beta_{i,j,q}|\varphi_{i,j,q}(\boldsymbol{x}_q)|\tag{4-160}$$

式中，未知常数 $\beta_{i,j,q}$ 表示互联作用的强度；$\varphi_{i,j,q}(\boldsymbol{x}_q)$为未知的非线性函数．

假设 4.8：未知控制系数 $g_{i,j}(t)$在未知区间 $G_{i,j}:[g_{i,j}^-,g_{i,j}^+]$，$0\notin G_{i,j}$ 内变化且控制方向相同．

假设 4.9：参考信号 y_{ri} 及 $\dot{y}_{ri}$ 是有界的、已知的光滑函数．

本小节在第 4.5.3 节的基础上，根据实际中存在的问题，重点考虑未知控制方向与强互联作用对系统的影响．假设 4.8 表明，考虑的未知控制方向严格为正/负，且系统内所有的未知方向保持同向，放宽了前面内容中对控制方向已知的假设．我们选择多重 Nussbaum 函数法来消除其影响．假设 4.7 在考虑强互联作用的基础上，放宽对互联项增长条件的假设，即互联项满足的增长条件的非线性函数是未知的．基于该假设，我们引入模糊逻辑系统设计了一种新的补偿函数来处理强互联作用的影响．

2. 多重 Nussbaum 函数法

Nussbaum 类型函数是指具有下列性质的函数：

$$\begin{cases}\limsup\limits_{s\to\infty}\int_{s_0}^{s}N(\zeta)\mathrm{d}\zeta=+\infty\\ \limsup\limits_{s\to\infty}\int_{s_0}^{s}N(\zeta)\mathrm{d}\zeta=-\infty\end{cases}\tag{4-161}$$

常用的 Nussbaum 函数有 $\mathrm{e}^{\zeta^2}\sin\dfrac{\zeta}{2}\pi$，$\mathrm{e}^{\zeta^2}\cos\dfrac{\zeta}{2}\pi$，$\zeta^2\sin\dfrac{\zeta}{2}\pi$，$\zeta^2\cos\dfrac{\zeta}{2}\pi$ 等．基于 Nussbaum 函数，可以得到如下定理．

定理 4.2　$V(\cdot)\geqslant 0$ 和 $\zeta(\cdot)$ 为定义在 $[0,t_f)$ 的光滑函数，$g(t)$ 是在区间 $G:=[g^-,g^+]$，$0\notin G$ 内变化的未知时变函数，若不等式：

$$V(t)\leqslant\int_0^t(gN(\zeta)\dot{\zeta}+\dot{\zeta})\mathrm{e}^{-\lambda(t-\tau)}\mathrm{d}\tau+\delta\tag{4-162}$$

成立，则 $\zeta(t)$ 和 $V(t)$ 在区间 $[0,t_f)$ 内有界．在该不等式中，λ 和 δ 为正常数．

定理 4.2 主要用来分析含未知控制方向的系统的稳定性，基于该定理，我们可以引入 Nussbaum 函数来解决未知方向的影响．值得注意的是，上述定理只适用于分析单个未知控制方向的情况，对于含多个未知控制方向的系统，特别是像互联系统这类内部结构复杂、无法被拆分来单独分析的系统，由于各 Nussbaum 函数的变化速率不同，定理 4.2 的证明过程失效，因此，需要发展一种新的定理来分析这种情况，即多重 Nussbaum 函数法．

定理 4.3　$V(\cdot)\geqslant 0$ 和 $\zeta_i(\cdot)$，$i=1,\cdots,n$ 为定义在 $[0,t_f)$ 的光滑函数，$g_i(t)$，$i=1,\cdots,n$ 是在区间 $G_{i,j}:=[g_{i,j}^-,g_{i,j}^+]$，$0\notin G_{i,j}$ 内变化的未知时变函数且同向，若不等式：

$$V(t)\leqslant\sum_{i=1}^{n}\int_0^t(g_iN(\zeta_i)\dot{\zeta}_i+\dot{\zeta}_i)\mathrm{e}^{-\lambda_i(t-\tau)}\mathrm{d}\tau+\delta\tag{4-163}$$

成立，则 $\zeta_i(t)$ 和 $V(t)$ 在区间 $[0,t_f)$ 内有界．在该不等式中，λ_i 和 δ 为正常数．

定理 4.3 为含多个未知控制方向的系统的控制提供了理论基础，使得我们可以在控制输入中引入多个 Nussbaum 函数．可以看出，定理 4.2 属于定理 4.3 在 $n=1$ 时的特殊情况. 由于 $V(t)$ 是有界的，我们可以得到 $t_f\to\infty$.

3. 控制输入设计

首先，我们进行如式(4-117)的误差变换．

步骤 1　对误差变量 $z_{i,1}$ 进行求导，可以得到：

$$\begin{aligned}\dot{z}_{i,1}&=g_{i,1}x_{i,2}+\psi_{i,1}(x_{i,1})+f_{i,1}(\boldsymbol{X})-\dot{y}_{ri}\\&=g_{i,1}z_{i,2}+g_{i,1}\alpha_{i,1}+\psi_{i,1}(x_{i,1})+f_{i,1}(\boldsymbol{X})-\dot{y}_{ri}\end{aligned}\tag{4-164}$$

该式中存在未知非线性函数 $\psi_{i,1}(x_{i,1})$，我们采用模糊逻辑对其进行逼近处理(式(1-119))：

$$\hat{\psi}_{i,1}=\boldsymbol{\theta}_{i,1}^{\mathrm{T}}\boldsymbol{\varphi}_{i,1}(x_{i,1})$$

在闭集 $\boldsymbol{\Omega}_{i,1}$ 和 $\boldsymbol{\Xi}_{i,1}$ 内，最优参数向量 $\boldsymbol{\theta}_{i,1}^*$ 可以定义为(式(1-120))：

$$\boldsymbol{\theta}_{i,1}^*=\arg\min_{\theta_{i,1}\in\boldsymbol{\Omega}_{i,1}}\left[\sup_{x_{i,1}\in\boldsymbol{\Xi}_{i,1}}|\psi_{i,1}-\hat{\psi}_{i,1}(x_{i,1},\boldsymbol{\theta}_{i,1})|\right]$$

相应地，最优逼近误差可以定义为(式(1-121))：

$$\varepsilon_{i,1}=\psi_{i,1}-\hat{\psi}_{i,1}(x_{i,1},\boldsymbol{\theta}_{i,1}^{*})$$

此时存在一个常数 $\bar{\varepsilon}_{i,1}>0$ 使得不等式 $|\varepsilon_{i,1}|\leqslant\bar{\varepsilon}_{i,1}$ 恒成立．

因此，我们可以得到：

$$\begin{aligned}\dot{z}_{i,1}&=g_{i,1}z_{i,2}+g_{i,1}\alpha_{i,1}+\psi_{i,1}(x_{i,1})-\hat{\psi}_{i,1}(x_{i,1},\boldsymbol{\theta}_{i,1}^{*})+\hat{\psi}_{i,1}(x_{i,1},\boldsymbol{\theta}_{i,1}^{*})+f_{i,1}(\boldsymbol{X})-\dot{y}_{ri}\\&\leqslant g_{i,1}z_{i,2}+g_{i,1}\alpha_{i,1}+\boldsymbol{\theta}_{i,1}^{*\mathrm{T}}\boldsymbol{\varphi}_{i,1}(x_{i,1})+\varepsilon_{i,1}+f_{i,1}(\boldsymbol{X})-\dot{y}_{ri}\end{aligned}\tag{4-165}$$

设计虚拟控制输入 $\alpha_{i,1}$ 如下：

$$\begin{cases}\alpha_{i,1}=N(\zeta_{i,1})\eta_{i,1}\\\eta_{i,1}=c_{i,1}z_{i,1}+k_{i,1}z_{i,1}+\boldsymbol{\theta}_{i,1}^{\mathrm{T}}\boldsymbol{\varphi}_{i,1}+l_{i,1}z_{i,1}-\dot{y}_{ri}\\\dot{\zeta}_{i,1}=z_{i,1}\eta_{i,1}\end{cases}\tag{4-166}$$

式中，$c_{i,1}$、$k_{i,1}$ 和 $l_{i,1}$ 是正的设计参数；$\tilde{\boldsymbol{\theta}}_{i,1}=\boldsymbol{\theta}_{i,1}^{*}-\boldsymbol{\theta}_{i,1}$ 是估计误差．

将 $\alpha_{i,1}$ 代入式(4-164)，我们可以得到：

$$\begin{aligned}\dot{z}_{i,1}&=g_{i,1}z_{i,2}+g_{i,1}N(\zeta_{i,1})\eta_{i,1}+\eta_{i,1}-\eta_{i,1}+\boldsymbol{\theta}_{i,1}^{*\mathrm{T}}\boldsymbol{\varphi}_{i,1}+\varepsilon_{i,1}+f_{i,1}(\boldsymbol{X})-\dot{y}_{ri}\\&=g_{i,1}z_{i,2}+g_{i,1}N(\zeta_{i,1})\eta_{i,1}+\eta_{i,1}-c_{i,1}z_{i,1}+\tilde{\boldsymbol{\theta}}_{i,1}^{\mathrm{T}}\boldsymbol{\varphi}_{i,1}-k_{i,1}z_{i,1}+\varepsilon_{i,1}-\\&\quad l_{i,1}z_{i,1}+f_{i,1}(\boldsymbol{X})\end{aligned}\tag{4-167}$$

两边同时乘 $z_{i,1}$，并用杨氏不等式 $ab\leqslant a^2+\dfrac{1}{4}b^2$ 分析，可得：

$$\begin{aligned}z_{i,1}\dot{z}_{i,1}&=g_{i,1}z_{i,1}z_{i,2}+g_{i,1}N(\zeta_{i,1})\dot{\zeta}_{i,1}+\dot{\zeta}_{i,1}-c_{i,1}z_{i,1}^{2}+\\&\quad z_{i,1}\tilde{\boldsymbol{\theta}}_{i,1}^{\mathrm{T}}\boldsymbol{\varphi}_{i,1}-k_{i,1}z_{i,1}^{2}+z_{i,1}\varepsilon_{i,1}-l_{i,1}z_{i,1}^{2}+z_{i,1}f_{i,1}\\&\leqslant g_{i,1}z_{i,1}z_{i,2}+g_{i,1}N(\zeta_{i,1})\dot{\zeta}_{i,1}+\dot{\zeta}_{i,1}-c_{i,1}z_{i,1}^{2}+z_{i,1}\tilde{\boldsymbol{\theta}}_{i,1}\boldsymbol{\varphi}_{i,1}+\\&\quad\frac{1}{4k_{i,1}}\bar{\varepsilon}_{i,1}^{2}+\frac{1}{4l_{i,1}}f_{i,1}^{2}\end{aligned}\tag{4-168}$$

接下来，构造 Lyapunov 函数：

$$V_{i,1}=\frac{1}{2}z_{i,1}^{2}+\frac{1}{2}\tilde{\boldsymbol{\theta}}_{i,1}^{\mathrm{T}}\boldsymbol{\Lambda}_{i,1}^{-1}\tilde{\boldsymbol{\theta}}_{i,1}\tag{4-169}$$

对 $V_{i,1}$ 求导，可得：

$$\dot{V}_{i,1}=z_{i,1}\dot{z}_{i,1}+\tilde{\boldsymbol{\theta}}_{i,1}^{\mathrm{T}}\boldsymbol{\Lambda}_{i,1}^{-1}\dot{\tilde{\boldsymbol{\theta}}}_{i,1}\tag{4-170}$$

将式(4-168)代入式(4-170)，可得：

$$\begin{aligned}\dot{V}_{i,1}&\leqslant g_{i,1}z_{i,1}z_{i,2}+g_{i,1}N(\zeta_{i,1})\dot{\zeta}_{i,1}+\dot{\zeta}_{i,1}-c_{i,1}z_{i,1}^{2}+\frac{1}{4k_{i,1}}\bar{\varepsilon}_{i,1}^{2}+\frac{1}{4l_{i,1}}f_{i,1}^{2}-\\&\quad\tilde{\boldsymbol{\theta}}_{i,1}^{\mathrm{T}}\boldsymbol{\Lambda}_{i,1}^{-1}(\dot{\boldsymbol{\theta}}_{i,1}-z_{i,1}\boldsymbol{\Lambda}_{i,1}\boldsymbol{\varphi}_{i,1})\end{aligned}\tag{4-171}$$

设计参数更新律 $\dot{\boldsymbol{\theta}}_{i,1}$ 如下：

$$\dot{\boldsymbol{\theta}}_{i,1}=z_{i,1}\boldsymbol{\Lambda}_{i,1}\boldsymbol{\varphi}_{i,1}(x_{i,1})-\rho_{i,1}\boldsymbol{\theta}_{i,1} \tag{4-172}$$

将 $\dot{\boldsymbol{\theta}}_{i,1}$ 代入式(4－171)，$\dot{V}_{i,1}$ 可以转化为：

$$\begin{aligned}\dot{V}_{i,1}&\leqslant g_{i,1}z_{i,1}z_{i,2}+g_{i,1}N(\zeta_{i,1})\dot{\zeta}_{i,1}+\dot{\zeta}_{i,1}-c_{i,1}z_{i,1}^2+\frac{1}{4l_{i,1}}f_{i,1}^2+\frac{1}{4k_{i,1}}\bar{\varepsilon}_{i,1}^2+\rho_{i,1}\tilde{\boldsymbol{\theta}}_{i,1}^{\mathrm{T}}\boldsymbol{\Lambda}_{i,1}^{-1}\boldsymbol{\theta}_{i,1}\\&=g_{i,1}z_{i,1}z_{i,2}+g_{i,1}N(\zeta_{i,1})\dot{\zeta}_{i,1}+\dot{\zeta}_{i,1}-c_{i,1}z_{i,1}^2+\frac{1}{4l_{i,1}}f_{i,1}^2+\frac{1}{4k_{i,1}}\bar{\varepsilon}_{i,1}^2-\\&\quad\rho_{i,1}\tilde{\boldsymbol{\theta}}_{i,1}^{\mathrm{T}}\boldsymbol{\Lambda}_{i,1}^{-1}\tilde{\boldsymbol{\theta}}_{i,1}+\rho_{i,1}\tilde{\boldsymbol{\theta}}_{i,1}^{\mathrm{T}}\boldsymbol{\Lambda}_{i,1}^{-1}\boldsymbol{\theta}_{i,1}^{*}\end{aligned} \tag{4-173}$$

利用杨氏不等式分析，可得：

$$\begin{aligned}\dot{V}_{i,1}&\leqslant g_{i,1}z_{i,1}z_{i,2}+g_{i,1}N(\zeta_{i,1})\dot{\zeta}_{i,1}+\dot{\zeta}_{i,1}-c_{i,1}z_{i,1}^2+\frac{1}{4l_{i,1}}f_{i,1}^2+\frac{1}{4k_{i,1}}\bar{\varepsilon}_{i,1}^2-\\&\quad\frac{\eta_{i,1}}{2}\tilde{\boldsymbol{\theta}}_{i,1}^{\mathrm{T}}\boldsymbol{\Lambda}_{i,1}^{-1}\tilde{\boldsymbol{\theta}}_{i,1}+\frac{\eta_{i,1}}{2}\boldsymbol{\theta}_{i,1}^{*\mathrm{T}}\boldsymbol{\Lambda}_{i,1}^{-1}\boldsymbol{\theta}_{i,1}^{*}\\&\leqslant-\lambda_{i,1}V_{i,1}+z_{i,1}z_{i,2}+\delta_{i,1}\end{aligned} \tag{4-174}$$

式中，$\lambda_{i,1}=\min\{2c_{i,1},\rho_{i,1}\}$；$\delta_{i,1}=g_{i,1}N(\zeta_{i,1})\dot{\zeta}_{i,1}+\dot{\zeta}_{i,1}+\frac{1}{4k_{i,1}}\bar{\varepsilon}_{i,1}^2+\frac{1}{4l_{i,1}}f_{i,1}^2+\frac{\eta_{i,1}}{2}\boldsymbol{\theta}_{i,1}^{*\mathrm{T}}\boldsymbol{\Lambda}_{i,1}^{-1}\boldsymbol{\theta}_{i,1}^{*}$.

步骤 $j(j=2,\cdots,n_i-1)$　对误差变量 $z_{i,j}$ 求导，可以得到：

$$\begin{aligned}\dot{z}_{i,j}&=g_{i,j}x_{i,j+1}+\psi_{i,j}(\bar{\boldsymbol{x}}_{i,j})+f_{i,j}(\boldsymbol{X})-\dot{\alpha}_{i,j-1}\\&=g_{i,j}z_{i,j+1}+g_{i,j}\alpha_{i,j}+\psi_{i,j}(\bar{\boldsymbol{x}}_{i,j})+f_{i,j}(\boldsymbol{X})-\dot{\alpha}_{i,j-1}\\&=g_{i,j}z_{i,j+1}+g_{i,j}\alpha_{i,j}+\boldsymbol{\Psi}_{i,j}+f_{i,j}(\boldsymbol{X})-g_{i,1}z_{i,1}\end{aligned} \tag{4-175}$$

式中，$\boldsymbol{\Psi}_{i,j}=\psi_{i,j}(\bar{\boldsymbol{x}}_{i,j})-\dot{\alpha}_{i,j-1}+g_{i,1}z_{i,1}$ 是非线性函数；$g_{i,1}$、$z_{i,1}$ 被设计用来辅助分析稳定性.

采用模糊逻辑系统对其进行逼近处理，可得：

$$\begin{aligned}\dot{z}_{i,j}&=g_{i,j}z_{i,j+1}+g_{i,j}\alpha_{i,j}+\boldsymbol{\Psi}_{i,j}-\\&\quad\hat{\psi}_{i,j}(\bar{\boldsymbol{x}}_{i,j},\boldsymbol{\theta}_{i,j}^{*})+\hat{\psi}_{i,j}(\bar{\boldsymbol{x}}_{i,j},\boldsymbol{\theta}_{i,j}^{*})+f_{i,j}(\boldsymbol{X})-g_{i,j-1}z_{i,j-1}\\&=g_{i,j}z_{i,j+1}+g_{i,j}\alpha_{i,j}+\hat{\psi}_{i,j}(\bar{\boldsymbol{x}}_{i,j},\boldsymbol{\theta}_{i,j}^{*})+\varepsilon_{i,j}+f_{i,j}(\boldsymbol{X})-g_{i,j-1}z_{i,j-1}\end{aligned} \tag{4-176}$$

设计虚拟控制输入 $\alpha_{i,j}$ 如下：

$$\begin{cases}\alpha_{i,j}=N(\zeta_{i,j})\eta_{i,j}\\\eta_{i,j}=c_{i,j}z_{i,j}+k_{i,j}z_{i,j}+\boldsymbol{\theta}_{i,j}^{\mathrm{T}}\boldsymbol{\varphi}_{i,j}+l_{i,j}z_{i,j}\\\dot{\zeta}_{i,j}=z_{i,j}\eta_{i,j}\end{cases} \tag{4-177}$$

式中，$c_{i,j}$、$k_{i,j}$ 和 $l_{i,j}$ 是正的设计参数；$\tilde{\boldsymbol{\theta}}_{i,j}=\boldsymbol{\theta}_{i,j}^{*}-\boldsymbol{\theta}_{i,j}$.

将 $\alpha_{i,j}$ 代入式(4－176)，可得：

$$\begin{aligned}\dot{z}_{i,j} = & g_{i,j}z_{i,j+1} + g_{i,j}N(\zeta_{i,j})\eta_{i,j} + \eta_{i,j} - c_{i,j}z_{i,j} + \tilde{\boldsymbol{\theta}}_{i,j}\boldsymbol{\varphi}_{i,j}(\bar{\boldsymbol{x}}_{i,j}) - \\ & k_{i,j}z_{i,j} + \varepsilon_{i,j} - l_{i,j}z_{i,j} + f_{i,j}(X) - g_{i,j-1}z_{i,j-1}\end{aligned} \tag{4-178}$$

两边同时乘 $z_{i,j}$，并用杨氏不等式分析，可得：

$$\begin{aligned}z_{i,j}\dot{z}_{i,j} = & g_{i,j}z_{i,j}z_{i,j+1} + g_{i,j}N(\zeta_{i,j})\dot{\zeta}_{i,j} + \dot{\zeta}_{i,j} - c_{i,j}z_{i,j}^2 + z_{i,j}\tilde{\boldsymbol{\theta}}_{i,j}\boldsymbol{\varphi}_{i,j} - \\ & k_{i,j}z_{i,j}^2 + z_{i,j}\varepsilon_{i,j} - l_{i,j}z_{i,j}^2 + z_{i,j}f_{i,j} - g_{i,j-1}z_{i,j-1}z_{i,j} \\ \leqslant & g_{i,j}z_{i,j}z_{i,j+1} + g_{i,j}N(\zeta_{i,j})\dot{\zeta}_{i,j} + \dot{\zeta}_{i,j} - c_{i,j}z_{i,j}^2 + z_{i,j}\tilde{\boldsymbol{\theta}}_{i,j}\boldsymbol{\varphi}_{i,j} + \\ & \frac{1}{4k_{i,j}}\bar{\varepsilon}_{i,j}^2 + \frac{1}{4l_{i,j}}f_{i,j}^2 - g_{i,j-1}z_{i,j-1}z_{i,j}\end{aligned} \tag{4-179}$$

接下来，我们构造 Lyapunov 函数：

$$V_{i,j} = V_{i,j-1} + \frac{1}{2}z_{i,j}^2 + \frac{1}{2}\tilde{\boldsymbol{\theta}}_{i,j}^{\mathrm{T}}\boldsymbol{\Lambda}_{i,j}^{-1}\tilde{\boldsymbol{\theta}}_{i,j} \tag{4-180}$$

对 $V_{i,j}$ 求导，可得：

$$\dot{V}_{i,j} = \dot{V}_{i,j-1} + z_{i,j}\dot{z}_{i,j} + \tilde{\boldsymbol{\theta}}_{i,j}^{\mathrm{T}}\boldsymbol{\Lambda}_{i,j}^{-1}\dot{\tilde{\boldsymbol{\theta}}}_{i,j} \tag{4-181}$$

将式(4－174)、式(4－179)代入式(4－181)，可得：

$$\begin{aligned}\dot{V}_{i,j} \leqslant & -\lambda_{i,j-1}V_{i,j-1} + \delta_{i,j-1} + g_{i,j}z_{i,j}z_{i,j+1} + g_{i,j}N(\zeta_{i,j})\dot{\zeta}_{i,j} + \dot{\zeta}_{i,j} - c_{i,j}z_{i,j}^2 + \\ & \frac{1}{4k_{i,j}}\bar{\varepsilon}_{i,j}^2 + \frac{1}{4l_{i,j}}f_{i,j}^2 - \tilde{\boldsymbol{\theta}}_{i,j}^{\mathrm{T}}\boldsymbol{\Lambda}_{i,j}^{-1}(\dot{\hat{\boldsymbol{\theta}}}_{i,j} - z_{i,j}\boldsymbol{\Lambda}_{i,j}\boldsymbol{\varphi}_{i,j})\end{aligned} \tag{4-182}$$

设计参数更新律 $\dot{\hat{\boldsymbol{\theta}}}_{i,j}$ 如下：

$$\dot{\hat{\boldsymbol{\theta}}}_{i,j} = z_{i,j}\boldsymbol{\Lambda}_{i,j}\boldsymbol{\varphi}_{i,j}(\bar{\boldsymbol{x}}_{i,j}) - \rho_{i,j}\hat{\boldsymbol{\theta}}_{i,j} \tag{4-183}$$

将其代入式(4－182)，可得：

$$\begin{aligned}\dot{V}_{i,j} \leqslant & -\lambda_{i,j-1}V_{i,j-1} + \delta_{i,j-1} + g_{i,j}z_{i,j}z_{i,j+1} + g_{i,j}N(\zeta_{i,j})\dot{\zeta}_{i,j} + \dot{\zeta}_{i,j} - c_{i,j}z_{i,j}^2 + \\ & \frac{1}{4k_{i,j}}\bar{\varepsilon}_{i,j}^2 + \frac{1}{4l_{i,j}}f_{i,j}^2 - \rho_{i,j}\tilde{\boldsymbol{\theta}}_{i,j}^{\mathrm{T}}\boldsymbol{\Lambda}_{i,j}^{-1}\hat{\boldsymbol{\theta}}_{i,j} \\ \leqslant & -\lambda_{i,j-1}V_{i,j-1} + \delta_{i,j-1} + g_{i,j}z_{i,j}z_{i,j+1} + g_{i,j}N(\zeta_{i,j})\dot{\zeta}_{i,j} + \dot{\zeta}_{i,j} - c_{i,j}z_{i,j}^2 + \\ & \frac{1}{4k_{i,j}}\bar{\varepsilon}_{i,j}^2 + \frac{1}{4l_{i,j}}f_{i,j}^2 - \frac{\rho_{i,j}}{2}\tilde{\boldsymbol{\theta}}_{i,j}^{\mathrm{T}}\boldsymbol{\Lambda}_{i,j}^{-1}\tilde{\boldsymbol{\theta}}_{i,j} + \frac{\rho_{i,j}}{2}\boldsymbol{\theta}_{i,j}^{*\mathrm{T}}\boldsymbol{\Lambda}_{i,j}^{-1}\boldsymbol{\theta}_{i,j}^{*} \\ \leqslant & -\lambda_{i,j}V_{i,j} + g_{i,j}z_{i,j}z_{i,j+1} + \delta_{i,j}\end{aligned} \tag{4-184}$$

式中，$\lambda_{i,j} = \min\{\lambda_{i,j-1}, 2c_{i,j}, \rho_{i,j}\}$；$\delta_{i,j} = \delta_{i,j-1} + g_{i,j}N(\zeta_{i,j})\dot{\zeta}_{i,j} + \dot{\zeta}_{i,j} + \frac{1}{4k_{i,j}}\bar{\varepsilon}_{i,j}^2 + \frac{1}{4l_{i,j}}f_{i,j}^2 + \frac{\rho_{i,j}}{2}\boldsymbol{\theta}_{i,j}^{*\mathrm{T}}\boldsymbol{\Lambda}_{i,j}^{-1}\boldsymbol{\theta}_{i,j}^{*}$。

步骤 n_i 对误差变量 z_{i,n_i} 求导，可以得到：

$$
\begin{aligned}
\dot{z}_{i,n_i} &= g_{i,n_i} u_i + \psi_{i,n_i}(\boldsymbol{x}_i) + f_{i,n_i}(\boldsymbol{X}) - \dot{\alpha}_{i,j-1} \\
&= g_{i,n_i} u_i + \boldsymbol{\Psi}_{i,n_i}(\boldsymbol{x}_i) - \hat{\psi}_{i,n_i}(\boldsymbol{x}_i, \boldsymbol{\theta}^*_{i,n_i}) + \hat{\psi}_{i,n_i}(\boldsymbol{x}_i, \boldsymbol{\theta}^*_{i,n_i}) + \\
&\quad f_{i,n_i}(\boldsymbol{X}) - g_{i,n_{i-1}} z_{i,n_{i-1}} \\
&= g_{i,n_i} u_i + \hat{\psi}_{i,n_i}(\boldsymbol{x}_i, \boldsymbol{\theta}^*_{i,n_i}) + \varepsilon_{i,n_i} + f_{i,n_i}(X) - g_{i,n_{i-1}} z_{i,n_{i-1}}
\end{aligned} \tag{4-185}
$$

式中，$\boldsymbol{\Psi}_{i,n_i}(x_i) = \psi_{i,n_i}(\boldsymbol{x}_i) - \dot{\alpha}_{i,n_i-1} + g_{i,n_{i-1}} z_{i,n_{i-1}}$ 为非线性函数，并采用模糊逻辑系统进行逼近处理．

设计控制输入 u_i 如下：

$$
\begin{cases}
u_i = N(\zeta_{i,n_i}) \eta_{i,n_i} \\
\eta_{i,n_i} = c_{i,n_i} z_{i,n_i} + k_{i,n_i} z_{i,n_i} + \theta^{\mathrm{T}}_{i,n_i} \varphi_{i,n_i} + l_{i,n_i} z_{i,n_i} + \dfrac{z_{i,n_i}}{\omega_i^2 + z_{i,n_i}^2} \bar{F}_i \\
\dot{\zeta}_{i,n_i} = z_{i,n_i} \eta_{i,n_i} \\
\bar{F}_i = \bar{\boldsymbol{\theta}}_i^{\mathrm{T}} \bar{\boldsymbol{\varphi}}_i(\boldsymbol{x}_i)
\end{cases} \tag{4-186}
$$

式中，c_{i,n_i}、k_{i,n_i} 和 l_{i,n_i} 是正的设计参数；$\tilde{\boldsymbol{\theta}}_{i,n_i} = \boldsymbol{\theta}^*_{i,n_i} - \boldsymbol{\theta}_{i,n_i}$；$\dfrac{z_{i,n_i}}{\omega_i^2 + z_{i,n_i}^2} \bar{F}_i$ 为设计的用于补偿互联项的光滑函数；$\bar{F}_i$ 为模糊逻辑系统，用于近似估计互联项的未知增长条件；$\bar{\boldsymbol{\theta}}_i$ 为 $\bar{\boldsymbol{\theta}}_i^*$ 的估计值，$\tilde{\bar{\boldsymbol{\theta}}}_i = \bar{\boldsymbol{\theta}}_i^* - \bar{\boldsymbol{\theta}}_i$．

将 u_i 代入式(4－185)，可得：

$$
\begin{aligned}
\dot{z}_{i,n_i} &= g_{i,n_i} N(\zeta_{i,n_i}) \eta_{i,n_i} + \eta_{i,n_i} - c_{i,n_i} z_{i,n_i} + \tilde{\boldsymbol{\theta}}_{i,n_i} \boldsymbol{\varphi}_{i,n_i} - k_{i,n_i} z_{i,n_i} + \varepsilon_{i,n_i} - \\
&\quad l_{i,n_i} z_{i,n_i} + f_{i,n_i} - \frac{z_{i,n_i}}{\omega_i^2 + z_{i,n_i}^2} \bar{F}_i - g_{i,n_{i-1}} z_{i,n_{i-1}}
\end{aligned} \tag{4-187}
$$

两边同时乘 z_{i,n_i}，并用杨氏不等式分析，可得：

$$
\begin{aligned}
z_{i,n_i} \dot{z}_{i,n_i} &= g_{i,n_i} N(\zeta_{i,n_i}) \dot{\zeta}_{i,n_i} + \dot{\zeta}_{i,n_i} - c_{i,n_i} z_{i,n_i}^2 + z_{i,n_i} \tilde{\boldsymbol{\theta}}_{i,n_i} \boldsymbol{\varphi}_{i,n_i} - k_{i,n_i} z_{i,n_i}^2 + z_{i,n_i} \varepsilon_{i,n_i} - \\
&\quad l_{i,n_i} z_{i,n_i}^2 + z_{i,n_i} f_{i,n_i} - \frac{z_{i,n_i}^2}{\omega_i^2 + z_{i,n_i}^2} \bar{F}_i - g_{i,n_{i-1}} z_{i,n_i}^2 \\
&\leqslant g_{i,n_i} N(\zeta_{i,n_i}) \dot{\zeta}_{i,n_i} + \dot{\zeta}_{i,n_i} - c_{i,n_i} z_{i,n_i}^2 + z_{i,n_i} \tilde{\boldsymbol{\theta}}_{i,n_i} \boldsymbol{\varphi}_{i,n_i} + \frac{1}{4k_{i,n_i}} \bar{\varepsilon}_{i,n_i}^2 + \\
&\quad \frac{1}{4l_{i,n_i}} f_{i,n_i}^2 - \frac{z_{i,n_i}^2}{\omega_i^2 + z_{i,n_i}^2} \bar{F}_i - g_{i,n_{i-1}} z_{i,n_i}^2
\end{aligned} \tag{4-188}
$$

接下来，构造 Lyapunov 函数：

$$
V_{i,n_i} = V_{i,n_i-1} + \frac{1}{2} z_{i,n_i}^2 + \frac{1}{2} \tilde{\boldsymbol{\theta}}^{\mathrm{T}}_{i,n_i} \boldsymbol{\Lambda}^{-1}_{i,n_i} \tilde{\boldsymbol{\theta}}_{i,n_i} + \frac{1}{2} \tilde{\bar{\boldsymbol{\theta}}}_i^{\mathrm{T}} \bar{\boldsymbol{\Lambda}}_i^{-1} \tilde{\bar{\boldsymbol{\theta}}}_i \tag{4-189}
$$

对 V_{i,n_i} 求导,可得:

$$\dot{V}_{i,n_i}=\dot{V}_{i,n_i-1}+z_{i,n_i}\dot{z}_{i,n_i}-\tilde{\boldsymbol{\theta}}_{i,n_i}^{\mathrm{T}}\boldsymbol{\Lambda}_{i,n_i}^{-1}\dot{\boldsymbol{\theta}}_{i,n_i}-\tilde{\bar{\boldsymbol{\theta}}}_i^{\mathrm{T}}\bar{\boldsymbol{\Lambda}}_i^{-1}\dot{\bar{\boldsymbol{\theta}}}_i \tag{4-190}$$

将式(4-184)、式(4-188)代入式(4-190),可得:

$$\begin{aligned}\dot{V}_{i,n_i}\leqslant&-\lambda_{i,n_i-1}V_{i,n_i-1}+\delta_{i,n_i-1}+g_{i,n_i}N(\zeta_{i,n_i})\dot{\zeta}_{i,n_i}+\dot{\zeta}_{i,n_i}-c_{i,n_i}z_{i,n_i}^2+\frac{1}{4k_{i,n_i}}\bar{\varepsilon}_{i,n_i}^2+\\&\frac{1}{4l_{i,n_i}}f_{i,n_i}^2-\frac{z_{i,n_i}^2}{\omega_i^2+z_{i,n_i}^2}\bar{\boldsymbol{\theta}}_i^{*\mathrm{T}}\bar{\boldsymbol{\varphi}}_i-\tilde{\boldsymbol{\theta}}_{i,n_i}^{\mathrm{T}}\boldsymbol{\Lambda}_{i,n_i}^{-1}(\dot{\boldsymbol{\theta}}_{i,n_i}-z_{i,n_i}\boldsymbol{\Lambda}_{i,n_i}\boldsymbol{\varphi}_{i,n_i})-\\&\tilde{\bar{\theta}}_i^{\mathrm{T}}\bar{\Lambda}_i^{-1}\left(\dot{\bar{\theta}}_i-\frac{z_{i,n_i}^2}{\omega_i^2+z_{i,n_i}^2}\bar{\boldsymbol{\Lambda}}_i\bar{\boldsymbol{\varphi}}_i\right)\end{aligned} \tag{4-191}$$

设计参数更新律 $\dot{\boldsymbol{\theta}}$ 和 $\dot{\bar{\boldsymbol{\theta}}}_i$ 如下:

$$\dot{\boldsymbol{\theta}}_{i,n_i}=z_{i,n_i}\boldsymbol{\Lambda}_{i,n_i}\boldsymbol{\varphi}_{i,n_i}-\rho_{i,n_i}\boldsymbol{\theta}_{i,n_i} \tag{4-192}$$

$$\dot{\bar{\boldsymbol{\theta}}}_i=\frac{z_{i,n_i}^2}{\omega_i^2+z_{i,n_i}^2}\bar{\boldsymbol{\Lambda}}_i\bar{\boldsymbol{\varphi}}_i(\boldsymbol{x}_i)-\gamma_i\bar{\boldsymbol{\theta}}_i \tag{4-193}$$

将设计的参数更新律代入式(4-191),可得:

$$\begin{aligned}\dot{V}_{i,n_i}\leqslant&-\lambda_{i,n_i-1}V_{i,n_i-1}+\delta_{i,n_i-1}+g_{i,n_i}N(\zeta_{i,n_i})\dot{\zeta}_{i,n_i}+\dot{\zeta}_{i,n_i}-c_{i,n_i}z_{i,n_i}^2+\\&\frac{1}{4k_{i,n_i}}\bar{\varepsilon}_{i,n_i}^2+\frac{1}{4l_{i,n_i}}f_{i,n_i}^2-\frac{z_{i,n_i}^2}{\omega_i^2+z_{i,n_i}^2}\bar{\boldsymbol{\theta}}_i^{*\mathrm{T}}\bar{\boldsymbol{\varphi}}_i-\\&\frac{\rho_{i,n_i}}{2}\tilde{\boldsymbol{\theta}}_{i,n_i}^{\mathrm{T}}\boldsymbol{\Lambda}_{i,n_i}^{-1}\tilde{\boldsymbol{\theta}}_{i,n_i}+\frac{\rho_{i,n_i}}{2}\boldsymbol{\theta}_{i,n_i}^{*\mathrm{T}}\boldsymbol{\Lambda}_{i,n_i}^{-1}\boldsymbol{\theta}_{i,n_i}^{*}-\\&\frac{\gamma_i}{2}\tilde{\bar{\boldsymbol{\theta}}}_i^{\mathrm{T}}\bar{\boldsymbol{\Lambda}}_i^{-1}\tilde{\bar{\boldsymbol{\theta}}}_i+\frac{\gamma_i}{2}\bar{\boldsymbol{\theta}}_i^{*\mathrm{T}}\bar{\boldsymbol{\Lambda}}_i^{-1}\bar{\boldsymbol{\theta}}_i^{*}\\\leqslant&-\lambda_{i,n_i}V_{i,n_i}+\delta_{i,n_i}\end{aligned} \tag{4-194}$$

式中,$\lambda_{i,n_i}=\min\{\lambda_{i,n_i-1},2c_{i,n_i},\rho_{i,n_i},\gamma_i\}$;$\delta_{i,n_i}=g_{i,n_i}N(\zeta_{i,n_i})\dot{\zeta}_{i,n_i}+\dot{\zeta}_{i,n_i}+\frac{1}{4k_{i,n_i}}\bar{\varepsilon}_{i,n_i}^2+\frac{1}{4l_{i,n_i}}f_{i,n_i}^2-\frac{z_{i,n_i}^2}{\omega_i^2+z_{i,n_i}^2}\bar{\boldsymbol{\theta}}_i^{*\mathrm{T}}\bar{\boldsymbol{\varphi}}_i+\frac{\eta_{i,n_i}}{2}\boldsymbol{\theta}_{i,n_i}^{*\mathrm{T}}\boldsymbol{\Lambda}_{i,n_i}^{-1}\boldsymbol{\theta}_{i,n_i}^{*}+\frac{\gamma_i}{2}\bar{\boldsymbol{\theta}}_i^{*\mathrm{T}}\bar{\boldsymbol{\Lambda}}_i^{-1}\bar{\boldsymbol{\theta}}_i^{*}$.

4. 稳定性分析

在本节中,我们将分析整个闭环系统的稳定性. 首先,对互联系统整体定义 Lyapunov 函数(式(4-76)):

$$V=\sum_{i=1}^{N}V_{i,n_i}$$

即对所有子系统的 Lyapunov 函数 V_{i,n_i} 进行整合.

根据式(4－194)，对 V 求导，可得：

$$
\begin{aligned}
\dot{V} &= \sum_{i=1}^{N}\dot{V}_{i,n_i} \\
&\leqslant \sum_{i=1}^{N}(-\lambda_{i,n_i}V_{i,n_i}+\delta_{i,n_i}) \\
&= -\sum_{i=1}^{N}\lambda_{i,n_i}V_{i,n_i}+\sum_{i=1}^{N}\sum_{j=1}^{n_i}(g_{i,j}N(\zeta_{i,j})\dot{\zeta}_{i,j}+\dot{\zeta}_{i,j})+ \\
&\quad \sum_{i=1}^{N}\sum_{j=1}^{n_i}\left(\frac{1}{4k_{i,j}}\bar{\varepsilon}_{i,j}^{2}+\frac{\eta_{i,j}}{2}\boldsymbol{\theta}_{i,j}^{*\mathrm{T}}\boldsymbol{\Lambda}_{i,j}^{-1}\boldsymbol{\theta}_{i,j}^{*}\right)+ \\
&\quad \sum_{i=1}^{N}\frac{\gamma_i}{2}\bar{\boldsymbol{\theta}}_{i}^{*\mathrm{T}}\bar{\boldsymbol{\Lambda}}_{i}^{-1}\bar{\boldsymbol{\theta}}_{i}^{*}+\sum_{i=1}^{N}\left(\sum_{j=1}^{n_i}\frac{1}{4l_{i,j}}f_{i,j}^{2}-\frac{z_{i,n_i}^{2}}{\omega_i^2+z_{i,n_i}^{2}}\bar{\boldsymbol{\theta}}_{i}^{*\mathrm{T}}\bar{\boldsymbol{\varphi}}_{i}(\boldsymbol{x}_i)\right)
\end{aligned}
\tag{4-195}
$$

在假设4.7中，我们对互联项 $f_{i,j}(\boldsymbol{X})$ 进行了如下假设(式(4－160))：

$$
|f_{i,j}(\boldsymbol{X})|\leqslant\sum_{q=1}^{N}\beta_{i,j,q}|\varphi_{i,j,q}(\boldsymbol{x}_q)|
$$

根据该假设分析式(4－195)中的互联项，可以得到：

$$
\sum_{j=1}^{n_i}\frac{1}{4l_{i,j}}f_{i,j}^{2}\leqslant\sum_{j=1}^{n_i}\sum_{q=1}^{N}\beta_{i,j,q}^{2}\varphi_{i,j,q}^{2}(x_q)
\tag{4-196}
$$

进一步，可以计算得到：

$$
\begin{aligned}
&\sum_{i=1}^{N}\left[\sum_{j=1}^{n_i}\frac{1}{4l_{i,j}}f_{i,j}^{2}-\frac{z_{i,n_i}^{2}}{\omega_i^2+z_{i,n_i}^{2}}\bar{\boldsymbol{\theta}}_{i}^{*\mathrm{T}}\bar{\boldsymbol{\varphi}}_{i}(\boldsymbol{x}_i)\right] \\
\leqslant&\sum_{i=1}^{N}\left[\sum_{j=1}^{n_i}\sum_{q=1}^{N}\beta_{i,j,q}^{2}\varphi_{i,j,q}^{2}(x_q)-\frac{z_{i,n_i}^{2}}{\omega_i^2+z_{i,n_i}^{2}}\bar{\boldsymbol{\theta}}_{i}^{*\mathrm{T}}\bar{\boldsymbol{\varphi}}_{i}(\boldsymbol{x}_i)\right] \\
\leqslant&\sum_{i=1}^{N}\left[F_i-\frac{z_{i,n_i}^{2}}{\omega_i^2+z_{i,n_i}^{2}}\bar{\boldsymbol{\theta}}_{i}^{*\mathrm{T}}\bar{\boldsymbol{\varphi}}_{i}(\boldsymbol{x}_i)\right] \\
\leqslant&\sum_{i=1}^{N}\left[\frac{\omega_i^{2}}{\omega_i^2+z_{i,n_i}^{2}}\bar{\boldsymbol{\theta}}_{i}^{*\mathrm{T}}\bar{\boldsymbol{\varphi}}_{i}(\boldsymbol{x}_i)+\mu_i\right] \\
\leqslant&\sum_{i=1}^{N}\left(\frac{\omega_i^{2}}{\omega_i^2+z_{i,n_i}^{2}}\|\bar{\boldsymbol{\theta}}_{i}^{*}\|+\bar{\mu}_i\right)
\end{aligned}
\tag{4-197}
$$

式中，$F=\sum_{j=1}^{n_i}\sum_{q=1}^{N}\beta_{q,j,i}^{2}\varphi_{q,j,i}^{2}(x_i)$ 是未知非线性函数；μ_i 是逼近误差，且存在常数 $\bar{\mu}_i$ 使得 $|\mu_i|\leqslant\bar{\mu}_i$. 根据模糊逻辑系统定义可得，存在常数 Φ_i 使不等式 $\frac{\omega_i^{2}}{\omega_i^2+z_{i,n_i}^{2}}\|\bar{\boldsymbol{\theta}}_{i}^{*}\|+\bar{\mu}_i\leqslant\Phi_i$ 成立．所以，可以得到：

$$\begin{aligned}\dot{V}\leqslant&-\sum_{i=1}^{N}\lambda_{i,n_i}V_{i,n_i}+\sum_{i=1}^{N}\sum_{j=1}^{n_i}(g_{i,j}N(\zeta_{i,j})\dot{\zeta}_{i,j}+\dot{\zeta}_{i,j})+\\&\sum_{i=1}^{N}\sum_{j=1}^{n_i}(\frac{1}{4k_{i,j}}\bar{\varepsilon}_{i,j}^{2}+\frac{\eta_{i,j}}{2}\boldsymbol{\theta}_{i,j}^{*\mathrm{T}}\boldsymbol{\Lambda}_{i,j}^{-1}\boldsymbol{\theta}_{i,j}^{*})+\\&\sum_{i=1}^{N}\frac{\gamma_i}{2}\bar{\boldsymbol{\theta}}_i^{*\mathrm{T}}\bar{\boldsymbol{\Lambda}}_i^{-1}\bar{\boldsymbol{\theta}}_i^{*}+\sum_{i=1}^{N}\Phi_i\\\leqslant&-\lambda V+\sum_{i=1}^{N}\sum_{j=1}^{n_i}(g_{i,j}N(\zeta_{i,j})\dot{\zeta}_{i,j}+\dot{\zeta}_{i,j})+\delta\end{aligned}\tag{4-198}$$

式中，常数 $\lambda=\min\{\lambda_{i,1},\cdots,\lambda_{i,n_i}\}$；常数 $\delta=\sum_{i=1}^{N}\sum_{j=1}^{n_i}(\frac{1}{4k_{i,j}}\bar{\varepsilon}_{i,j}^{2}+\frac{\eta_{i,j}}{2}\boldsymbol{\theta}_{i,j}^{*\mathrm{T}}\boldsymbol{\Lambda}_{i,j}^{-1}\boldsymbol{\theta}_{i,j}^{*})+\sum_{i=1}^{N}\frac{\gamma_i}{2}\bar{\boldsymbol{\theta}}_i^{*\mathrm{T}}\bar{\boldsymbol{\Lambda}}_i^{-1}\bar{\boldsymbol{\theta}}_i^{*}+\sum_{i=1}^{N}\Phi_i$.

对式(4-198)在区间[0,t)进行积分运算，可得：

$$\begin{cases}\dot{V}\leqslant-\lambda V+\sum_{i=1}^{N}\sum_{j=1}^{n_i}(g_{i,j}N(\zeta_{i,j})\dot{\zeta}_{i,j}+\dot{\zeta}_{i,j})+\delta\\\dfrac{\mathrm{d}(\mathrm{e}^{\lambda t}V)}{\mathrm{d}t}\leqslant\sum_{i=1}^{N}\sum_{j=1}^{n_i}(g_{i,j}N(\zeta_{i,j})\dot{\zeta}_{i,j}+\dot{\zeta}_{i,j})\mathrm{e}^{\lambda t}+\delta\mathrm{e}^{\lambda t}\\V\leqslant V(0)\mathrm{e}^{-\lambda t}+\sum_{i=1}^{N}\sum_{j=1}^{n_i}\int_0^t(g_{i,j}N(\zeta_{i,j})\dot{\zeta}_{i,j}+\dot{\zeta}_{i,j})\mathrm{e}^{-\lambda(t-\tau)}\mathrm{d}\tau+\dfrac{1}{\lambda}\delta-\dfrac{1}{\lambda}\delta\mathrm{e}^{-\lambda t}\end{cases}\tag{4-199}$$

由定理4.3可得，V 有界，即 $z_{i,j}$，$\theta_{i,j}$，$\bar{\theta}_i$ 有界．进一步分析，由式子可以得到 $\tau_{i,j}(j=1,\cdots,n_i-1)$，$u_i$ 和状态量 $x_{i,j}$ 有界，确保了系统内所有信号有界；同时，跟踪误差可以收敛在0的足够小的邻域内，实现了跟踪控制的目标．

5. 仿真分析

在本节中，我们将通过仿真实验来验证设计的分散式控制输入的有效性，被控对象为由多电机系统组成的互联系统，其数学模型如下：

$$\begin{cases}\dot{x}_{i1}=x_{i2}+f_{i1}\\\dot{x}_{i2}=g_{i2}u_i+\psi_{i2}(\boldsymbol{x}_i)+f_{i2}\\y_i=x_{i1},i=1,2\end{cases}\tag{4-200}$$

式中，$x_{i1}=\theta_i$ 是电机转动的角度；$x_{i2}=\omega_i$ 是电机转动的角速度；$g_{i2}=a_i\dfrac{1}{J}$，$a_i=+1$ 或 -1 是未知控制系数，由未知控制方向 a_i 和未知转动惯量 J 组成；$\psi_{i2}(\boldsymbol{x}_i)$ 是未知的非线性函数；f_{ij} 是互联项．$g_i=[2,\sin t+1.5]^{\mathrm{T}}$，$\psi_{12}=x_{11}x_{12}$，$\psi_{22}=\sin(x_{21},x_{22})$．式(4-200)中的一些变量($f_{i1}$，$f_{i2}$)的全局形式如：$\boldsymbol{f}_1=[0.5x_{12}x_{12},-0.5x_{21}x_{22}]^{\mathrm{T}}$，$\boldsymbol{f}_2=[-0.5\sin x_{21}x_{22},0.5\sin x_{11}x_{12}]^{\mathrm{T}}$，参考信号为 $y_{ri}=\sin 2t$；变量初始值我们设置为 $\zeta_i(0)=0$，$x_{ij}(0)=1$；模糊

逻辑系统中隶属度函数我们选择为 $\mu_{F_{i,j}}^{k}(x_{ij})=\exp[-0.5(x_{i,j}-3+k)^2]$，$k=1,\cdots,5$，模糊逻辑参数 θ_{ij} 和 $\bar{\theta}_i$ 初始值为 0；$i=1,2$ 且 $j=1,2$.

基于 4.5.4 节中设计的控制输入(式(4-186))、虚拟控制输入(式(4-177))、参数更新律(式(4-192)、式(4-193))，构造分散式自适应控制器，设计参数选取为 $c_{i,1}=k_{i,1}=l_{i,1}=10$，$c_{i,2}=k_{i,2}=l_{i,2}=0.5$，$\omega_1=1$，$\gamma_i=0.1$，$\rho_{i,2}=1$，$\Lambda_{i,j}=I$，$\bar{\Lambda}_i=10I$，$i=1,2$ 且 $j=1,2$.

仿真结果如图 4-23—图 4-27 所示．图 4-23 展示了系统输出的变化曲线，从图中可以看到两个子系统的输出 y_1 和 y_2 最终都很好地跟踪了参考信号．图 4-24 展示了各子系统的跟踪误差，最终都收敛到 0 的邻域内．图 4-25 展示了两个子系统的控制输入 u_1 和 u_2 的变化曲线．图 4-26 和图 4-27 分别展示了参数更新率的变化曲线．仿真结果表明，我们设计的分散式自适应控制器可以使互联系统跟踪参考信号，证实了该控制方法的有效性.

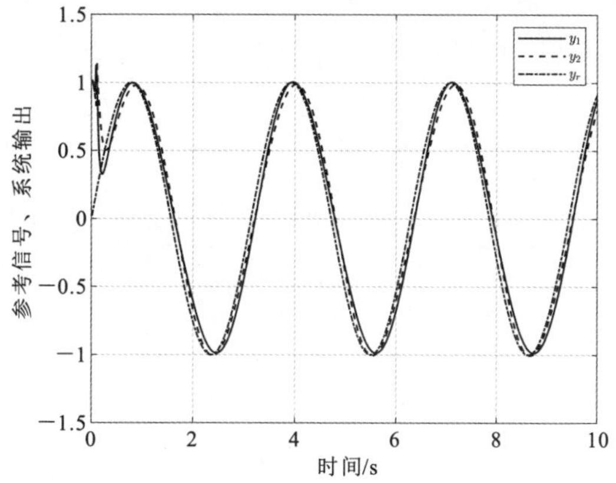

图 4-23 系统输出变化曲线

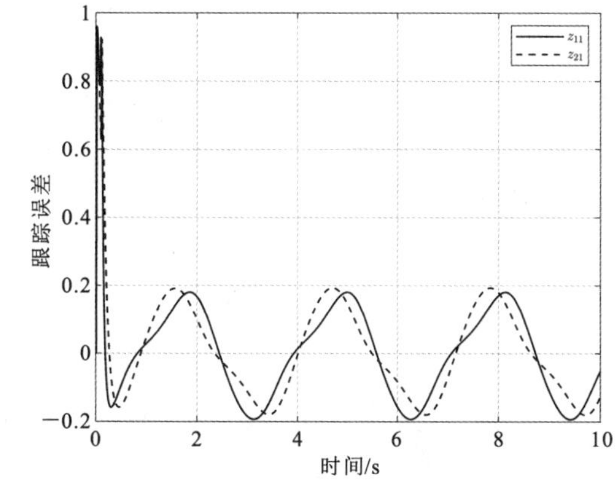

图 4-24 跟踪误差变化曲线

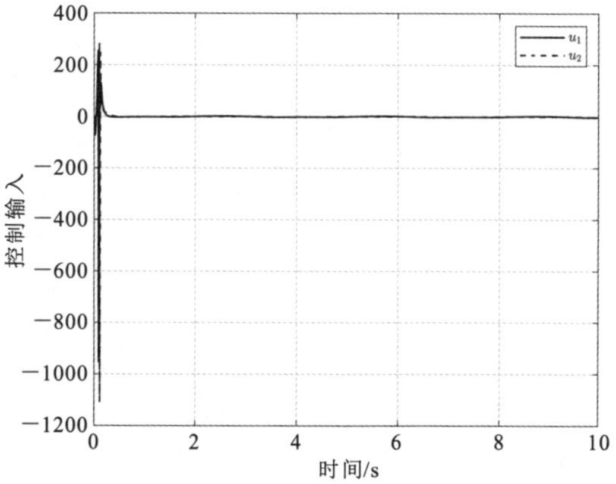

图 4-25 控制输入变化曲线

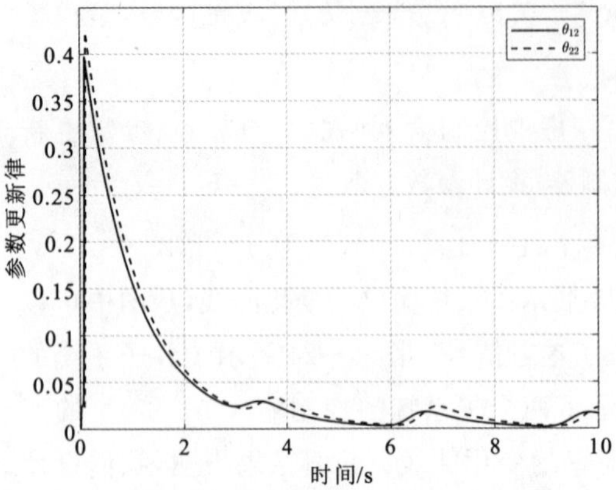

图 4-26　参数更新率(θ_{12}、θ_{22})变化曲线

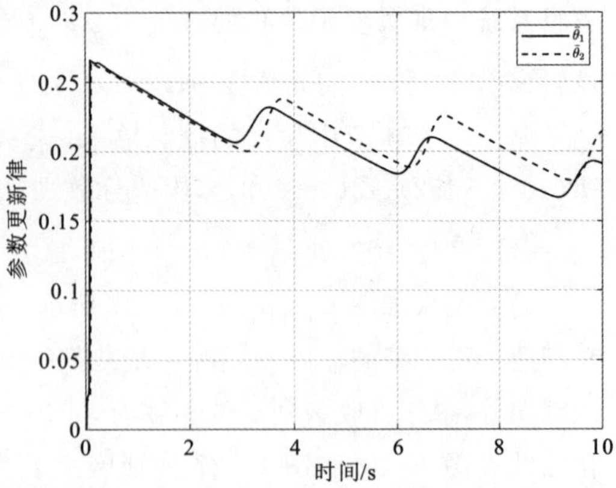

图 4-27　参数更新率($\bar{\theta}_1$、$\bar{\theta}_2$)变化曲线

第 5 章 混杂系统的自适应控制

5.1 二阶系统的自适应输入量化控制

5.1.1 引言

量化是指将信号的连续取值近似为有限多个离散值的过程．量化主要应用于从连续信号到数字信号的转换．连续信号经过采样成为离散信号，离散信号经过量化成为数字信号．离散信号通常情况下并不需要经过量化，但它可能在值域上并不离散，所以有些还是需要经过量化，信号的采样和量化通常都是由 ADC(analog - to - digital converter，模/数转换器)实现的．随着信息技术的不断发展，控制系统的应用范围不断扩大．控制系统的信号在通过通信信道传输之前均需要被量化．含有量化信号控制系统的研究最近引起了控制界的极大兴趣(Zhou et al.，2017，2018，2019；Su et al.，2017；Wang et al.，2017)．图 5 - 1 是一个典型的量化状态反馈控制系统的框图．

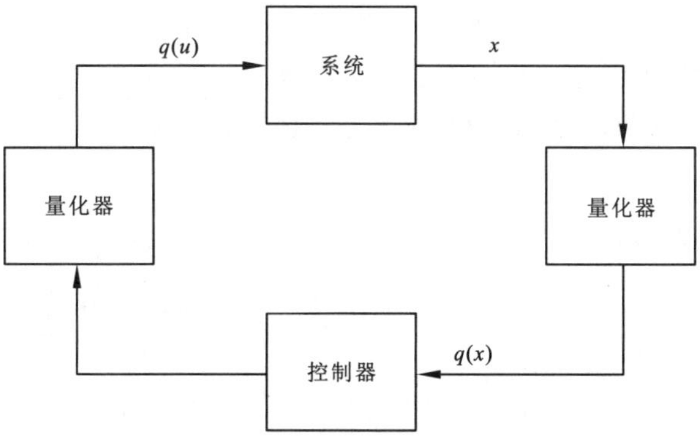

图 5 - 1 典型量化状态反馈控制系统

5.1.2 自适应输入量化控制

最近几年,线性系统和非线性系统的量化控制已经得到了广泛发展．在数字控制和含有信息约束的控制研究中,量化控制都具有理论和实际的意义．在量化控制系统中,常常对控制输入或输出进行量化,这些都是从连续空间到有限集合的不连续映射．

本节针对存在输入量化的不确定非线性系统,提出了一种新的自适应控制器．控制信号由一类扇区有界量化器进行量化,包括均匀量化器、对数量化器和迟滞量化器．为了清楚地说明我们的方法,我们将从一类单输入单输出非线性系统开始,然后将结果推广到多输入多输出非线性系统．通过构造一种新的输入量化补偿技术,利用反步法,提出了一种新的自适应控制算法．

1. 系统模型介绍

为了详细说明量化控制的思想,我们首先引入以下二阶系统：

$$\begin{cases}\dot{x}_1 = x_2 + \boldsymbol{\varphi}_1^{\mathrm{T}}(x_1)\boldsymbol{\theta} \\ \dot{x}_2 = q(u(t)) + \boldsymbol{\varphi}_2^{\mathrm{T}}(x_1, x_2)\boldsymbol{\theta} \\ y = x_1(t)\end{cases} \tag{5-1}$$

式中,$x_1, x_2 \in \mathbf{R}^1$ 是系统的状态;$u(t) \in \mathbf{R}^1$ 和 $y(t) \in \mathbf{R}^1$ 分别是系统的输入和输出信号;$\boldsymbol{\theta} \in \mathbf{R}^r$ 是一个未知的常数向量;$\boldsymbol{\varphi}_1 \in \mathbf{R}^r$ 和 $\boldsymbol{\varphi}_2 \in \mathbf{R}^r$ 是已知的非线性函数,$q(u(t))$表示量化器．

控制目标是为 $u(t)$设计一种反馈控制输入,保证所有闭环信号都有界．

假设 5.1:参考信号 $y_r(t)$及其 n 阶导数是已知且有界的．

2. 几种常见的量化器

量化器满足如下基本性质：

$$|q(u) - u| \leqslant \delta |u| + u_{\min} \tag{5-2}$$

式中,$0<\delta<1$ 是量化器的界;$u_{\min}>0$ 是量化器参数．大多数实际的量化器,如下面所示的均匀量化器、对数量化器和迟滞量化器,均满足式(5-2)的性质．

1)均匀量化器

均匀量化器的模型为：

$$q(u) = \begin{cases} u_i \operatorname{sgn}(u), & u_i - \dfrac{l}{2} < |u| < u_i + \dfrac{l}{2} \\ 0, & |u| \leqslant u_0 \end{cases} \tag{5-3}$$

式中,$u_0>0$,$u_1 = u_0 + \dfrac{l}{2}$,$u_i = u_{i-1} + l$,$i=2,\cdots n$;l 是量化区间的长度;$q(u)$属于集合 $U = \{0, \pm u_i\}$．

显然,式(5-2)满足$|q(u)-u| \leqslant u_{\min} = \max\{u_0, l\}$,其示意图如图 5-2 所示．

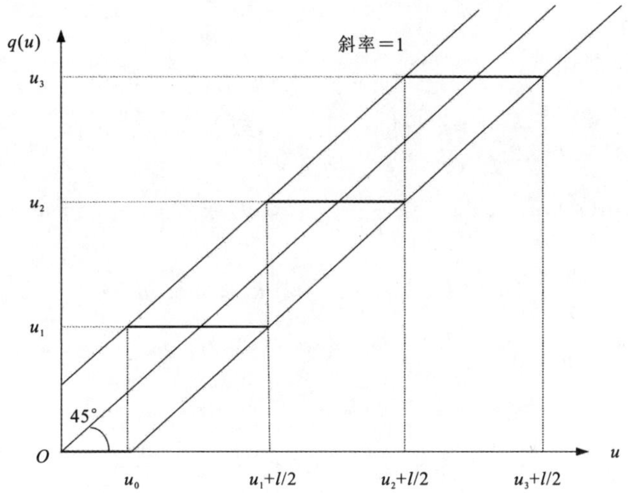

图 5-2 均匀量化器 $q(u)$ 的示意图

2)对数量化器

对数量化器的模型为：

$$q(u)=\begin{cases} u_i\,\mathrm{sgn}(u), & \dfrac{u_i}{1+\delta}<|u|\leqslant\dfrac{u_i}{1-\delta}, \\ 0, & |u|\leqslant\dfrac{u_{\min}}{1+\delta} \end{cases} \tag{5-4}$$

式中，$u_i=\rho^{(1-i)}u_{\min}$，$i=1,2,\cdots n$，参数 $\rho=\dfrac{1-\delta}{1+\delta}$，$0<\delta<1$.

$q(u)$ 属于集合 $U=\{0,\pm u_i\}$，$u_{\min}>0$ 决定了 $q(u)$ 的死区大小．对数量化器的示意图如图 5-3 所示．

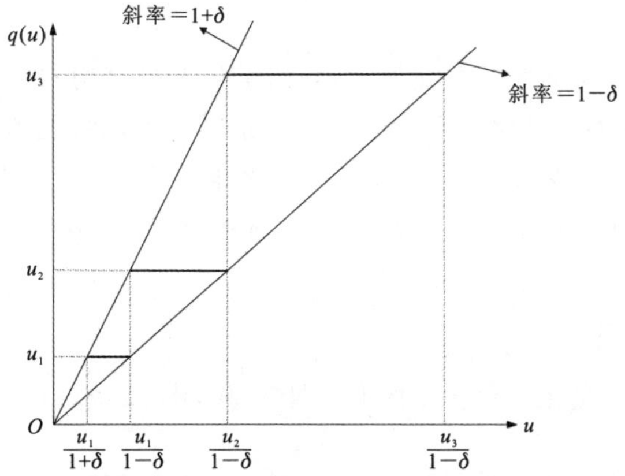

图 5-3 对数量化器 $q(u)$ 示意图

3)迟滞量化器

迟滞量化器的模型如下：

$$q(u)=\begin{cases} u_i\operatorname{sgn}(u), & \dfrac{u_i}{1+\delta}<|u|\leqslant u_i,\dot{u}<0,\text{或者 } u_i<|u|\leqslant\dfrac{u_i}{1-\delta},\dot{u}>0 \\ u_i(1+\delta)\operatorname{sgn}(u), & u_i<|u|\leqslant\dfrac{u_i}{1-\delta},\dot{u}<0,\text{或者}\dfrac{u_i}{1-\delta}<|u|\leqslant\dfrac{u_i(1+\delta)}{(1-\delta)},\dot{u}>0 \\ 0, & 0\leqslant|u|<\dfrac{u_{\min}}{1+\delta},\dot{u}<0,\text{或者}\dfrac{u_{\min}}{1+\delta}\leqslant u\leqslant u_{\min},\dot{u}>0 \\ q(u(t^-)), & \dot{u}=0 \end{cases} \tag{5-5}$$

式中，$u_i=\rho^{(1-i)}u_{\min}$，$i=1,2,\cdots n$，参数 $u_{\min}>0$，$0<\rho<1$，$\rho=\dfrac{1-\delta}{1+\delta}$.

$q(u)$属于集合 $U=\{0,\pm u_i,\pm u_i(1+\delta)\}$．迟滞量化器的示意图如图 5-4 所示．

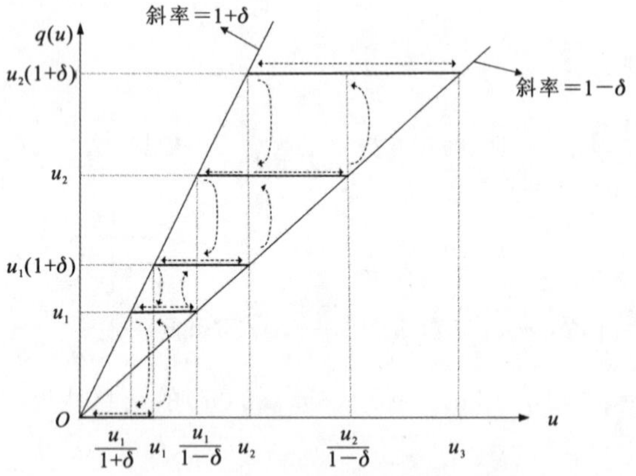

图 5-4　迟滞量化器 $q(u)$示意图

值得注意的是，上述所介绍的量化器中，均匀量化器具有均匀间隔的量化等级，对数量化器和迟滞量化器属于不等量化水平的非均匀量化器．均匀量化器是最粗糙的量化器，它使通信的平均速率最小化，易于实现．与对数量化器相比，迟滞量化器具有额外的量化级别，通常用于消除实际工程中的抖振．如图 5-4 所示，当 $q(u)$从一个值转换为另一个值时，在发生新的转换之前，会有一段停留时间．

3. 自适应控制器设计

在本节中，我们将为量化参数已知的非线性不确定性系统设计自适应反步反馈控制输入．首先令

$$\begin{cases} z_1=x_1 \\ z_2=x_2-\alpha_1 \end{cases} \tag{5-6}$$

式中，α_1 是虚拟控制输入，将在后面的讨论中确定．设计如下．

步骤 1　考虑 x_2 为一个控制变量，对 z_1 进行求导，可以得到：

$$\dot{z}_1 = z_2 + \alpha_1 + \boldsymbol{\varphi}_1^{\mathrm{T}} \boldsymbol{\theta} \tag{5-7}$$

设计的第一个虚拟控制输入和参数更新律为：

$$\begin{cases} \alpha_1 = -c_1 z_1 - \boldsymbol{\varphi}_1^{\mathrm{T}} \hat{\boldsymbol{\theta}} \\ \dot{\hat{\boldsymbol{\theta}}}_1 = \boldsymbol{\Gamma} \boldsymbol{\varphi}_1 z_1 \end{cases} \tag{5-8}$$

式中，$\hat{\boldsymbol{\theta}}_1$ 是 $\boldsymbol{\theta}$ 的估计值；c_1 是一个正的常数；且 $\boldsymbol{\Gamma}$ 是一个正定矩阵．我们考虑如下 Lyapunov 函数：

$$V_1 = \frac{1}{2} z_1^2 + \frac{1}{2} \tilde{\boldsymbol{\theta}}_1^{\mathrm{T}} \boldsymbol{\Gamma}^{-1} \tilde{\boldsymbol{\theta}}_1 \tag{5-9}$$

式中，$\tilde{\boldsymbol{\theta}}_1 = \boldsymbol{\theta} - \hat{\boldsymbol{\theta}}_1$．然后对 V_1 求导可以得到：

$$\begin{aligned} \dot{V}_1 &= z_1 \dot{z}_1 - \tilde{\boldsymbol{\theta}}^{\mathrm{T}} \boldsymbol{\Gamma}^{-1} \dot{\hat{\boldsymbol{\theta}}} \\ &= -c_1 z_1^2 + z_1 z_2 - \tilde{\boldsymbol{\theta}}^{\mathrm{T}} (\boldsymbol{\Gamma}^{-1} \dot{\hat{\boldsymbol{\theta}}}_1 - \boldsymbol{\tau}_1) \end{aligned} \tag{5-10}$$

为了克服由过度参数化而造成的问题(见第 1 章)，我们定义如下调谐函数：

$$\boldsymbol{\tau}_1 = \boldsymbol{\varphi}_1 z_1 \tag{5-11}$$

步骤 2　设计如下控制输入：

$$u = -\tanh\left(\frac{z_2 u_2}{\lambda}\right) u_2 \tag{5-12}$$

$$u_2 = \frac{1}{1-\delta}\left(-\alpha_2 + \mu \tanh\left(\mu \frac{z_2}{\lambda}\right)\right) \tag{5-13}$$

根据反步法设计为如下形式：

$$\alpha_2 = -c_1 z_1 - z_1 + \frac{\partial \alpha_1}{\partial x_1} x_2 - \left(\boldsymbol{\varphi}_2 - \frac{\partial \alpha_1}{\partial x_1} \boldsymbol{\varphi}_1\right)^{\mathrm{T}} \hat{\boldsymbol{\theta}} + \frac{\partial \alpha_1}{\partial \hat{\boldsymbol{\theta}}} \boldsymbol{\Gamma} (\boldsymbol{\tau}_2 - l_0 (\hat{\boldsymbol{\theta}} - \boldsymbol{\theta}_0)) \tag{5-14}$$

$$\dot{\hat{\boldsymbol{\theta}}} = \boldsymbol{\Gamma} \boldsymbol{\varphi}_1 z_1 - \boldsymbol{\Gamma} l_0 (\hat{\boldsymbol{\theta}} - \boldsymbol{\theta}_0) \tag{5-15}$$

式中，$\boldsymbol{\tau}_2 = \boldsymbol{\tau}_1 + (\boldsymbol{\varphi}_2 - \frac{\partial \alpha_1}{\partial x_1} \boldsymbol{\varphi}_1 - \frac{\partial \alpha_1}{\partial x_2} \boldsymbol{\varphi}_2)$；$l_0$ 是一个常数．

4. 稳定性分析

考虑如下 Lyapunov 函数：

$$V_2 = V_1 + \frac{1}{2} z_2^2 + \frac{1}{2} \tilde{\boldsymbol{\theta}}_2^{\mathrm{T}} \boldsymbol{\Gamma}^{-1} \tilde{\boldsymbol{\theta}}_2 \tag{5-16}$$

式中，$\tilde{\boldsymbol{\theta}}_2 = \boldsymbol{\theta} - \hat{\boldsymbol{\theta}}_2$．

然后对 V_2 求导：

$$\dot{V}_2 \leqslant \dot{V}_1 + z_n (q(u) + \boldsymbol{\theta}^{\mathrm{T}} \boldsymbol{\varphi}_2 - \frac{\partial \alpha_1}{\partial \hat{\boldsymbol{\theta}}} \dot{\hat{\boldsymbol{\theta}}} - \frac{\partial \alpha_1}{\partial x_1} (x_2 + \boldsymbol{\theta}^{\mathrm{T}} \boldsymbol{\varphi}_1)) \tag{5-17}$$

使用我们设计的控制输入,可得:

$$\begin{aligned} z_2 q(u) &\leqslant z_2 u + \delta \mid z_2 u \mid + u_{\min} \mid z_2 \mid \\ &\leqslant - z_2 u_2 \tanh\left(\frac{z_2 u_2}{\lambda}\right) + \delta \mid z_2 u_2 \tanh\left(\frac{z_2 u_2}{\lambda}\right) \mid + u_{\min} \mid z_2 \mid \\ &\leqslant -(1-\delta) z_2 u_2 \tanh\left(\frac{z_2 u_2}{\lambda}\right) + u_{\min} \mid z_2 \mid \\ &\leqslant -(1-\delta) \mid z_2 u_2 \mid + u_{\min} \mid z_2 \mid + \varepsilon_1 \\ &\leqslant -(1-\delta) z_2 u_2 + \mu \mid z_2 \mid + \varepsilon_1 \end{aligned} \tag{5-18}$$

式中,$\varepsilon_1 = 0.278\ 5\lambda(1-\delta)$. 使用 Polycarpou 等(1996)提出的性质:$|x| - x\tanh\left(\frac{x}{\lambda}\right) \leqslant 0.278\ 5\lambda$,再结合第二步中我们设计的控制输入和虚拟控制输入 α_2. 则 V_2 的导数满足:

$$\begin{aligned} \dot{V}_2 &\leqslant \dot{V}_1 + z_2\left(\alpha_2 + \boldsymbol{\theta}^{\mathrm{T}}\boldsymbol{\varphi}_n - \frac{\partial \alpha_1}{\partial \hat{\boldsymbol{\theta}}}\dot{\hat{\boldsymbol{\theta}}} - \frac{\partial \alpha_1}{\partial x_1}(x_2 + \boldsymbol{\theta}^{\mathrm{T}}\boldsymbol{\varphi}_1)\right) - \mu z_2 \tanh\left(\frac{\mu z_2}{\lambda}\right) + \mu \mid z_2 \mid + \varepsilon_1 \\ &\leqslant -c_1 z_1^2 - c_2 z_2^2 + \tilde{\boldsymbol{\theta}}^{\mathrm{T}}(\tau_2 - \boldsymbol{\Gamma}^{-1}\dot{\hat{\boldsymbol{\theta}}}) + \left(\frac{\partial \alpha_1}{\partial \hat{\boldsymbol{\theta}}} z_2\right)(\boldsymbol{\Gamma} z_2 - \boldsymbol{\Gamma} l_0(\hat{\boldsymbol{\theta}} - \boldsymbol{\theta}_0) - \dot{\hat{\boldsymbol{\theta}}}) + \varepsilon_2 \\ &\leqslant -c_1 z_1^2 - c_2 z_2^2 - \frac{1}{2} l_0 \|\tilde{\boldsymbol{\theta}}\|^2 + \varepsilon_2 + \frac{1}{2} l_0 \|\boldsymbol{\theta} - \boldsymbol{\theta}_0\|^2 \\ &\leqslant -F_1 V_2 + M_1 \end{aligned} \tag{5-19}$$

式中,$\varepsilon_2 = 0.278\ 5\lambda(2-\delta) \leqslant 0.557\lambda$,且以下性质被用到:

$$l_0 \tilde{\boldsymbol{\theta}}(\hat{\boldsymbol{\theta}} - \boldsymbol{\theta}_0) \leqslant -\frac{1}{2} l_0 \|\tilde{\boldsymbol{\theta}}\|^2 + \frac{1}{2} l_0 \|(\boldsymbol{\theta} - \boldsymbol{\theta}_0)\|^2 \tag{5-20}$$

通过对积分不等式直接积分,我们可以得到:

$$U_n \leqslant U_n(0)\mathrm{e}^{-F_1 t} + \frac{M_1}{F_1}(1 - \mathrm{e}^{-F_1 t}) \tag{5-21}$$

考虑由输入量化的被控对象(式(5-1))、虚拟控制输入(式(5-8)、式(5-14))自适应控制器(式(5-12))、更新律的参数估计器(式(5-15))组成的闭环自适应系统,系统中所有信号均是全局有界性.

5.2 二阶系统的自适应状态量化控制

5.2.1 引言

状态量化系统的反馈控制近年来引起了越来越多的关注. 对于具有状态量化的控制系统,状态由量化器处理. 量化器是连续空间到有限集的不连续映射,这种不连续特性可能给控制设计和稳定性分析带来困难.

在大多数已有的研究中，所考虑的系统是完全已知的．在许多实际系统中，总是存在不确定性和非线性因素．因此，考虑不确定非线性系统的控制输入设计更为合理．尽管不确定系统的自适应控制得到了广泛的关注和研究，但目前对状态量化自适应控制的研究还很有限．

反步法自提出以来，已广泛应用于不确定系统的自适应控制器设计．与传统的方法相比，这种方法有许多优点，例如通过调整设计参数能够灵活地改善自适应系统的瞬态性能．反步法由于具有这些优点，使用反步法进行输入量化系统的自适应控制器设计的研究也受到了很大的关注．针对具有状态量化的非线性不确定系统，目前还没有基于反步法的自适应控制结果．在本节中，我们通过介绍一种新的自适应控制器和一种新的稳定性分析方法来解决这一问题．

5.2.2 自适应状态量化控制

1. 系统模型

在本节中，我们考虑一类非线性不确定性系统：

$$x^{(n)}(t)=u(t)+\psi(x,\dot{x},\cdots,x^{(n-1)})+\boldsymbol{\varphi}^{\mathrm{T}}(x,\dot{x},\cdots,x^{(n-1)})\boldsymbol{\theta} \tag{5-22}$$

$$x_{i+1}^{q}=q(x^{(i)}),i=0,1,2,\cdots,n-1 \tag{5-23}$$

式中，$(x(t),\dot{x}(t),\cdots,x^{(n-1)})^{\mathrm{T}}\in\mathbf{R}^n$ 和 $u(t)\in\mathbf{R}^1$ 分别是系统的输入和状态；$\psi\in\mathbf{R}^1$ 和 $\boldsymbol{\varphi}\in\mathbf{R}^r$ 是已知的非线性函数；$\boldsymbol{\theta}\in\mathbf{R}^r$ 是一个未知常数向量；$q(\cdot)$是状态量化器．

上述这类非线性系统在许多文献中都有研究，许多实际的系统都可以转化成这种结构.

在本节中，只有量化过的系统状态$(q(x),q(\dot{x}),\cdots,q(x^{(n-1)}))$是可测的．系统中的反馈控制输入 $u(t)$仅使用量化过的状态，其形式如下：

$$u=u(q(x),q(\dot{x}),\cdots,q(x^{(n-1)})) \tag{5-24}$$

为了方便控制输入的设计，还作出了以下假设：

假设 5.2：函数 ψ 和 $\boldsymbol{\varphi}$ 满足全局 Lipschitz 条件：

$$|\psi(\boldsymbol{y}_1)-\psi(\boldsymbol{y}_2)|\leqslant L_{\psi}\|\boldsymbol{y}_1-\boldsymbol{y}_2\| \tag{5-25}$$

$$\|\boldsymbol{\varphi}(\boldsymbol{y}_1)-\boldsymbol{\varphi}(\boldsymbol{y}_2)\|\leqslant L_{\varphi}\|\boldsymbol{y}_1-\boldsymbol{y}_2\| \tag{5-26}$$

式中，L_{ψ} 和 L_{φ} 是常数；$\boldsymbol{y}_1,\boldsymbol{y}_2$ 是实向量；范数 $\|\cdot\|$ 的定义为对于向量 $\boldsymbol{k}=[k_1,\cdots,k_m]^{\mathrm{T}}$ $\|\boldsymbol{k}\|=(\sum_{j=1}^{m}\boldsymbol{k}_j^2)^{\frac{1}{2}}$ 成立；$|\cdot|$表示一个标量的绝对值．

假设 5.3：只有量化过的状态$(q(x),q(\dot{x}),\cdots,q(x^{(n-1)}))$是可测的且可被用于控制输入设计，而不是使用状态$(x,\dot{x},\cdots,x^{(n-1)})$.

控制目标是针对系统（式(5-22)），通过使用量化过的状态$(q(x),q(\dot{x}),\cdots,q(x^{(n-1)}))$设计一个自适应控制器 u 使得闭环系统全局一致有界．

2. 量化器

量化器满足如下基本性质：

$$|q(x)-x|\leqslant\delta \tag{5-27}$$

式中，$0<\delta<1$ 是量化器的界，几种常见的量化器已在 5.1.2 节中介绍，这里不再赘述．

3. 自适应反步法控制

为了采用反步法设计控制输入，将系统（式(5-22)）重写为如下形式：

$$\begin{cases}\dot{x}_1=x_2\\ \dot{x}_2=u(t)+\psi(x_1,x_2)+\boldsymbol{\theta}^{\mathrm{T}}\boldsymbol{\varphi}(x_1,x_2)\end{cases} \tag{5-28}$$

式中，$x_1=x,x_2=\dot{x},$，系统状态$(x_1,x_2)\in\mathbf{R}$是被量化器量化过的且满足式(5-27)．

1)当系统状态未被量化

如果系统状态 $x_i,i=1,2,\cdots,n$ 还未被量化，那么令

$$z_1(x_1)=x_1 \tag{5-29}$$

$$z_2(x_1,x_2)=x_2-\alpha_1 \tag{5-30}$$

式中，α_1 是虚拟控制输入，其将由后续的设计步骤来决定．

步骤 1　根据反步法的设计步骤，我们选择：

$$\alpha_1(x_1)=-c_1z_1(x_1) \tag{5-31}$$

$$\begin{aligned}\alpha_2(x_1,x_2)&=-c_2z_2-z_1-\dot{\alpha}_1\\&=-c_2z_2-z_1+\frac{\partial\alpha_1}{\partial x_1}x_2\end{aligned} \tag{5-32}$$

式中，c_1,c_2 是正的设计参数；$\dfrac{\partial\alpha_{i-1}}{\partial x_k}$是常数且视 $c_1,\cdots,c_{i-1}$ 而定．例如：

$$\frac{\partial\alpha_1}{\partial x_1}=\frac{\partial\alpha_1}{\partial z_1}\frac{\partial z_1}{\partial x_1}=-c_1 \tag{5-33}$$

$$\frac{\partial\alpha_2}{\partial x_1}=-c_2\frac{\partial z_2}{\partial x_1}-\frac{\partial z_1}{\partial x_1}=-c_2c_1-1 \tag{5-34}$$

$$\frac{\partial\alpha_2}{\partial x_2}=-c_2\frac{\partial z_2}{\partial x_2}+\frac{\partial\alpha_1}{\partial x_1}=-c_2-c_1 \tag{5-35}$$

考虑 Lyapunov 函数：

$$V_1=\frac{1}{2}z_1^2 \tag{5-36}$$

然后对其求导，得：

$$\dot{V}_1=-c_1z_1^2+z_1z_2 \tag{5-37}$$

步骤 2　当系统状态未被量化时，虚拟控制输入 $\alpha_2(x_1,x_2)$被设计为：

$$\begin{aligned}\alpha_2(x_1,x_2)&=-c_2z_2-z_1-\dot{\alpha}_1\\&=-c_2z_2-z_1+\frac{\partial\alpha_1}{\partial x_1}x_2\end{aligned} \tag{5-38}$$

式中，c_2 是一个正的设计参数．

最终的控制输入设计为：

$$u(t)=\alpha_2-\psi(x_1,x_2)-\hat{\boldsymbol{\theta}}^{\mathrm{T}}\boldsymbol{\varphi}(x_1,x_2) \tag{5-39}$$

$$\dot{\hat{\boldsymbol{\theta}}}=\boldsymbol{\Gamma}\boldsymbol{\varphi}(x_1,x_2)z_2 \tag{5-40}$$

式中，$\boldsymbol{\Gamma}$ 是一个正定矩阵；$\hat{\boldsymbol{\theta}}$ 是 $\boldsymbol{\theta}$ 的估计值．

考虑以下 Lyapunov 函数：

$$V=\frac{1}{2}z_1^2+\frac{1}{2}z_2^2+\tilde{\boldsymbol{\theta}}^{\mathrm{T}}\boldsymbol{\Gamma}^{-1}\tilde{\boldsymbol{\theta}} \tag{5-41}$$

式中，$\tilde{\boldsymbol{\theta}}=\boldsymbol{\theta}-\hat{\boldsymbol{\theta}}$，然后对 Lyapunov 函数求导，可得：

$$\begin{aligned}\dot{V}&=-c_1z_1^2+z_2(\alpha_2-\dot{\alpha}_1+z_1)-\tilde{\boldsymbol{\theta}}^{\mathrm{T}}\boldsymbol{\Gamma}^{-1}\dot{\hat{\boldsymbol{\theta}}}\\&=-c_1z_1^2+\tilde{\boldsymbol{\theta}}^{\mathrm{T}}\boldsymbol{\Gamma}^{-1}(\boldsymbol{\Gamma}\boldsymbol{\varphi}z_2-\dot{\hat{\boldsymbol{\theta}}})\\&=-c_1z_1^2\end{aligned} \tag{5-42}$$

由此得出状态未被量化时的闭环系统是全局渐近稳定的，且根据 Fischer 等(2013)中的 LaSalle 定理，可得到$\lim\limits_{t\to\infty}z_i(t)=0$.

2)当系统状态被量化

当系统状态 $x_i, i=1,2$ 被量化器 $q(x_i)$量化时，选择：

$$\begin{aligned}u(t)&=\bar{\alpha}_2-\bar{\psi}-\boldsymbol{\theta}^{\mathrm{T}}\bar{\boldsymbol{\varphi}}\\&=-c_2z_2-z_1-\psi(q(x_1),q(x_2))-\\&\quad\boldsymbol{\theta}^{\mathrm{T}}\boldsymbol{\varphi}(q(x_1),q(x_2))+\frac{\partial\alpha_1}{\partial x_1}q(x_2)\end{aligned} \tag{5-43}$$

$$\begin{aligned}\dot{\hat{\boldsymbol{\theta}}}&=\boldsymbol{\Gamma}\bar{\boldsymbol{\varphi}}\bar{z}_2-\boldsymbol{\Gamma}k_\theta(\hat{\boldsymbol{\theta}}-\boldsymbol{\theta}_0)\\&=\boldsymbol{\Gamma}\boldsymbol{\varphi}(q(x_1),q(x_2))\bar{z}_2-\boldsymbol{\Gamma}k_\theta(\hat{\boldsymbol{\theta}}-\boldsymbol{\theta}_0)\end{aligned} \tag{5-44}$$

$$\bar{z}_1=q(x_1) \tag{5-45}$$

$$\bar{z}_2=q(x_2)-\bar{\alpha}_1 \tag{5-46}$$

$$\bar{\alpha}_1=-c_1\bar{z}_1 \tag{5-47}$$

$$\bar{\alpha}_2=-c_2\bar{z}_2-\bar{z}_1+\frac{\partial\alpha_1}{\partial x_1}q(x_2) \tag{5-48}$$

式中，c_i、k_θ 和 $\boldsymbol{\theta}_0$ 是正的参数；$\boldsymbol{\Gamma}$ 是一个正定矩阵．

注意，参数更新律式(5-44)中含有形式为 $\boldsymbol{\Gamma}k_\theta(\hat{\boldsymbol{\theta}}-\boldsymbol{\theta}_0)$的附加项．

从后续的稳定性分析中可以看出，采用这种形式后，具有以下特性：

$$k_\theta\tilde{\boldsymbol{\theta}}(\hat{\boldsymbol{\theta}}-\boldsymbol{\theta}_0)\leqslant-\frac{1}{2}k_\theta\|\tilde{\boldsymbol{\theta}}\|^2+\frac{1}{2}k_\theta\|(\boldsymbol{\theta}-\boldsymbol{\theta}_0)\|^2 \tag{5-49}$$

得到的结果有助于进行闭环系统的稳定性分析．与现有工作不同，本节不需要任何关于未知参数界的先验信息．

对于状态量化的系统，状态 x_i 不可测，控制输入只能使用量化状态 $q(x_i)$. 如果我们按照本节中的标准反步控制输入，虚拟控制输入应该是 $-c_2\bar{z}_2-\bar{z}_1+\bar{\alpha}_1$. 注意虚拟控制输入中含有量化状态 $(q(x_1),q(x_2))$，这样就导致了 α_1 的导数是不连续的，给虚拟控制输入的设计带来了困难.

注意最终的控制输入 u 和参数更新律仅使用可测的量化状态 $q(x_i)$，$i=1,2$.

为了保证所有信号的有界性，我们首先建立一些初步的结果，如下面的引理所述.

引理 5.1

$$|\psi(q(x_1),q(x_2))-\psi(x_1,x_2)|\leqslant\Delta_\psi \tag{5-50}$$

$$\|\boldsymbol{\varphi}(q(x_1),q(x_2))-\boldsymbol{\varphi}(x_1,x_2)\|\leqslant\Delta_\varphi \tag{5-51}$$

$$|z_2(q(x_1),q(x_2))-z_2(x_1,x_2)|\leqslant\Delta_{z_2} \tag{5-52}$$

$$|\alpha_2(q(x_1),q(x_2))-\alpha_2(x_1,x_2)|\leqslant\Delta_{\alpha_2} \tag{5-53}$$

式中，Δ_ψ 和 Δ_φ 是正的常数且分别由量化器的界 δ 和 Lipschitz 常数 L_ψ 和 L_φ 而定；Δ_{z_2} 是正的常数，由量化器的界 δ 和控制输入设计参数 (c_1,c_2) 而定；Δ_{α_2} 是正的常数，由量化器的界 δ 和控制输入设计参数 (c_1,c_2) 而定.

证明：由量化器的性质，有：

$$|q(x_i)-x_i|\leqslant\delta \tag{5-54}$$

根据 Lipschitz 条件和假设 5.2，可以得到：

$$\begin{aligned}&|\psi(q(x_1),q(x_2))-\psi(x_1,x_2)|\\&\leqslant L_\psi\|(q(x_1),q(x_2))-(x_1,x_2)\|\\&\leqslant L_\psi\|(\delta,\delta)\|=L_\psi\sqrt{2}\delta=\Delta_\psi\end{aligned} \tag{5-55}$$

$$\begin{aligned}&\|\boldsymbol{\varphi}(q(x_1),q(x_2))-\boldsymbol{\varphi}(x_1,x_2)\|\\&\leqslant L_\varphi\|(q(x_1),q(x_2))-(x_1,x_2)\|\\&\leqslant L_\varphi\|(\delta,\delta)\|=L_\varphi\sqrt{2}\delta=\Delta_\varphi\end{aligned} \tag{5-56}$$

注意到：

$$\begin{aligned}&|\bar{z}_1-z_1(x_1)|\\&=|z_1(q(x_1))-z_1(x_1)|\\&=|q(x_1)-x_1|\leqslant\delta\triangleq\Delta_{z_1}\end{aligned} \tag{5-57}$$

$$\begin{aligned}&|\bar{\alpha}_1-\alpha_1(x_1)|\\&=|\alpha_1(q(x_1))-\alpha_1(x_1)|\\&=|-c_1(\bar{z}_1-z_1)|\leqslant c_1\delta\triangleq\Delta_{\alpha_1}\end{aligned} \tag{5-58}$$

$$\begin{aligned}&|\bar{z}_2-z_2(x_1,x_2)|\\&=|z_2(q(x_1),q(x_2))-z_2(x_1,x_2)|\\&=|q(x_2)-\alpha_1-(x_2-\alpha_1)|\leqslant\delta+\Delta_{\alpha_1}\triangleq\Delta_{z_2}\end{aligned} \tag{5-59}$$

$$\begin{aligned}
&|\bar{\alpha}_2-\alpha_2(x_1,x_2)|\\
&=|\alpha_2(q(x_1),q(x_2))-\alpha_2(x_1,x_2)|\\
&=|-c_1(\bar{z}_2-z_2)-(\bar{z}_1-z_1)+\frac{\partial\alpha_1}{\partial x_1}(q(x_1)-x_1)|\\
&\leqslant c_2\Delta_{z_2}+\Delta_{z_1}+|\frac{\partial\alpha_1}{\partial x_1}|\delta\triangleq\Delta_{\alpha_2}
\end{aligned}\tag{5-60}$$

类似地，有：

$$\begin{aligned}
&|\bar{z}_2-z_2(x_1,x_2)|\\
&=|z_2(q(x_1),q(x_2))-z_2(x_1,x_2)|\\
&\leqslant|(q(x_2)-x_2)-(\bar{\alpha}_1-\alpha_1)|\\
&\leqslant\delta+\Delta_{\alpha_1}\triangleq\Delta_{z_2}
\end{aligned}\tag{5-61}$$

$$\begin{aligned}
&|\bar{\alpha}_2-\alpha_2(x_1,x_2)|\\
&=|\alpha_2(q(x_1),q(x_2))-\alpha_2(x_1,x_2)|\\
&\leqslant|-c_2(z_2-\bar{z}_2)-(\bar{z}_1-z_1)|+|\frac{\partial\alpha_1}{\partial x_1}(q(x_2)-x_2)|\\
&\leqslant c_2\Delta_{z_2}+\Delta_{z_1}+|\frac{\partial\alpha_1}{\partial x_1}|\delta\triangleq\Delta_{\alpha_2}
\end{aligned}\tag{5-62}$$

引理 5.2　系统状态(x_1,x_2)满足如下不等式：

$$\|(x_1,x_2)\|\leqslant L_x\|(z_1,z_2)\|\tag{5-63}$$

式中，L_x 是一个正的常数且视设计参数(c_1,c_1)而定.

证明：由 z_2 和设计虚拟控制输入 α_2 的定义可得：

$$|x_1|=|z_1|\tag{5-64}$$

$$|\alpha_1|\leqslant c_1|z_1|\triangleq L_{\alpha_1}|z_1|\tag{5-65}$$

$$\begin{aligned}
|x_2|&\leqslant|z_2+\alpha_1|\leqslant|z_2|+L_\alpha|z_1|\\
&\leqslant\sqrt{2}\max\{1,L_{\alpha_1}\}\|(z_1,z_2)\|\triangleq L_{x2}\|(z_1,z_2)\|
\end{aligned}\tag{5-66}$$

$$\begin{aligned}
|\alpha_2|&\leqslant c_2|z_2|+|\frac{\partial\alpha_1}{\partial x_1}x_2|\\
&\leqslant(c_2+c_1L_{x2})\|(z_1,z_2)\|\triangleq L_{\alpha_2}\|(z_1,z_2)\|
\end{aligned}\tag{5-67}$$

式中，L_{α_1} 由 c_1 而定；L_{α_2} 由(c_1,c_2)而定；L_{x2} 由 c_1 而定. 类似地，我们可以得到：

$$\begin{aligned}
|x_2|&\leqslant|z_2+\alpha_1|\\
&\leqslant|z_2|+L_{\alpha_1}\|(z_1,z_2)\|\\
&\leqslant(1+L_{\alpha_1})\|(z_1,z_2)\|\triangleq L_{x_2}\|(z_1,z_2)\|
\end{aligned}\tag{5-68}$$

$$\begin{aligned}
|\alpha_2|&\leqslant c_2|z_2|+|\frac{\partial\alpha_1}{\partial x_1}x_2|\\
&\leqslant(c_2+|\frac{\partial\alpha_1}{\partial x_1}x_2|L_{x_2})\|(z_1,z_2)\|\triangleq L_{\alpha_2}\|(z_1,z_2)\|
\end{aligned}\tag{5-69}$$

式中，L_{α_2}，L_{x_2} 由设计参数(c_1,c_2)而定．然后有：

$$\begin{aligned}\|(x_1,x_2)\| &= \sqrt{x_1^2+x_2^2} \\ &\leqslant \sqrt{L_{x_1}^2\|z_1\|^2+L_{x_2}^2\|(z_1,z_2)\|^2} \\ &\leqslant \sqrt{L_{x_1}^2+L_{x_2}^2}\|(z_1,z_2)\| \triangleq L_x\|(z_1,z_2)\|\end{aligned} \tag{5-70}$$

在稳定性分析中，引理 5.1 和引理 5.2 是处理状态量化影响的关键．

4. 稳定性分析

接下来我们给出稳定性分析过程．

考虑如式(5－41)所示的 Lyapunov 函数：

$$V=\frac{1}{2}z_1^2+\frac{1}{2}z_2^2+\frac{1}{2}\tilde{\boldsymbol{\theta}}^{\mathrm{T}}\boldsymbol{\Gamma}^{-1}\tilde{\boldsymbol{\theta}}$$

然后对其求导，有：

$$\begin{aligned}\dot{V} &= -c_1z_1^2-\tilde{\boldsymbol{\theta}}^{\mathrm{T}}\boldsymbol{\Gamma}^{-1}\dot{\hat{\boldsymbol{\theta}}}+z_2(u(t)-\alpha_2+\alpha_2+\psi+\boldsymbol{\varphi}^{\mathrm{T}}\boldsymbol{\theta}-\dot{\alpha}_1) \\ &= -c_1z_1^2-\tilde{\boldsymbol{\theta}}^{\mathrm{T}}\boldsymbol{\Gamma}^{-1}\dot{\hat{\boldsymbol{\theta}}}+z_2(\bar{\alpha}_2-\bar{\psi}-\hat{\boldsymbol{\theta}}^{\mathrm{T}}\bar{\boldsymbol{\varphi}}-\alpha_2+\alpha_2+\psi+\boldsymbol{\theta}^{\mathrm{T}}\boldsymbol{\varphi}-\dot{\alpha}_1+z_1) \\ &= -c_1z_1^2+z_2(\alpha_2-\dot{\alpha}_1+z_1)+z_2(\bar{\alpha}_2-\alpha_2)+z_2(\psi-\bar{\psi})+z_2(\boldsymbol{\theta}^{\mathrm{T}}\boldsymbol{\varphi}-\hat{\boldsymbol{\theta}}^{\mathrm{T}}\bar{\boldsymbol{\varphi}})-\tilde{\boldsymbol{\theta}}^{\mathrm{T}}\boldsymbol{\Gamma}^{-1}\dot{\hat{\boldsymbol{\theta}}} \\ &\leqslant -c_1z_1^2-c_2z_2^2-\frac{1}{2}k_\theta\|\tilde{\boldsymbol{\theta}}\|^2+\frac{1}{2}k_\theta\|(\boldsymbol{\theta}-\boldsymbol{\theta}_0)\|^2+z_2(\bar{\alpha}_2-\alpha_2)+z_2(\psi-\bar{\psi})+ \\ &\quad (\boldsymbol{\theta}^{\mathrm{T}}\boldsymbol{\varphi}z_2-\hat{\boldsymbol{\theta}}^{\mathrm{T}}\bar{\boldsymbol{\varphi}}z_2-\tilde{\boldsymbol{\theta}}^{\mathrm{T}}\bar{\boldsymbol{\varphi}}\bar{z}_2)\end{aligned} \tag{5-71}$$

利用前面提到的性质，式(5－71)中最后括号里面的项可以做如下处理：

$$\begin{aligned}&\boldsymbol{\theta}^{\mathrm{T}}\boldsymbol{\varphi}z_2-\hat{\boldsymbol{\theta}}^{\mathrm{T}}\bar{\boldsymbol{\varphi}}z_2-\tilde{\boldsymbol{\theta}}^{\mathrm{T}}\bar{\boldsymbol{\varphi}}\bar{z}_2 \\ &= \boldsymbol{\theta}^{\mathrm{T}}\boldsymbol{\varphi}z_2-\boldsymbol{\theta}\bar{\boldsymbol{\varphi}}z_2+\tilde{\boldsymbol{\theta}}\bar{\boldsymbol{\varphi}}z_2-\tilde{\boldsymbol{\theta}}\bar{\boldsymbol{\varphi}}\bar{z}_2 \\ &\leqslant \|\boldsymbol{\theta}|\,\|z_2|\Delta_\varphi+\|\tilde{\boldsymbol{\theta}}\|\,\|\bar{\boldsymbol{\varphi}}\|\Delta_{z_2} \\ &\leqslant |z_2|\,\|\boldsymbol{\theta}\|\Delta_\varphi+\|\tilde{\boldsymbol{\theta}}\|L_\varphi\|(q(x_1),q(x_2))\|\Delta_{z_2} \\ &\leqslant |z_2|\,\|\boldsymbol{\theta}\|\Delta_\varphi+B\|\tilde{\boldsymbol{\theta}}\|\,\|\boldsymbol{z}\|\end{aligned} \tag{5-72}$$

式中，$\boldsymbol{z}(t)=[z_1,z_2]^{\mathrm{T}}$；$B=L_\varphi(L_x+\sqrt{2}\delta)\Delta_{z_2}$．使用引理 5.1 中的性质式(5－50)和式(5－53)以及式(5－72)，V 的导数变为：

$$\begin{aligned}\dot{V} &\leqslant -c_1z_1^2-c_2z_2^2-\frac{1}{2}k_\theta\|\tilde{\boldsymbol{\theta}}\|^2+|z_2|\Delta_{\alpha_2}+|z_2|\Delta_\psi+|z_2|\,\|\boldsymbol{\theta}\|\Delta_\varphi+ \\ &\quad B\|\tilde{\boldsymbol{\theta}}\|\,\|z\|+\frac{1}{2}k_\theta\|(\boldsymbol{\theta}-\boldsymbol{\theta}_0)\|^2 \\ &\leqslant -c_1z_1^2-c_2z_2^2+\frac{3}{4}c_2z_2^2+\frac{c}{2}\|z(t)\|^2-\frac{1}{2}k_\theta\|\tilde{\boldsymbol{\theta}}\|^2+\frac{1}{2c}B^2\|\tilde{\boldsymbol{\theta}}\|^2+M \\ &\leqslant -\frac{c}{2}\|\boldsymbol{z}(t)\|^2-\left(\frac{1}{2}k_\theta-\frac{1}{2c}B^2\right)\|\tilde{\boldsymbol{\theta}}\|^2+M\end{aligned} \tag{5-73}$$

式(5-73)中：

$$c=\min\{c_1,c_2,\frac{1}{4}c_2\} \tag{5-74}$$

$$M=\frac{1}{2}k_\theta\|(\boldsymbol{\theta}-\boldsymbol{\theta}_0)\|^2+\frac{1}{c_2}\Delta_{\alpha_2}^2+\frac{1}{c_2}\Delta_{\psi}^2+\frac{1}{c_2}\|\boldsymbol{\theta}\|^2\Delta_{\varphi}^2 \tag{5-75}$$

是常数，根据杨氏不等式，有如下结果.

$$\begin{aligned}&|z_2|\Delta_{\alpha_2}+|z_2|\Delta_{\psi}+|z_2|\ \|\boldsymbol{\theta}\|\Delta_{\varphi}\\ &\leqslant\frac{3}{4}c_2|z_2|^2+\frac{1}{c_2}\Delta_{\alpha_2}^2+\frac{1}{c_2}\Delta_{\psi}^2+\frac{1}{c_2}\|\boldsymbol{\theta}\|^2\Delta_{\varphi}^2\end{aligned} \tag{5-76}$$

$$\begin{aligned}&B\|\tilde{\boldsymbol{\theta}}\|\ \|\boldsymbol{z}\|\\ &\leqslant\frac{c}{2}\|\boldsymbol{z}(t)\|^2+\frac{1}{2c}B^2\|\tilde{\boldsymbol{\theta}}\|^2\end{aligned} \tag{5-77}$$

选择

$$k_\theta>\frac{2}{c}B^2=\frac{2}{c}L_\varphi^2(L_x+\sqrt{2}\delta)^2\Delta_{z_2}^2 \tag{5-78}$$

式(5-73)变为：

$$\begin{aligned}\dot{V}&\leqslant-\frac{c}{2}\|\boldsymbol{z}(t)\|^2-\frac{1}{4}k_\theta\|\tilde{\boldsymbol{\theta}}\|^2+M\\ &\leqslant-\sigma V+M\end{aligned} \tag{5-79}$$

其中

$$\sigma=\min\{c,\frac{\frac{1}{2}k_\theta}{\lambda_{\max}(\boldsymbol{\Gamma}^{-1})}\} \tag{5-80}$$

通过对上述不等式直接进行积分，得到：

$$\begin{aligned}V(t)&\leqslant V(0)\mathrm{e}^{-\sigma t}+\frac{M}{\sigma}(1-\mathrm{e}^{-\sigma t})\\ &\leqslant V(0)+\frac{M}{\sigma}\end{aligned} \tag{5-81}$$

这表明了 V 是有界的，所以闭环系统(式(5-28))是渐近稳定的.

5. 实例仿真

本节我们考虑一个电机模型，电机的动力学模型如下：

$$\begin{cases}x_1=x_2\\ x_2=\dfrac{1}{J}u+\varphi(x_1,x_2)\end{cases} \tag{5-82}$$

式中，$x_1=\theta$ 是电机转动的角度；$x_2=\omega$ 是电机的角速度；J 是转动惯量；$\varphi(x_1,x_2)$是未知的非线性项；u 是电机的控制输入. 设系统参数 $J=0.6\mathrm{kg}\cdot\mathrm{m}^2$，根据线性增长条件，我们令 $\varphi(x_1,x_2)=0.8(x_1+x_2)$，这里需要注意的是我们需要对电机的角度和角速度进行量化. 将设计的控制输入(式(5-39))和参数更新律(式(5-40))应用到电机模型中,控制输入参数设计如下:$c_1=5$、$c_2=10$,自适应参数设计如下:$\theta_0=0.1$、$k_\theta=0.1$、$\Gamma=1$,则我们可以得到如图 5-5～图 5-8 所示的结果.

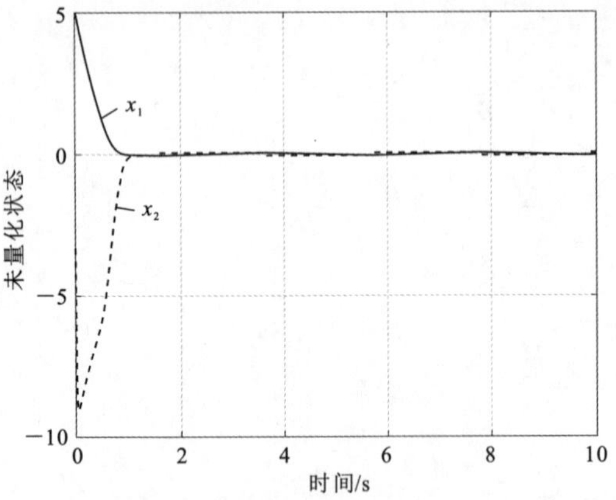

图 5-5　未量化状态变化曲线

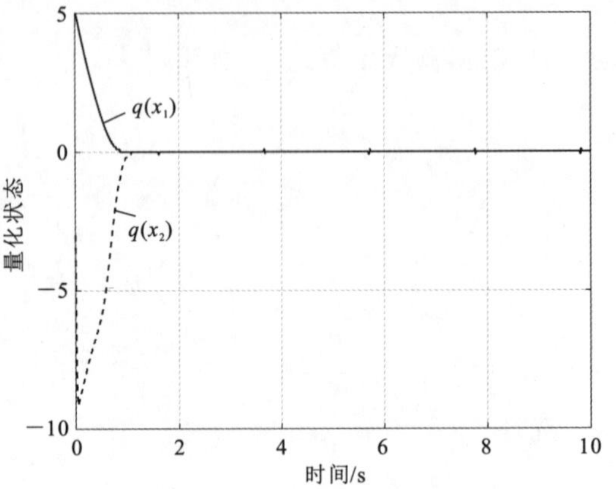

图 5-6　量化后状态变化曲线

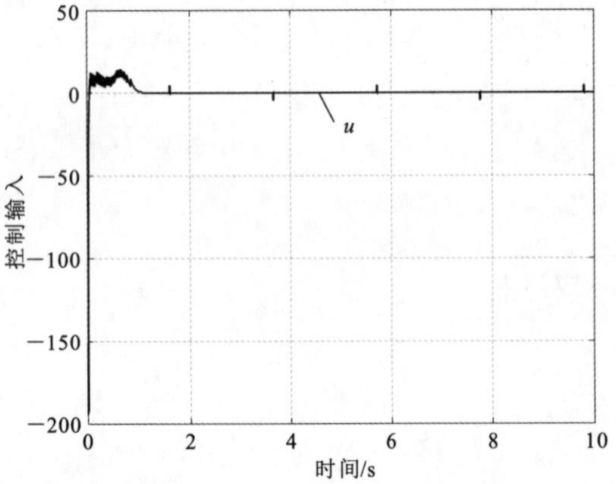

图 5-7　控制输入变化曲线

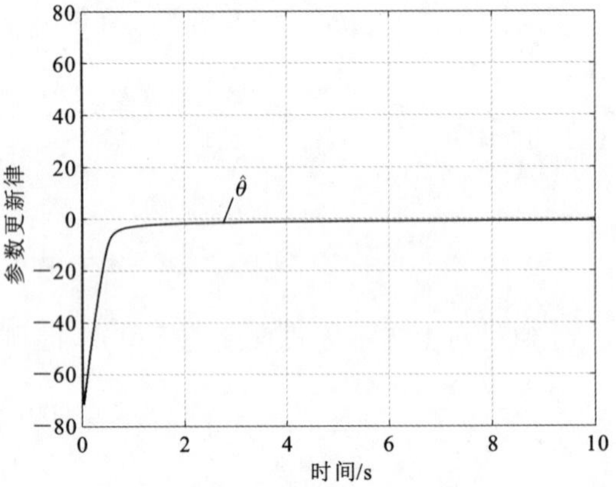

图 5-8　参数更新律变化曲线

从图 5-5 和图 5-6 中可以看出,电机量化后的速度和角速度快速趋于稳定.

5.3　二阶系统的自适应采样控制

5.3.1　引言

在本节中,我们考虑如下不确定性非线性系统:

$$\begin{cases}\dot{x}_1 = x_2(t) + \varphi_1(t, \boldsymbol{x}(t)) \\ \dot{x}_2 = u(t) + \varphi_2(t, \boldsymbol{x}(t))\end{cases} \tag{5-83}$$

式中，$\boldsymbol{x}(t)=[x_1(t), x_2(t)]^{\mathrm{T}} \in \mathbf{R}^2$，$u(t) \in \mathbf{R}$ 分别是系统的状态和输入信号；函数 $\varphi_i(t, \boldsymbol{x}(t))$，$i=1,2$ 是不确定的非线性函数．

控制目标是设计一种状态反馈采样控制输入，使得闭环系统(式(5－83))稳定．控制输入在采样器和零阶保持器下的每个采样时刻执行，控制系统的结构如图5－9所示．

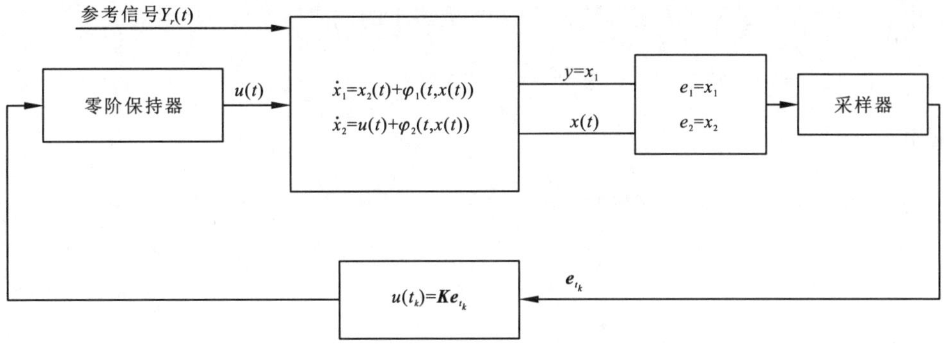

图5－9　具有采样数据控制输入的非线性系统

图5－9中，$-\boldsymbol{K}\boldsymbol{e}_{t_k}$ 对应的所有状态都是可测的，$t_k=kT$ 是采样时刻，$Y_r(t)$是参考信号．

接下来我们将对采样控制输入的设计进行详细的介绍．

5.3.2　自适应采样控制

1. 问题描述和准备工作

我们的目的是设计采样控制输入，使闭环系统全局有界，并使输出信号与参考信号之间的误差在有限时间后趋于很小的范围．更准确地说，我们将研究以下问题，构造如下形式的采样数据控制输入：

$$u(t)=u(t_k), \forall t \in [t_k, t_{k+1}], t_k=kT, k=0,1,2\cdots \tag{5-84}$$

以 T 为采样周期，满足条件：闭环系统(式(5－83)、式(5－84))在 $t \in [0,+\infty)$ 上全局有界．

当所有状态都可测时，我们设计如下采样控制输入：

$$u(t_k)=-k_1 x_1(t_k)-k_2 x_2(t_k)=-\boldsymbol{K}\boldsymbol{x}(t_k) \tag{5-85}$$

式中，$\boldsymbol{K}=(k_1, k_2)$，$\boldsymbol{x}=[x_1, x_2]^{\mathrm{T}}$．

对于系统(式(5－84))有以下假设．

假设5.4：当 $i=1,\cdots,n$ 时，存在两个常数 $c_1 \geqslant 0$ 和 $c_2 \geqslant 0$，有：

$$|\varphi_i(t, x(t))| \leqslant c_1(|x_1(t)|+\cdots+|x_i(t)|)+c_2 \tag{5-86}$$

当假设5.4中的 $c_2=0$，系统(式(5－84))的稳定性可以使用连续状态反馈控制输入或

输出反馈控制输入来实现；当 $c_2 \neq 0$ 时，假设 5.4 包含了更一般的非线性条件，从而 $|x_1^{\frac{1}{3}}| \leqslant |x_1| + 1$. 在本节中，我们的目的是在假设 5.4 下，采样控制输入可以实现全局稳定 .

下面的引理用于估计具有采样控制输入的闭环系统的状态轨迹 .

引理 5.3　考虑以下系统 $F: \mathbf{R}^{2n} \to \mathbf{R}^n$

$$\dot{z}(t) = \boldsymbol{F}(z(t), z(t_k)), z \in \mathbf{R}^n, t \in [t_k, t_{k+1}] \tag{5-87}$$

满足

$$\| F \| \leqslant d_1 \| z(t) \| + d_2 \| z(t_k) \| + d_3 \tag{5-88}$$

式中，$d_i (i=1,2,3,\cdots)$ 是正常数 . 在一个足够小的间隔 $[t_k, t_{k+1})$ 内，有：

$$\| z(t) - z(t_k) \| \leqslant \frac{\delta(t)}{1-\delta(t)} [\| z(t) \| + C], \forall t \in [t_k, t_{k+1}) \tag{5-89}$$

其中

$$\delta(t) = \frac{d_1 + d_2}{d_1} (\mathrm{e}^{d_1 (t-t_k)} - 1) \tag{5-90}$$

$$C = \frac{d_3}{d_1 + d_2} \tag{5-91}$$

证明略 .

引理 5.4　假设一个正定函数 $V(e(t))$ 满足：

$$\frac{\mathrm{d}V(e(t))}{\mathrm{d}t} \leqslant -V(e(t)) + \frac{\delta}{2} \tag{5-92}$$

式中，$\delta > 0$ 是一个常数，那么存在一个有限时间 $t^* = \max\{\ln \frac{|2V(e(0)) - \delta|}{\delta}, 0\}$. 满足：

$$\begin{cases} 0 \leqslant V(e(t)) \leqslant \delta \\ \forall t > t^* \end{cases} \tag{5-93}$$

2. 采样控制输入设计

令 $[e_1, e_2, \cdots, e_n]^{\mathrm{T}} = [x_1, x_2, \cdots, x_n]^{\mathrm{T}}$，系统（式(5-84)）可以转换为：

$$\begin{cases} \dot{e}_1(t) = e_2 + \varphi_1(t, e(t)) \\ \dot{e}_2(t) = u(t) + \varphi_2(t, e(t)) \end{cases} \tag{5-94}$$

根据假设 5.4，有：

$$\begin{cases} | \varphi_1(t, e_1, \cdots, e_n) | \leqslant c_1(| e_1 |) + c_2 \\ | \varphi_2(t, e_1, e_2) | \leqslant c_1(| e_1 | + | e_2 |) + c_2 \end{cases} \tag{5-95}$$

接下来，给定的常数 $L \geqslant 1$，定义如下坐标变化：

$$\begin{cases} \bar{e}_i(t) = \dfrac{e_i(t)}{L^{i-1}} \\ \tilde{\varphi}_i(t, e(t)) = \dfrac{\varphi(t, e(t))}{L^{i-1}}, i = 1, 2 \\ \tilde{u}(t) = \dfrac{u(t)}{L^n} \end{cases} \tag{5-96}$$

根据式(5－96),系统(式(5－84))可以重写为:

$$\begin{cases}\dot{\tilde{e}}_1(t)=L\tilde{e}_2(t)+\tilde{\varphi}_1(t,\tilde{e}(t))\\ \dot{\tilde{e}}_2(t)=L\tilde{u}(t)+\tilde{\varphi}_2(t,\tilde{e}(t))\end{cases} \tag{5-97}$$

依据式(5－95)和式(5－96),非线性项满足:

$$\begin{aligned}|\tilde{\varphi}_i(t,\tilde{e}_1,\cdots,\tilde{e}_n)| &\leqslant \frac{1}{L^{i-1}}c_1(|\tilde{e}_1|+\cdots+|L^{i-1}\tilde{e}_i|+P)\\ &\leqslant c_1(|\tilde{e}_1|+\cdots+|\tilde{e}_i|+P),i=1,\cdots,n\end{aligned} \tag{5-98}$$

式中,$P=2c_2$.

接下来我们定义:

$$\boldsymbol{e}(t)=\begin{bmatrix}\tilde{e}_1(t)\\ \tilde{e}_2(t)\end{bmatrix},\boldsymbol{A}=\begin{bmatrix}0 & 1\\ 0 & 0\end{bmatrix},\boldsymbol{B}=\begin{bmatrix}0\\ 1\end{bmatrix},\tilde{\boldsymbol{\Phi}}(\cdot)=\begin{bmatrix}\tilde{\varphi}_1(\cdot)\\ \tilde{\varphi}_2(\cdot)\end{bmatrix} \tag{5-99}$$

根据不等式(5－98),得:

$$\begin{aligned}\|\tilde{\boldsymbol{\Phi}}(\cdot)\| &=\sqrt{\tilde{\varphi}_1^2+\tilde{\varphi}_2^2}\\ &\leqslant\sqrt{c_1^2(|\tilde{e}_1|+P)^2+c_1^2(|\tilde{e}_1|+|\tilde{e}_2|+P)^2}\\ &\leqslant c_0\|\boldsymbol{e}(t)\|+c_3\end{aligned} \tag{5-100}$$

式中,c_0、c_3 为正常数.

在所有状态都是可测的情况下,我们可以设计连续时间控制输入:

$$\tilde{u}(t)=-\boldsymbol{K}\boldsymbol{e}(t) \tag{5-101}$$

式中,$\boldsymbol{K}=(k_1,k_2)$,$k_1>0$,$k_2>0$ 是 Hurwitz 多项式 $p_1(s)=s^2+k_2s+k_1$ 的系数,有了式(5－99),系统(式(5－97))可以重写为:

$$\begin{aligned}\dot{\boldsymbol{e}}(t)&=L\boldsymbol{A}\boldsymbol{e}(t)-L\boldsymbol{B}\boldsymbol{K}\boldsymbol{e}(t)+\tilde{\boldsymbol{\Phi}}(t,\boldsymbol{e}(t))\\ &=L(\boldsymbol{A}-\boldsymbol{B}\boldsymbol{K})\boldsymbol{e}(t)+\tilde{\boldsymbol{\Phi}}(t,\boldsymbol{e}(t))\end{aligned} \tag{5-102}$$

由于 $\tilde{\boldsymbol{A}}=\boldsymbol{A}-\boldsymbol{B}\boldsymbol{K}$ 是一个 Hurwitz 矩阵,因此存在一个正定矩阵 $\boldsymbol{P}=\boldsymbol{P}^{\mathrm{T}}\in\mathbf{R}^{n\times n}>0$ 使得 $\tilde{\boldsymbol{A}}^{\mathrm{T}}\boldsymbol{P}+\boldsymbol{P}\tilde{\boldsymbol{A}}=-\boldsymbol{I}$. 由此构造一个 Lyapunov 函数 $V(\boldsymbol{e}(t))=\boldsymbol{e}^{\mathrm{T}}(t)\boldsymbol{P}\boldsymbol{e}(t)$,其导数为:

$$\begin{aligned}\dot{V}(\boldsymbol{e}(t))&\leqslant -L\|\boldsymbol{e}(t)\|^2+2\|\boldsymbol{e}^{\mathrm{T}}(t)\|\ \|\boldsymbol{P}\|(c_0\|\boldsymbol{e}(t)\|+c_3)\\ &\leqslant -\frac{(L-2\|\boldsymbol{P}\|c_0-m_0)}{\lambda_{\max}(\boldsymbol{P})}V(\boldsymbol{e}(t))+\frac{c_3^2\|\boldsymbol{P}\|}{m_0}\end{aligned} \tag{5-103}$$

式中,m_0 为:

$$m_0=\frac{4c_3^2\|\boldsymbol{P}\|^2}{\lambda_{\min}(\boldsymbol{P})} \tag{5-104}$$

m_0 确定后,我们选择合适的控制增益 L 为 :

$$L=2\lambda_{\max}(\boldsymbol{P})+2\|\boldsymbol{P}\|\ |c_0+m_0| \tag{5-105}$$

将式(5－104)和式(5－105)代入式(5－103)中,可得:

$$\dot{V}(\boldsymbol{e}(t))\leqslant -2V(\boldsymbol{e}(t))+\frac{\lambda_{\min}(\boldsymbol{P})}{4} \tag{5-106}$$

现在我们设计采样数据控制输入为：

$$\begin{cases}\tilde{u}(t)=-\boldsymbol{K}\boldsymbol{e}(t_k),t\in[t_k,t_{k+1})\\ t_k=kT,k=0,1,2\cdots\end{cases}\tag{5-107}$$

采样周期待后面再确定.

3. 稳定性分析

将式(5-107)代入式(5-97)，得到：

$$\begin{cases}\dot{\boldsymbol{e}}(t)=L\boldsymbol{A}\boldsymbol{e}(t)-L\boldsymbol{B}\boldsymbol{K}\boldsymbol{e}(t_k)+\widetilde{\boldsymbol{\Phi}}(t,\boldsymbol{e}(t))\\ \qquad=L\boldsymbol{A}\boldsymbol{e}(t)+L\boldsymbol{B}\boldsymbol{K}(\boldsymbol{e}(t)-\boldsymbol{e}(t_k))+\widetilde{\boldsymbol{\Phi}}(t,\boldsymbol{e}(t))\\ t\in[t_k,t_{k+1})\end{cases}\tag{5-108}$$

在式(5-106)的基础上，$V(\boldsymbol{e}(t))$的导数为：

$$\dot{V}(\boldsymbol{e}(t))\leqslant-2V(\boldsymbol{e}(t))+\frac{\lambda_{\min}(\boldsymbol{P})}{4}+2L\|\boldsymbol{e}^{\mathrm{T}}(t)\|\|\boldsymbol{K}\|\|\boldsymbol{P}\|\|\boldsymbol{e}(t)-\boldsymbol{e}(t_k)\|\tag{5-109}$$

注意系统（式(5-108)）满足引理 5.3 中的条件（式(5-89)），有 $d_1=L\|A\|+c_0,d_2=L\|K\|,d_3=c_3$. 将引理 5.3 中的结果应用到系统（式(5-108)），得到：

$$\|\boldsymbol{e}(t)-\boldsymbol{e}(t_k)\|\leqslant\frac{\delta(t)}{1-\delta(t)}(\|\boldsymbol{e}(t)\|+c_4),t\in[t_k,t_{k+1})\tag{5-110}$$

式中，$\delta(t)=\frac{L\|\boldsymbol{A}\|+L\|\boldsymbol{K}\|+c_0}{L\|\boldsymbol{A}\|+c_0}(\mathrm{e}^{(L\|\boldsymbol{A}\|+c_0)(t-t_k)-1})$；$c_4=\frac{c_3}{L\|\boldsymbol{A}\|+L\|\boldsymbol{K}\|+c_0}$

将式(5-110)代入式(5-109)，得到：

$$\begin{aligned}\dot{V}(\boldsymbol{e}(t))\leqslant&-2V(\boldsymbol{e}(t))+\frac{\lambda_{\min}(\boldsymbol{P})}{4}+2L\frac{\delta(t)}{1-\delta(t)}\|\boldsymbol{K}\|\|\boldsymbol{P}\|\|\boldsymbol{e}(t)\|^2+\\&2L\frac{\delta(t)}{1-\delta(t)}\|\boldsymbol{K}\|\|\boldsymbol{P}\|c_4\|\boldsymbol{e}(t)\|\\=&-2V(\boldsymbol{e}(t))+\frac{\lambda_{\min}(\boldsymbol{P})}{4}+2L\frac{\delta(t)}{1-\delta(t)}\|\boldsymbol{K}\|\|\boldsymbol{P}\|\|\boldsymbol{e}(t)\|^2+\\&2L\frac{\delta(t)}{1-\delta(t)}\|\boldsymbol{K}\|\|\boldsymbol{P}\|\frac{c_3}{\|\boldsymbol{A}\|+\|\boldsymbol{K}\|+\frac{c_0}{L}}\|\boldsymbol{e}(t)\|\\\leqslant&-(2-2L\frac{\delta(t)}{1-\delta(t)}\frac{\|\boldsymbol{K}\|\|\boldsymbol{P}\|}{\lambda_{\min}(\boldsymbol{P})}-\\&\frac{\delta(t)}{1-\delta(t)}\times\frac{\|\boldsymbol{K}\|\|\boldsymbol{P}\|c_3}{\left(\|\boldsymbol{A}\|+\|\boldsymbol{K}\|+\frac{c_0}{L}\right)\lambda_{\min}(\boldsymbol{P})})V(\boldsymbol{e}(t))+\\&\frac{\lambda_{\min}(\boldsymbol{P})}{4}+\frac{\delta(t)}{1-\delta(t)}\frac{\|\boldsymbol{K}\|\|\boldsymbol{P}\|c_3}{\left(\|\boldsymbol{A}\|+\|\boldsymbol{K}\|+\frac{c_0}{L}\right)}\end{aligned}\tag{5-111}$$

选择一个足够小的 T，可以同时满足以下两个条件：

$$\begin{cases}2-2L\dfrac{\delta(t)}{1-\delta(t)}\dfrac{\|\boldsymbol{K}\|\ \|\boldsymbol{P}\|}{\lambda_{\min}(\boldsymbol{P})}-\dfrac{\delta(t)}{1-\delta(t)}\times\dfrac{\|\boldsymbol{K}\|\ \|\boldsymbol{P}\|c_3}{\left(\|\boldsymbol{A}\|+\|\boldsymbol{K}\|+\dfrac{c_0}{L}\right)\lambda_{\min}(\boldsymbol{P})}>1\\ \dfrac{\delta(t)}{1-\delta(t)}\dfrac{\|\boldsymbol{K}\|\ \|\boldsymbol{P}\|c_3}{\left(\|\boldsymbol{A}\|+\|\boldsymbol{K}\|+\dfrac{c_0}{L}\right)}\leqslant\dfrac{1}{4}\lambda_{\min}(\boldsymbol{P})\end{cases} \tag{5-112}$$

根据式(5-112)，式(5-111)变为：

$$\dot{V}(\boldsymbol{e}(t))\leqslant -V(\boldsymbol{e}(t))+\frac{1}{2}\lambda_{\min}(\boldsymbol{P}) \tag{5-113}$$

到此，连同引理 5.4，暗示了闭环系统的所有解 $\tilde{e}_1(t)$，$\tilde{e}_2(t)$在$[0,\infty)$上是全局有界的．

4. 实例仿真

本节我们考虑一个电机模型，模型见式(5-82)．

将设计的控制输入(式(5-107))应用到电机模型中，其中控制输入的系数设计为 $\boldsymbol{K}=[4,4]^{\mathrm{T}}$，采用周期为 0.2$s$，则我们可以得到如图 5-10、图 5-11 所示的结果．

从图 5-10 中可以看出，电机的速度和角速度迅速趋于 0，验证了所设计的采样控制输入的有效性．

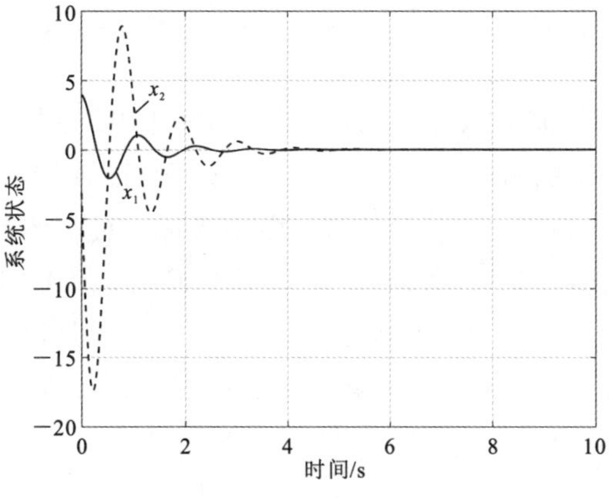

图 5-10　系统状态

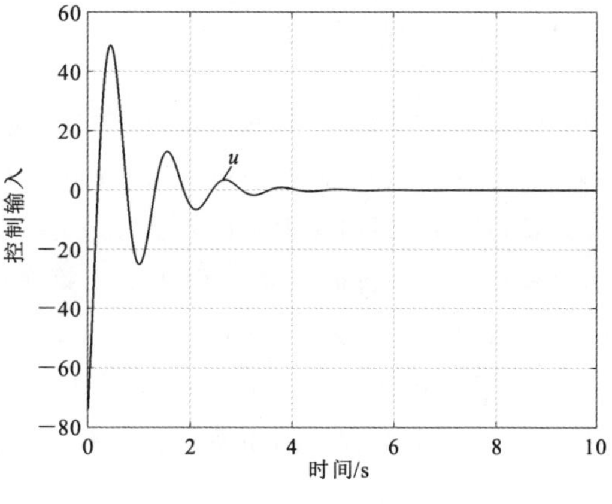

图 5-11　控制输入

第 6 章 偏微分自适应控制

在控制工程领域中，很少有像偏微分方程的控制那样，具有明确的物理含义，却又难以分析．即使是非常简单的问题，如热方程和波动方程的控制，也需要有相当多的偏微分方程和泛函分析的背景．因此，PDE(partial differential equations)控制课程极为罕见．控制专业的学生很少接受 PDE 方面的培训(更不用说 PDE 的控制)。实际上，他们无论是在应用还是在基础研究上，都可以做出相应贡献．

6.1 预备知识

6.1.1 边界控制

根据执行器和传感器的位置，偏微分方程的控制大致分为“域内”控制和“边界”控制两种方式．其中“域内”控制的执行器作用在 PDE 系统的域内(与传感器相同)，而“边界”控制中的执行器和传感器作用在边界上．边界控制在物理上更容易实现(例如，考虑一种流体流动，其驱动通常来自流域壁)．因为输入算子(类似 LTI(线性时不变)有限维模型 $\dot{\boldsymbol{x}}=\boldsymbol{A}x+\boldsymbol{B}u$ 中的 $\boldsymbol{B}$ 矩阵)和输出算子(类似 $y=\boldsymbol{C}\boldsymbol{x}$ 中的 $\boldsymbol{C}$ 矩阵)是无界算子，边界控制被认为是比较困难的问题．由于难度较大，多年来关于偏微分方程边界控制问题的相关研究成果较少，大多数关于偏微分方程控制的现有成果不涉及边界控制．

6.1.2 反步法

本章涉及基于反步法的 PDE 控制．反步法是一种稳定动态系统的特殊方法，在非线性控制领域尤其成功(Krstic et al.，1995)．反步法不同于之前的偏微分方程控制方法，它与最优控制方法的不同之处在于它牺牲了最优性(尽管它可以达到一种“逆优化”的形式)，以避免求解 Riccati 方程，Riccati 方程的求解对于无限(或高)维系统(如偏微分方程)是很难的．反步法也不同于极点配置方法，虽然它们的目标都是使系统稳定，但反步法并不追求精确分配 PDE 特征值．相反，反步法是实现 Lyapunov 意义下稳定的一种高效方法．

6.1.3　关于偏微分控制的发展

无限维 PDE 系统的控制从 20 世纪 60 年代就开始发展了，在 20 世纪 60 年代末和 70 年代初，研究者在线性偏微分方程系统的最优控制和可控性方面做出相应贡献，为这一领域奠定了基础．可控性对 PDE 系统来说是一个非常具有挑战性的问题，因为无法进行$[b, Ab, a_2 b, \cdots, a_{n-1} b]$类型的秩检验．在可控性的基础上，出现了 PDE 系统的鲁棒控制、线性二次型最优控制、极点配置等方法．

6.1.4　PDE 系统的控制目标

在常微分方程(ordinary differential equations，ODE)和偏微分方程系统的控制设计中，人们可以追求几种不同的目标．如果系统是稳定的，反馈控制的一个典型目标就是提高系统的性能．在这种情况下，应该选择最优化方法．另一个控制目标是使系统稳定．本书的主要研究对象是开环不稳定的偏微分方程，并设计了可适用于一定复杂度的反馈控制输入．

在控制问题中，人们希望状态能够稳定地跟随期望的轨迹，本章节将主要研究 PDE 系统的镇定和轨迹跟踪问题．

6.1.5　PDE 的分类

与常微分方程相比，PDE 系统的分析和控制都没有通用的方法。正因为这个特点，使得相应的研究变得困难重重，但这也是一种机遇，因为它为学习和创造提供了源源不断的机会。最常见的两种最基本的偏微分方程是抛物型偏微分方程和双曲型偏微分方程，标准例子是热方程和波动方程．然而，事实上还有更多的 PDE 类型．通过查阅偏微分的文献，下面将展示大量不同类别的偏微分方程．表 6-1 按方程所包含的时间偏导∂_t 和空间偏导∂_x 对偏微分方程进行分类．我们仅考虑时间上最多有两阶导数∂_{tt} 以及空间上最多有四阶导数∂_{xxxx} 的情况．

表 6-1　书中偏微分方程的分类

	∂_t	∂_{tt}
∂_x	传输方程，时滞	
∂_{xx}	抛物型偏微分方程，反应平流扩散系统	双曲偏微分方程，波动方程
∂_{xxx}	KdV 方程	
∂_{xxxx}	Kuramoto - Sivashinsky and Navier - Stokes	Euler - Bernoulli and shear beams，Schrödinger，Ginzburg - Landau

表 6-1 中列出的大部分偏微分方程在实数域上分析．然而，其中一些偏微分方程，特别是 Schrödinger 方程和 Ginzburg - Landau 方程，通常作为复值偏微分方程来研究．在这

种情况下，它们的形式只包括一个时间导数和两个空间导数，并且它们的系数也是复值的．因此，虽然它们“看起来”像抛物型偏微分方程，但是它们的行为却像振荡的双曲型偏微分方程．

6.1.6 章节结构

本章结构如下：6.2 节以柔性机械臂为例，介绍了 PDE 自适应控制；6.3 节介绍了偏微方程稳定性分析；6.4 节针对反应扩散方程，对其控制输入进行设计．

6.2 柔性机械臂 PDE 自适应控制

6.2.1 Hamilton 原理

与集总机械系统不同，柔性机械系统具有无限多个自由度，其系统是用连续的时间和空间函数描述．Hamilton 原理能从能量的变分形式导出运动方程，并生成柔性机械系统的运动方程．Hamilton 原理(Goldstein，1951；Meirovitch，1967)表示为：

$$\int_{t_1}^{t_2} \delta(E_k - E_p + W)\mathrm{d}t = 0 \tag{6-1}$$

式中，t_1 和 t_2 是两个截断时间，即 $t_1<t<t_2$ 是运行区间；δ 表示变分算子；E_k 和 E_p 分别表示系统的动能和势能；W 表示作用在系统上的非保守力所做的功，包括内部张力、横向荷载、线性结构阻尼和外部干扰．

该原理指出，在任何时间间隔$[t_1,t_2]$期间，动能和势能的变化加上负载做功的变化必须等于零．用 Hamilton 原理来推导柔性机械系统的数学模型有如下优点．首先，该原理与坐标无关，边界条件可以是坐标，并且边界条件可以自动生成(Rahn，2001)．另外，Hamilton 原理中的动能、势能和非保守力所做的功可以直接设计闭环系统的 Lyapunov 函数．

6.2.2 泛函和变分

1. 泛函变分规则

泛函的变分是一个线性映射，其运算规则与函数的线性运算相似．设 L_1 和 L_2 是关于 x、$\dot{x}$ 和 t 的函数，有以下泛函变分规则：

$$\begin{cases} \delta(L_1 + L_2) = \delta L_1 + \delta L_2 \\ \delta(L_1 L_2) = L_1 \delta L_1 + L_2 \delta L_1 \\ \delta\int_a^b L(x,\dot{x},t)\mathrm{d}t = \int_a^b \delta L(x,\dot{x},t)\mathrm{d}t \\ \delta\dfrac{\mathrm{d}x}{\mathrm{d}t} = \dfrac{\mathrm{d}}{\mathrm{d}t}\delta x \end{cases} \tag{6-2}$$

2. $\int_{t_1}^{t_2}\delta\left(\frac{1}{2}\dot{\theta}^2\right)\mathrm{d}t$ 的分析

根据 $\delta(L_1L_2)=L_1\delta L_1+L_2\delta L_1$，我们有：

$$\int_{t_1}^{t_2}\delta\left(\frac{1}{2}\dot{\theta}^2\right)\mathrm{d}t=\int_{t_1}^{t_2}\dot{\theta}\cdot\delta\dot{\theta}\mathrm{d}t \tag{6-3}$$

根据 $\delta\frac{\mathrm{d}x}{\mathrm{d}t}=\frac{\mathrm{d}}{\mathrm{d}t}\delta x$，可对上式进行如下变换：

$$\int_{t_1}^{t_2}\dot{\theta}\cdot\delta\dot{\theta}\mathrm{d}t=\int_{t_1}^{t_2}\dot{\theta}\mathrm{d}(\delta\theta) \tag{6-4}$$

通过积分变换公式 $\int_a^b u\mathrm{d}\nu=(u\nu)\big|_a^b-\int_a^b\nu\mathrm{d}u$，我们可以得到：

$$\int_{t_1}^{t_2}\dot{\theta}\mathrm{d}(\delta\theta)=(\dot{\theta}\delta\theta)\big|_{t_1}^{t_2}-\int_{t_1}^{t_2}\ddot{\theta}\delta\theta\mathrm{d}t=-\int_{t_1}^{t_2}\ddot{\theta}\delta\theta\mathrm{d}t \tag{6-5}$$

式中，$(\dot{\theta}\delta\theta)\big|_{t_1}^{t_2}=0$.

通过上述推导，我们得到：

$$\int_{t_1}^{t_2}\delta\left(\frac{1}{2}\dot{\theta}^2\right)\mathrm{d}t=-\int_{t_1}^{t_2}\ddot{\theta}\delta\theta\mathrm{d}t \tag{6-6}$$

3. 变分的定义

对于以下泛函：

$$S=\int_{x_2}^{x_1}L(f(x),f'(x),x)\mathrm{d}x \tag{6-7}$$

定义泛函 S 作为函数 $g(x)$ 的极值，在区间 $[x_1,x_2]$ 上定义接近 $g(x)$ 的函数 $h(x)$，即 $h(x)=g(x)+\delta g(x)$，式中 $\delta g(x)$ 是一个较小值，也满足以下等式：

$$\delta g(x_1)=\delta g(x_2)=0 \tag{6-8}$$

$\delta g(x)$ 是 $g(x)$ 的变分，如图 6－1 所示．根据变分的定义，我们有：

$$\delta\theta(t_1)=\delta\theta(t_2)=0,(\dot{\theta}\delta\theta)\big|_{t_1}^{t_2}=0 \tag{6-9}$$

6.2.3　离散仿真法

定义采样时间和轴距分别为 $\Delta t=T$、$\Delta x=\mathrm{d}x$. 时间差 Δt 和 X 方向上的差值 Δx 之间的关系应满足 $\Delta t\leqslant\frac{1}{2}\Delta x^2$(Abhyankar et al. ,1993). 仿真结果表明，当满足上述条件时，Δt 和 Δx 的值会降低，这也在文献(Tzes et al. ,1989)中被讨论．

考虑如下偏微分方程：

$$\rho\ddot{\theta}(t)=-EIz_{xxxx}(x) \tag{6-10}$$

$$I_h\ddot{\theta}(t)=\tau+EIy_{xx}(0,t) \tag{6-11}$$

$$F=m\ddot{z}(L)-EIz_{xxx}(L) \tag{6-12}$$

$$z_{xx}(L)=0 \tag{6-13}$$

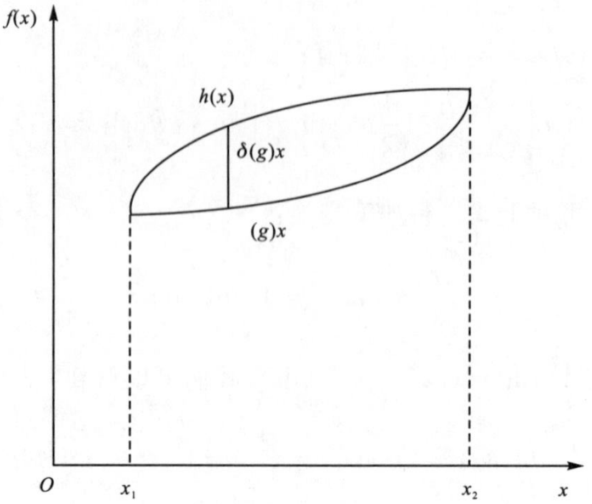

图 6-1　变分的定义

$$y(0,t)=0,y_x(0,t)=0 \tag{6-14}$$

定义 $z(x)=x\theta+y(x)$,则有：

$$\begin{cases} z_{xx}(x)=y_{xx}(x) \\ \ddot{z}_x(0)=\ddot{\theta} \\ z_{xx}(0)=y_{xx}(0) \\ z_{xx}(L)=y_{xx}(L) \\ z_{xxx}(L)=y_{xxx}(L) \end{cases} \tag{6-15}$$

在本章中,我们将用差分法对该模型进行离散化处理.

1. 关节角 θ 的离散

对方程 $I_h\ddot{\theta}(t)=\tau+EIy_{xx}(0,t)$ 使用前向差分法可得到 $\ddot{\theta}(t)=\frac{\dot{\theta}(j)-\dot{\theta}(j-1)}{T}$,接着有：

$$\ddot{\theta}(t)=\frac{\frac{\theta(j)-\theta(j-1)}{T}-\frac{\theta(j-1)-\theta(j-2)}{T}}{T}=\frac{\theta(j)-2\theta(j-1)+\theta(j-2)}{T^2} \tag{6-16}$$

和

$$I_h\frac{\theta(j)-2\theta(j-1)+\theta(j-2)}{T^2}=\tau+EIy_{xx}(0,t) \tag{6-17}$$

$\theta(t)$可以离散为：

$$\theta(j)=2\theta(j-1)-\theta(j-2)+\frac{T^2}{I_h}(\tau+EI\cdot y_{xx}(0,t)) \tag{6-18}$$

式中，当前时刻为 $j-1$，然后 $y_{xx}(0,t)$ 可以表示为 $y_{xx}(1,j-1)$，且

$$\begin{cases} y_x(2,j-1)=\dfrac{y(3,j-1)-y(2,j-1)}{\mathrm{d}x} \\ y_x(1,j-1)=\dfrac{y(2,j-1)-y(1,j-1)}{\mathrm{d}x} \end{cases} \tag{6-19}$$

则 $y_{xx}(0,t)$ 可以离散为：

$$y_{xx}(0,t)=\frac{y_x(2,j-1)-y_x(1,j-1)}{\mathrm{d}x}=\frac{y(3,j-1)-2y(2,j-1)+y(1,j-1)}{\mathrm{d}x^2} \tag{6-20}$$

考虑到当前时刻为 $j-1$，我们将 $\theta(t)$ 设置为 $\theta(j-1)$.

2. 几种离散化方法

把 $\nu(x,t)$ 看成 $\nu(i,j)$，则可把 x 设为 i，把 t 设为 j，点 (i,j) 在图 6-2 中展示.

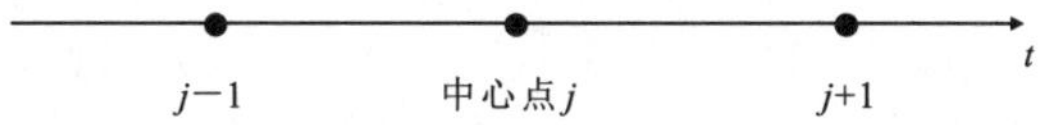

图 6-2　离散点图解

这里有如下三种离散方法用来表示 $\nu(x,t)$：

①后向差分　$\dfrac{\partial \nu}{\partial t}\Big|_{t=i}=\dfrac{\nu(i,j)-\nu(i,j-1)}{\Delta t}$；

②前向差分　$\dfrac{\partial \nu}{\partial t}\Big|_{t=i}=\dfrac{\nu(i,j+1)-\nu(i,j)}{\Delta t}$；

③中心差分　$\dfrac{\partial \nu}{\partial t}\Big|_{t=i}=\dfrac{\nu(i,j+1)-\nu(i,j-1)}{2\Delta t}$.

在模拟中，可以根据需要使用三种方法中的一种.

3. 边界条件的离散化

考虑到时间间隔为 $1\leqslant j\leqslant nt$，$y(i,j)$ 在以下四种情况下可以离散化.

1)在 $1\leqslant i\leqslant 2$ 时通过边界条件表达 $y(i,j)$

考虑边界条件 $y(0,t)=0$ 和 $y_x(0,t)=0$.

因为 $y(0,t)=0$，我们有 $y(1,j)=0$；因为 $y_x(0,t)=\dfrac{y(2,j)-y(1,j)}{\mathrm{d}x}$ 且 $y_x(0,t)=0$，我们有 $y(2,j)=0$，然后有：

$$y(1,j)=y(2,j)=0 \tag{6-21}$$

2)在 $3\leqslant i\leqslant nx-2$ 时通过边界条件表达 $y(i,j)$

因为 $\rho\ddot{\theta}(t)=-EIz_{xxxx}(x)$，我们有：

$$i\cdot \mathrm{d}x\cdot\ddot{\theta}(t)+\frac{y(i,j)-2y(i,j-1)+y(i,j-2)}{T^2}=-\frac{EI}{\rho}y_{xxxx}(x,t) \tag{6-22}$$

式中，$\ddot{\theta}(t)=\dfrac{\theta(j)-2\theta(j-1)+\theta(j-2)}{T^2}$，$\dot{y}(x,t)=\dfrac{y(i,j-1)-y(i,j-2)}{T}$；$y_{xxxx}(x,t)=$
$\dfrac{y(i+2,j-1)-4y(i+1,j-1)+6y(i-1,j-1)-4y(i-1,j-1)+y(i-2,j-1)}{\mathrm{d}x^4}$.

然后有：

$$y(i,j)=T^2\left(-i\cdot\mathrm{d}x\cdot\ddot{\theta}(t)-\frac{EI}{\rho}y_{xxxx}(x,t)\right)+2y(i,j-1)-y(i,j-2) \tag{6-23}$$

3)在 $i=nx-1$ 时通过边界条件表达 $y(nx-1,j)$

由于 $z_{xx}(L)=0$，即 $y_{xx}(L,t)=0$，可得：

$$\begin{aligned}y_{xx}(L,t)&=\frac{y_x(nx+1,j-1)-y_x(nx,j-1)}{\mathrm{d}x}\\&=\frac{y(nx+1,j-1)-2y(nx,j-1)+y(nx-1,j-1)}{\mathrm{d}x^2}=0\end{aligned} \tag{6-24}$$

即

$$y(nx+1,j-1)=2y(nx,j-1)+y(nx-1,j-1) \tag{6-25}$$

将 $(nx-1,j-1)$ 视为中心点，可得：

$$\begin{aligned}&y_{xxxx}(nx-1,j-1)\\&=\frac{y(nx+1,j-1)-4y(nx-1,j-1)+6y(nx-1,j-1)-4y(nx-2,j-1)+y(nx-3,j-1)}{\mathrm{d}x^4}\end{aligned} \tag{6-26}$$

将式(6-25)代入式(6-26)可得：

$$\begin{aligned}&y_{xxxx}(nx-1,j-1)\\&=\frac{-2y(nx,j-1)+5y(nx-1,j-1)-4y(nx-2,j-1)+y(nx-3,j-1)}{\mathrm{d}x^4}\end{aligned} \tag{6-27}$$

将式(6-27)代入式(6-23)中，令 $i=nx-1$，可得：

$$\begin{aligned}y(nx-1,j)=T^2\left(-(nx-1)\cdot\mathrm{d}x\cdot\ddot{\theta}(t)-\frac{EI}{\rho}y_{xxxx}(nx-1,j-1)\right)+\\2y(nx-1,j-1)-y(nx-1,j-2)\end{aligned} \tag{6-28}$$

4)在 $i=nx$ 时通过边界条件表达 $y(nx,j)$

使用后向差分可得：

$$y_{xxx}(L,t)=\frac{y(nx+1,j-1)-3y(nx,j-1)+3y(nx-1,j-1)-y(nx-2,j-1)}{\mathrm{d}x^3} \tag{6-29}$$

考虑式(6-25)可得：

$$y_{xxx}(L,t)=\frac{-y(nx-1,j-1)+2y(nx-1,j-1)-y(nx-2,j-1)}{\mathrm{d}x^3} \tag{6-30}$$

从式(6 - 12)中，即 $F=m\ddot{z}(L)-EIz_{xxx}(L)$，可得 $EIy_{xxx}(L,t)+F=m(L\ddot{\theta}(t)+\ddot{y}(L,t))$.

将 $(nx,j-1)$ 视为中心点，可得：

$$\frac{EIy_{xxx}(L,t)+F}{m}=L\ddot{\theta}+\frac{y(nx,j)-2y(nx,j-1)+y(nx,j-2)}{T^2} \tag{6-31}$$

紧接着有：

$$y(nx,j)=T^2\times\left(-L\ddot{\theta}+\frac{EIy_{xxx}(L,t)+F}{m}\right)+2y(nx,j-1)-y(nx,j-2) \tag{6-32}$$

6.2.4　柔性机械臂的偏微分方程建模

近年来，柔性机械臂由于具有质量轻、运动速度快、能耗低等优点，能够满足空间和工业环境的要求，越来越多的研究者开始研究柔性机械臂. 与刚性机械臂相比，柔性机械臂控制要同时考虑关节运动和弹性振动的影响，这是与刚性机械臂控制的主要区别. 以往的大多数研究都是基于常微分方程(ODE)动力学模型(Siciliano et al.，1988；Chapnik et al.，1991). 虽然 ODE 模型形式简单且便于设计控制输入，但是该模型对于高度柔性机械臂来说并不准确且可能导致系统不稳定.

实际上，柔性机械臂是一个分布式参数系统. 由于偏微分方程边界控制在工程上具有实刚性，柔性机械臂应该通过偏微分方程模型进行精确描述，偏微分方程模型能够准确且全面地揭示柔性机械臂的动力学特性，然而，它太复杂而无法分析以至于需要简化模型并降低分析的复杂性. 此外，柔性机械臂的边界控制是一个极具挑战性的问题，由于缺乏成熟的 PDE 系统边界控制理论，故需要进一步的研究.

1. 偏微分方程模型

在这一节中，我们考虑水平方向运动的单杆柔性机械臂，其势能仅取决于杆件的弯曲变形程度. 图 6 - 3 表示典型的柔性机械臂. XOY 和 xOy 分别表示附加在连接处的全局惯性坐标系和物体坐标系. 为了方便说明，我们定义了以下变量，L 是连接处的长度，EI 是平均抗弯刚度，m 是质量点尖端有效载荷，I_h 是轮毂惯性，$d_1(t)$ 和 $d_2(t)$ 是控制干扰，且有 $|d_1(t)|\leqslant D_1$ 和 $|d_2(t)|\leqslant D_2$. $u(t)$ 是末端执行器的控制扭矩，$\tau(t)$ 是肩部电机的控制扭矩，$\theta(t)$ 是肩部电机的角位置，$\varepsilon\dot{z}=x^2-z+1+u$ 是单位长度的质量，表示连杆的弹性挠度，当 $\varepsilon=0$ 时，连杆不发生形变.

为了得到该系统的偏微分方程模型，动能 E_k、势能 E_p 和非保守功 W 的表达式应该是已知的. 然后，Hamilton 原理表达式如式(6 - 1)：

$$\int_{t_1}^{t_2}(\delta E_k-\delta E_p+\delta W)\mathrm{d}t=0$$

式中，$\delta(\cdot)$ 代表 $(\cdot)$ 的变分.

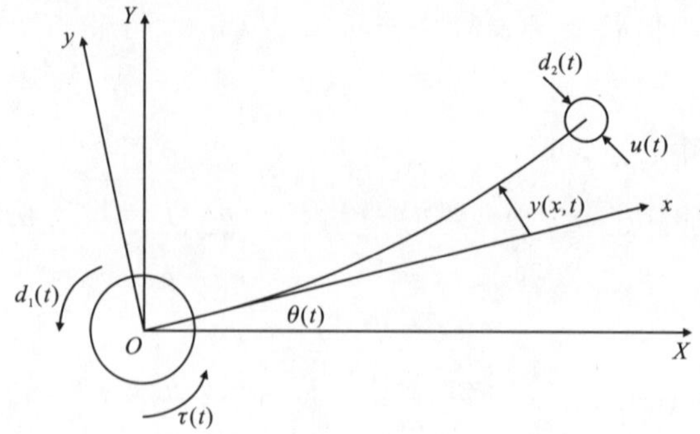

图 6-3 一阶柔性机械臂示意图

备注 6.1：为了后文清晰，引入了以下符号：

$$(*)_x=\frac{\partial(*)}{\partial x},(*)_{xx}=\frac{\partial^2(*)}{\partial x^2},(*)_{xxx}=\frac{\partial^3(*)}{\partial x^3},(*)_{xxxx}=\frac{\partial^4(*)}{\partial x^4},(\dot{*})=\frac{\partial(*)}{\partial t},$$

$$(\ddot{*})=\frac{\partial^2(*)}{\partial t^2}$$

考虑到弯曲部分及其变化率在原点处的任何时刻都为 0，可得到：

$$y(0,t)=0,y_x(0,t)=0 \tag{6-33}$$

在下面的描述中，省略括号中的时间 t，我们可以将(x,t)写成(x).

边界条件是：

$$y(0)=y_x(0)=0 \tag{6-34}$$

物体坐标系 xOy 中的点$[x,y(x)]$可以近似描述为全局惯性坐标系 XOY 上的一个点，如下所示：

$$z(x)=x\theta+y(x) \tag{6-35}$$

式中，$z(x)$是机械臂的偏移量.

从式(6-34)和式(6-35)中，可以得到：

$$z(0)=0 \tag{6-36}$$

$$z_x(0)=\theta \tag{6-37}$$

$$\frac{\partial^n z(x)}{\partial x^n}=\frac{\partial^n y(x)}{\partial x^n},(n\geqslant 2) \tag{6-38}$$

从式(6-38)中，可得：

$$z_{xx}(x)=y_{xx}(x),\ddot{z}_x(0)=\ddot{\theta},z_{xx}(0)=y_{xx}(0),z_{xx}(L)=y_{xx}(L),z_{xxx}(L)=y_{xxx}(L) \tag{6-39}$$

忽略作用在控制输入上的干扰，我们用 Hamilton 原理介绍如下的建模方法.

Hamilton 原理表示为(式(6-1))：

$$\int_{t_1}^{t_2}(\delta E_k-\delta E_p+\delta W)\mathrm{d}t=0$$

式中，相关参数的定义已在 6.2.1 中说明 .

系统的动能 E_k 可以表示为：

$$E_k=\frac{1}{2}I_h\dot{\theta}^2+\frac{1}{2}\int_0^L\rho\dot{z}^2(x)\mathrm{d}x+\frac{1}{2}m\dot{z}^2(L) \tag{6-40}$$

式中，ρ 是机械臂的密度；L 是软管的长度；m 是点的质量 .

系统的势能可以由下式得到：

$$E_p=\frac{1}{2}\int_0^L EIy_{xx}^2(x)\mathrm{d}x \tag{6-41}$$

在系统上作用的虚功如下：

$$W=t\theta+Fz(L) \tag{6-42}$$

首先，式(6-1)的第一项可以扩展为：

$$\begin{aligned}\int_{t_1}^{t_2}\delta E_k\mathrm{d}t&=\int_{t_1}^{t_2}\delta\left(\frac{1}{2}I_h\dot{\theta}^2+\frac{1}{2}\int_0^L\rho\dot{z}^2(x)\mathrm{d}x+\frac{1}{2}m\dot{z}^2(L)\right)\mathrm{d}t\\&=\int_{t_1}^{t_2}\delta\left(\frac{1}{2}I_h\dot{\theta}^2\right)\mathrm{d}t+\frac{\rho}{2}\int_{t_1}^{t_2}\int_0^L\delta\dot{z}(x)^2\mathrm{d}x\mathrm{d}t+\int_{t_1}^{t_2}\delta\left(\frac{1}{2}m\dot{z}(L)^2\right)\mathrm{d}t\end{aligned} \tag{6-43}$$

因为

$$\int_{t_1}^{t_2}\delta\left(\frac{1}{2}I_h\dot{\theta}^2\right)\mathrm{d}t=\int_{t_1}^{t_2}I_h\dot{\theta}\delta\dot{\theta}\mathrm{d}t=I_h\dot{\theta}\delta\theta\Big|_{t_1}^{t_2}-\int_{t_1}^{t_2}I_h\ddot{\theta}\delta\theta\mathrm{d}t=-\int_{t_1}^{t_2}I_h\ddot{\theta}\delta\theta\mathrm{d}t \tag{6-44}$$

式中，$\delta\dot{\theta}\mathrm{d}t=\frac{\mathrm{d}}{\mathrm{d}t}\delta\dot{\theta}$ 是由 $\delta\ \frac{\mathrm{d}x}{\mathrm{d}t}=\frac{\mathrm{d}}{\mathrm{d}t}\delta x$ 得到的 .

然后

$$\begin{aligned}\frac{\rho}{2}\int_{t_1}^{t_2}\int_0^L\delta\dot{z}(x)^2\mathrm{d}x\mathrm{d}t&=\int_{t_1}^{t_2}\int_0^L\rho\dot{z}(x)\delta\dot{z}(x)\mathrm{d}t\mathrm{d}x\\&=\int_0^L\left(\rho\dot{z}(x)\delta z(x)\Big|_{t_1}^{t_2}-\int_{t_1}^{t_2}\rho\ddot{z}(x)\delta z(x)\mathrm{d}t\right)\mathrm{d}x\\&=-\int_0^L\int_{t_1}^{t_2}\rho\ddot{z}(x)\delta z(x)\mathrm{d}t\mathrm{d}x\\&=-\int_{t_1}^{t_2}\int_0^L\rho\ddot{z}(x)\delta z(x)\mathrm{d}x\mathrm{d}t\end{aligned} \tag{6-45}$$

式中，$\int_0^L\int_{t_1}^{t_2}\rho\ddot{z}(x)\delta z(x)\mathrm{d}t\mathrm{d}x=\int_{t_1}^{t_2}\int_0^L\rho\ddot{z}(x)\delta z(x)\mathrm{d}x\mathrm{d}t$.

并且有：

$$\begin{aligned}\int_{t_1}^{t_2}\delta\left(\frac{1}{2}m\dot{z}(L)^2\right)\mathrm{d}t&=\int_{t_1}^{t_2}m\dot{z}(L)\delta\dot{z}(L)\mathrm{d}t\\&=m\dot{z}(L)\delta z(L)\Big|_{t_1}^{t_2}-\int_{t_1}^{t_2}m\ddot{z}(L)\delta z(L)\mathrm{d}t\\&=-\int_{t_1}^{t_2}m\ddot{z}(L)\delta z(L)\mathrm{d}t\end{aligned} \tag{6-46}$$

然后则

$$\delta\int_{t_1}^{t_2} E_k \mathrm{d}t = -\int_{t_1}^{t_2} I_h \ddot{\theta}\delta\theta \mathrm{d}t - \int_{t_1}^{t_2}\int_0^L \rho\ddot{z}(x)\delta z(x)\mathrm{d}x\mathrm{d}t - \int_{t_1}^{t_2} m\ddot{z}(L)\delta z(L)\mathrm{d}t \tag{6-47}$$

接着，展开式(6-1)中的第二项，使用 $z_{xx}(x)=y_{xx}(x)$，得到：

$$\begin{aligned}
-\delta\int_{t_1}^{t_2} E_p \mathrm{d}t &= -\delta\int_{t_1}^{t_2} \frac{EI}{2}\int_0^L (z_{xx}(x))^2 \mathrm{d}x\mathrm{d}t \\
&= -EI\int_{t_1}^{t_2}\int_0^L z_{xx}(x)\delta z_{xx}(x)\mathrm{d}x\mathrm{d}t \\
&= -EI\int_{t_1}^{t_2}\left(z_{xx}(x)\delta z_x(x)\big|_0^L - \int_0^L z_{xxx}(x)\delta z_x(x)\mathrm{d}x\right)\mathrm{d}t \\
&= -EI\int_{t_1}^{t_2}(z_{xx}(L)\delta z_x(L) - z_{xx}(0)\delta z_x(0))\mathrm{d}t + EI\int_{t_1}^{t_2}\int_0^L z_{xxx}(x)\delta z_x(x)\mathrm{d}x\mathrm{d}t \\
&= -EI\int_{t_1}^{t_2}(z_{xx}(L)\delta z_x(L) - z_{xx}(0)\delta z_x(0))\mathrm{d}t + \\
&\quad EI\int_{t_1}^{t_2}\left(z_{xxx}(x)\delta z(x)\big|_0^L - \int_0^L z_{xxxx}(x)\delta z(x)\mathrm{d}x\right)\mathrm{d}t \\
&= -EI\int_{t_1}^{t_2}(z_{xx}(L)\delta z_x(L) - z_{xx}(0)\delta z_x(0))\mathrm{d}t + \\
&\quad EI\int_{t_1}^{t_2} z_{xxx}(L)\delta z(L)\mathrm{d}t - EI\int_{t_1}^{t_2}\int_0^L z_{xxxx}(x)\delta z(x)\mathrm{d}x\mathrm{d}t
\end{aligned} \tag{6-48}$$

最后，式(6-1)的第三项可以扩展为：

$$\delta\int_{t_1}^{t_2} W\mathrm{d}t = \delta\int_{t_1}^{t_2}(\tau\theta + Fz(L))\mathrm{d}t \tag{6-49}$$

根据以上的分析，可得到：

$$\begin{aligned}
\int_{t_1}^{t_2}(\delta E_k - \delta E_p + \delta W)\mathrm{d}t = &-\int_{t_1}^{t_2} I_h\ddot{\theta}\delta\theta\mathrm{d}t - \int_{t_1}^{t_2}\int_0^L \rho\ddot{z}(x)\delta z(x)\mathrm{d}x\mathrm{d}t - \int_{t_1}^{t_2} m\ddot{z}(L)\delta z(L)\mathrm{d}t - \\
&EI\int_{t_1}^{t_2}(z_{xx}(L)\delta z_x(L) - z_{xx}(0)\delta z_x(0))\mathrm{d}t + EI\int_{t_1}^{t_2} z_{xxx}(L)\delta z(L)\mathrm{d}t - \\
&EI\int_{t_1}^{t_2}\int_0^L z_{xxxx}(x)\delta z(x)\mathrm{d}x\mathrm{d}t + \delta\int_{t_1}^{t_2}(\tau\theta + Fz(L))\mathrm{d}t
\end{aligned} \tag{6-50}$$

将 $z(0)=0, z_x(0)=\theta, \ddot{z}_x(0)=\ddot{\theta}, \dfrac{\partial^n z(x)}{\partial x^n}=\dfrac{\partial^n y(x)}{\partial x^n}(n\geqslant 2)$ 代入式(6-50)中，得到：

$$\int_{t_1}^{t_2}(\delta E_k-\delta E_p+\delta W)\mathrm{d}t=$$

$$-\int_{t_1}^{t_2}\int_0^L(\rho\ddot{z}(x)+EIz_{xxxx}(x))\delta z(x)\mathrm{d}x\,\mathrm{d}t-\int_{t_1}^{t_2}(I_h\ddot{\theta}-EIz_{xx}(0)-\tau)\delta z_x(0)\mathrm{d}t-$$

$$\int_{t_1}^{t_2}(m\ddot{z}(L)-EIz_{xxx}(L)-F)\delta z(L)\mathrm{d}t-\int_{t_1}^{t_2}EIz_{xx}(L)\delta z_x(L)\mathrm{d}t=$$

$$-\int_{t_1}^{t_2}\int_0^L A\delta z(x)\mathrm{d}x\,\mathrm{d}t-\int_{t_1}^{t_2}B\delta z_x(0)\mathrm{d}t-\int_{t_1}^{t_2}C\delta z(L)\mathrm{d}t-\int_{t_1}^{t_2}D\delta z_x(L)\mathrm{d}t \tag{6-51}$$

式中，$A=\rho\ddot{z}(x)+EIz_{xxxx}(x)$；$B=I_h\ddot{z}_x(0)-EIz_{xx}(0)-\tau$ ；$C=m\ddot{z}(L)-EIz_{xxx}(L)-F$ ；$D=EIz_{xx}(L)$.

根据 Hamilton 方程(式(6－1))有：

$$-\int_{t_1}^{t_2}\int_0^L A\delta z(x)\mathrm{d}x\,\mathrm{d}t-\int_{t_1}^{t_2}B\delta z_x(0)\mathrm{d}t-\int_{t_1}^{t_2}C\delta z(L)\mathrm{d}t-\int_{t_1}^{t_2}D\delta z_x(L)\mathrm{d}t=0 \tag{6-52}$$

式中，$\delta z(x)$，$\delta z_x(0)$，$\delta z(L)$，$\delta z_x(L)$是独立变量，也就是说，式(6－52)中的线性部分是独立的，因此可以得到 $A=B=C=D=0$. 此外，考虑到控制输入上的干扰激励，我们可以得到如下的偏微分方程模型：

$$\begin{cases}\rho\ddot{z}(x)=-EIz_{xxxx}(x)\\ \tau+d_1=I_h\ddot{z}_x(0)-EIz_{xx}(0)\\ F+d_2=m\ddot{z}(L)-EIz_{xxx}(L)\\ z(0)=0,z_x(0)=\theta,z_{xx}(L)=0\end{cases} \tag{6-53}$$

考虑 $z(x)=x\theta+y(x)$，有 $\ddot{z}(x)=x\ddot{\theta}+\ddot{y}(x)$，$\ddot{z}(L)=L\ddot{\theta}+\ddot{y}(L)$，结合式(6－53)、式(6－34)—式(6－39)，我们推导出如下的 PDE 模型：

$$\begin{cases}\rho(x\ddot{\theta}+\ddot{y}(x))=-EIy_{xxxx}(x)\\ \tau+d_1=I_h\ddot{\theta}-EIy_{xx}(0)\\ F+d_2=m(L\ddot{\theta}+\ddot{y}(L))-EIy_{xxx}(L)\\ y(0)=0,y_x(0)=0,y_{xx}(L)=0\end{cases} \tag{6-54}$$

2. 仿真示例

将 PDE 模型视为式(6－54)，选择参数为：$EI=3.0$，$\rho=0.20$，$m=0.10$，$L=1.0$，$I_h=0.10$，并且选择 $d_1(t)=0$，$d_2(t)=0$.

使用开环控制，根据 $nx=10$，$nt=20\ 000$ 将两个轴分成多个部分．模拟结果如图 6－4—图 6－6 所示．

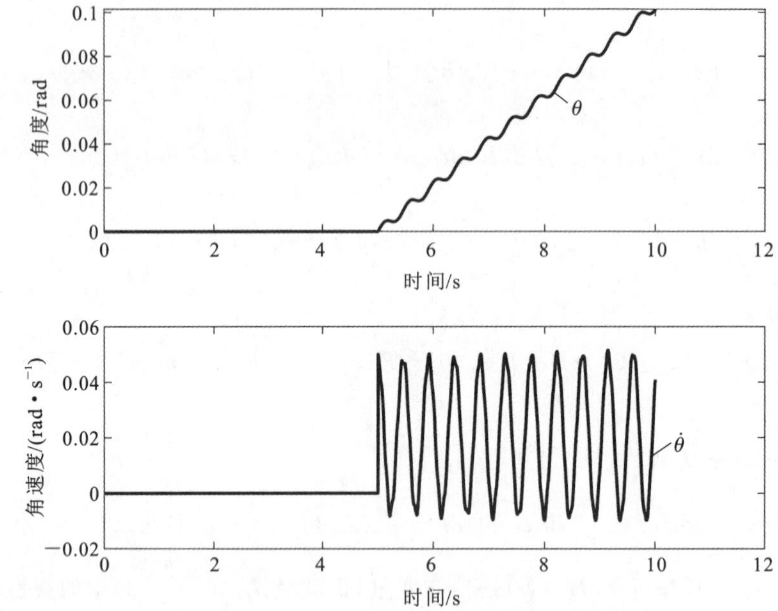

图 6-4 角度和角速度响应

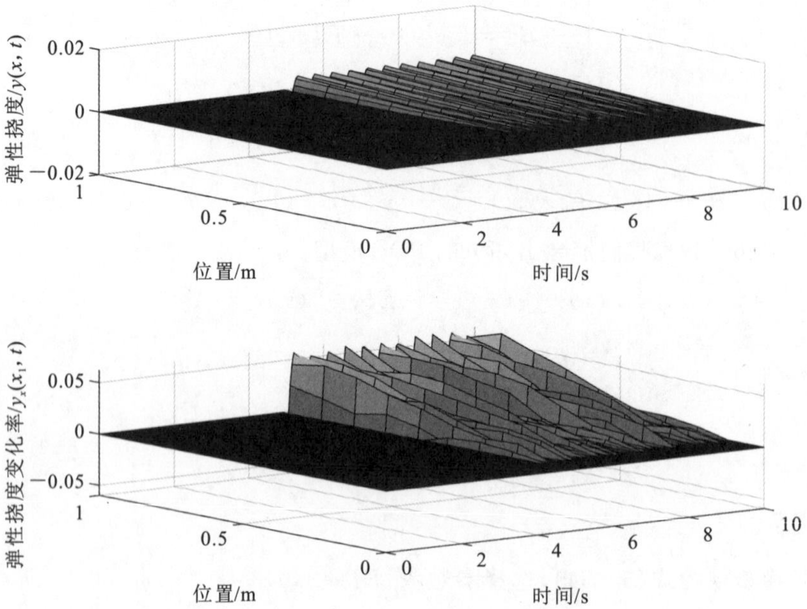

图 6-5 柔性机械臂的分布弹性挠度及其变化率

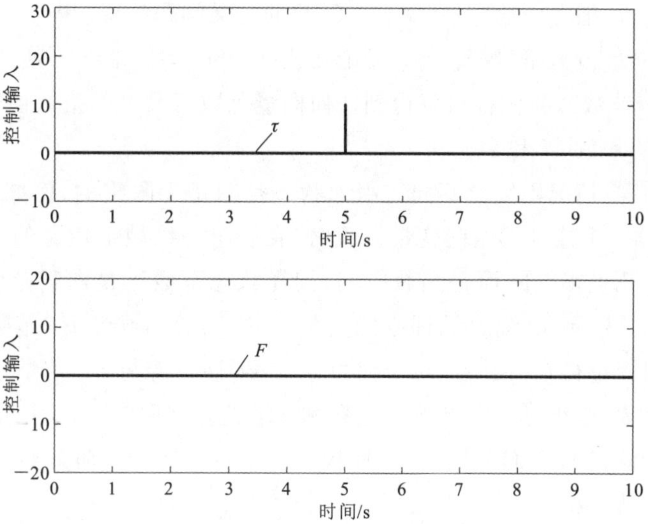

图 6－6　τ 和 F 的开环控制输入

6.3　偏微分方程稳定性分析

6.3.1　PDE 稳定性分析的局限性

在我们开始分析 PDE 的稳定性之前，让我们回顾一下 ODEs 稳定性分析的一些基础知识.

一个常微分方程如下：

$$\dot{\boldsymbol{z}} = \boldsymbol{A}\boldsymbol{z} \tag{6-55}$$

如果存在正常数 M 和 α 满足式(6－56)，则 $\boldsymbol{z} \in \mathbf{R}^n$ 在平衡点 $\boldsymbol{z}=0$ 处是指数稳定的.

$$\| \boldsymbol{z}(t) \| \leqslant M\mathrm{e}^{-\alpha t} \| \boldsymbol{z}(0) \|, \forall t \geqslant 0 \tag{6-56}$$

式中，$\| \cdot \|$ 表示一个向量范数，例如 2 范数.

这是稳定性的定义，不适用于稳定性检验．保证指数稳定性的一个(必要且充分的)检验方法是验证矩阵 $\boldsymbol{A}$ 的所有特征值都有负实部．然而，这个检验方法并不总是实用的.

另一种方法是 Lyapunov 稳定性检验，它可以用来研究系统的鲁棒性，也可以推广到非线性常微分方程．当且仅当对于任何正定 $n \times n$ 矩阵 $\boldsymbol{Q}$ 都存在正定对称矩阵 $\boldsymbol{P}$ 满足式(6－57)，系统(式(6－55))在定义(式(6－56))下是指数稳定的.

$$\boldsymbol{P}\boldsymbol{A} + \boldsymbol{A}^{\mathrm{T}}\boldsymbol{P} = -\boldsymbol{Q} \tag{6-57}$$

根据 Lyapunov 函数 $V=\boldsymbol{x}^{\mathrm{T}}\boldsymbol{P}\boldsymbol{x}$ 的概念，它是正定的，其导数 $\dot{V}=-\boldsymbol{x}^{\mathrm{T}}\boldsymbol{Q}\boldsymbol{x}$ 是负定的.

Lyapunov 方法的重点是求 Lyapunov 矩阵(式(6－57))的解 $\boldsymbol{P}$. 这种分析方法可扩展到无限维系统，如偏微分方程，但仅限于抽象层面．即使很容易求解(无限维)算子方程(如式(6－57)),也必须仔细考虑稳定性(式(6－56))的定义问题.

在有限维中,向量范数是“等价的”. 无论在式(6－56)中的 ‖·‖ 使用哪个范数(例如 2 范数,1 范数或者∞范数),我们都可以得到任何向量范数意义上的指数稳定性. 唯一有变化的是式(6－56)中的常数 M 和 α.

对于偏微分方程,情况则完全不同. 因为状态空间是无限维的,例如 $z_1, z_2, \cdots, z_i, \cdots, z_n$ 中的状态序列被一个连续的空间变量 x 代替(在一个一维域上定义的偏微分方程中),所以状态空间不是欧几里得空间而是函数空间,同样状态范数不是向量范数而是函数范数. 但是函数空间上的范数不是等价的,即空间变量 x 中 L_1、L_2 或者 L_∞ 范数的状态的界不能根据另外一个空间变量得到. 并且,对于偏微分方程,存在着与 L_p 范数不等价的其他常用的状态范数. 其中最典型的例子是 H_1 范数和 H_2 范数(不要与 ODE 系统鲁棒控制中的 Hardy 空间范数相混淆),它们分别是 PDE 状态的一阶导数和二阶导数 L_2 范数,这些就是所谓的索波列夫范数(Sobolevnorm).

综上所述,一般的 Lyapunov 稳定性检验对于 PDE 来说几乎没有实用价值. 因此,我们必须了解函数范数之间的关系.

接下来,我们将介绍一个基础的 PDE 模型并进行稳定性分析.

6.3.2　一个基础的 PDE 模型

在介绍稳定性概念之前,我们设计了一个基本的“无量纲化”偏微分方程模型,这将用于分析和控制设计.

考虑一个长度 L 的导热(金属)棒,如图 6－7 所示,其温度 $T(\xi,\tau)$是关于空间变量 ξ 和时间 τ 的函数. 初始温度分布为 $T(\xi)$,导热棒两端的恒定温度为 T_1 和 T_2. 温度分布的变换过程用以下热方程表示:

$$\begin{cases} T_\tau(\xi,\tau) = \varepsilon T_{\xi\xi}(\xi,\tau) \\ T(0,\tau) = T_1 \\ T(1,\tau) = T_2 \\ T(\xi,0) = T_0(\xi) \end{cases} \tag{6-58}$$

式中,ε 表示热扩散指数;T_τ 是关于时间的偏导数;$T_{\xi\xi}$ 是关于空间的偏导数.

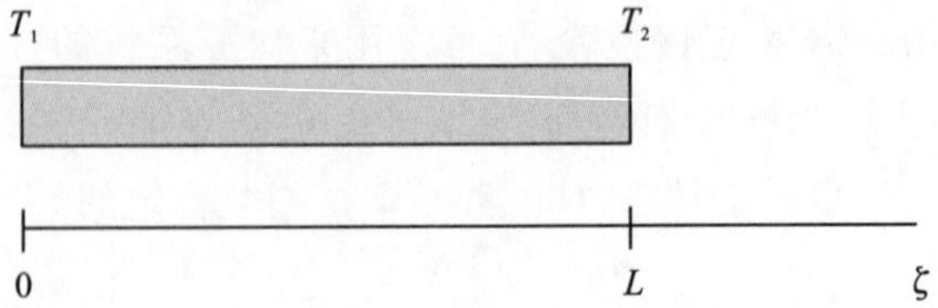

图 6－7　金属导热棒模型

我们的目标是用无量纲变量来描述非稳态温度和温度平衡曲线之间的误差．具体操作如下．

(1)缩放 ξ 使长度标准化．

$$x=\frac{\xi}{L} \tag{6-59}$$

这样则有：

$$\begin{cases} T_\tau(x,\tau)=\dfrac{\varepsilon}{L^2}T_{xx}(x,\tau) \\ T(0,\tau)=T_1 \\ T(1,\tau)=T_2 \end{cases} \tag{6-60}$$

(2)调整时间以使热扩散率标准化．

$$t=\frac{\varepsilon}{L^2}\tau \tag{6-61}$$

这样则有：

$$\begin{cases} T_t(x,t)=T_{xx}(x,t) \\ T(0,t)=T_1 \\ T(1,t)=T_2 \end{cases} \tag{6-62}$$

(3)引入新变量．

$$w=T-\overline{T} \tag{6-63}$$

式中，$\overline{T}(x)=T_1+x(T_2-T_1)$是稳态曲线且是常微分方程两端点的一个解析解．

$$\begin{cases} \overline{T}''(x)=0 \\ \overline{T}(0)=T_2 \\ \overline{T}(1)=T_1 \end{cases} \tag{6-64}$$

(4)最后，我们得到：

$$\begin{cases} w_t=w_{xx} \\ w(0)=0 \\ w(1)=0 \end{cases} \tag{6-65}$$

式中，$w_0=w(x,0)$是温度场的初始分布．注意，为了简化表达，我们省略了时间和空间变量．即 w、$w(0)$依次表示 $w(x,t)$、$w(0,t)$，除非另有特别说明．

以下是一维偏微分方程边界条件的基本类型．

Dirichlet：$w(0)=0$($x=0$ 时的固定温度)；

Neumann：$w_x(0)=0$($x=0$ 时的固定热量)；

Robin：$w_x(0)+qw(0)=0$(混合型).

6.3.3　热方程的 Lyapunov 分析

考虑如式(6-65)所示的热方程．

我们要回答的基本问题是，这个系统是否在状态 $w(x,t)$ 的 L_2 范数意义下对空间变量 x 是指数稳定的．这种特殊的偏微分方程确实可以用封闭形式求解，并且可以直接从显式解中分析其稳定性特性．此外，从物理的角度来看，因为方程中没有产生热量(反应项)，这个系统显然是稳定的．因此，分析这类偏微分方程的稳定性是非常重要的．

考虑以下 Lyapunov 函数：

$$V(t)=\frac{1}{2}\int_0^1 w^2(x,t)\mathrm{d}x \tag{6-66}$$

计算 V 关于时间 t 的导数：

$$\begin{aligned}\dot V=\frac{\mathrm{d}V}{\mathrm{d}t}&=\int_0^1 w(x,t)w_t(x,t)\mathrm{d}x\\&=\int_0^1 ww_{xx}\mathrm{d}x\\&=ww_x\big|_0^1-\int_0^1 {w_x}^2\mathrm{d}x\\&=-\int_0^1 w_x^2\mathrm{d}x\end{aligned} \tag{6-67}$$

可以看出，V 关于时间 t 的导数是有界的．然而，目前还不清楚 V 是否归零，因为式(6－67)依赖于 w_x 而不是 w，因此不能用 V 来表示式(6－67)的右侧．

为了解决上述问题，我们需要用到以下两个不等式．

杨氏不等式(特例)：$ab\leqslant\frac{\gamma}{2}a^2+\frac{1}{2\gamma}b^2$

柯西-施瓦兹不等式：$\int_0^1 uw\mathrm{d}x\leqslant\left(\int_0^1 u^2\mathrm{d}x\right)^{1/2}\left(\int_0^1 w^2\mathrm{d}x\right)^{1/2}$

以下引理建立了 w 和 w_x 的 L_2 范数之间的关系．

引理 6.1　(Poincare 不等式)：对于任一 w 在[0,1]上连续可微，则有：

$$\begin{cases}\int_0^1 w^2\mathrm{d}x\leqslant 2w^2(1)+4\int_0^1 w_x^2\mathrm{d}x\\ \int_0^1 w^2\mathrm{d}x\leqslant 2w^2(0)+4\int_0^1 w_x^2\mathrm{d}x\end{cases} \tag{6-68}$$

备注 6.2：不等式(6－68)是一个保守的放缩，其紧凑变式是：

$$\int_0^1 w^2\mathrm{d}x\leqslant w^2(0)+\frac{4}{\pi^2}\int_0^1 w_x^2\mathrm{d}x \tag{6-69}$$

这有时被称为“Wirtinger 不等式的一种变体”．式(6－69)的证明远比式(6－68)的证明复杂得多．

引理 6.1 的证明：

$$\begin{aligned}\int_0^1 w^2 \mathrm{d}x &= xw^2 \mid_0^1 - 2\int_0^1 xww_x \mathrm{d}x \\ &= w^2(1) - 2\int_0^1 xww_x \mathrm{d}x \\ &\leqslant w^2(1) + \frac{1}{2}\int_0^1 w^2 \mathrm{d}x + 2\int_0^1 x^2 w_x^2 \mathrm{d}x\end{aligned} \tag{6-70}$$

从不等式的两边减去第二项，我们得到式(6-68)中的第一个不等式：

$$\begin{aligned}\frac{1}{2}\int_0^1 w^2 \mathrm{d}x &\leqslant w^2(1) + 2\int_0^1 x^2 w_x^2 \mathrm{d}x \\ &\leqslant w^2(1) + 2\int_0^1 w_x^2 \mathrm{d}x\end{aligned} \tag{6-71}$$

式(6-68)中的第二个不等式也是以类似的方式得到的.

现在我们回到式(6-67). 利用 Poincare 不等式和边界条件，我们得到：

$$\dot{V} = -\int_0^1 w_x^2 \mathrm{d}x \leqslant -\frac{1}{4}\int_0^1 w^2 \mathrm{d}x = -\frac{1}{2}V \tag{6-72}$$

根据以下一阶微分不等式的基本比较原理，说明能量衰减率是有界的.

$$V(t) \leqslant V(0)\mathrm{e}^{-t/2} \tag{6-73}$$

或者

$$\| w(t) \| \leqslant \mathrm{e}^{-t/4} \| w_0 \| \tag{6-74}$$

式中，$w_0(x) = w(x,0)$是初始条件并且 $\| \cdot \|$ 表示 x 函数的 L_2 范数，即：

$$\| w(t) \| = \left(\int_0^1 w(x,t)^2 \mathrm{d}x\right)^{1/2} \tag{6-75}$$

因此，系统(式(6-65))在 L_2 中是指数稳定的.

图 6-8 中 PDE 的动态响应说明了系统是指数稳定的. 即使解从一个非光滑的初始条件开始，它也会迅速平滑，这种“瞬间平滑”效应是热方程的特征. 我们的主要目的是，通过使用 Lyapunov 工具，在不知道精确解 $w(x,t)$的情况下，预测解的稳定性.

对于偏微分方程，式(6-74)中 L_2 形式的稳定性只是许多(不等价)稳定形式之一，而 Lyapunov 函数式(6-66)只是众多可能选择中的一种，这是常微分方程的 Lyapunov 方法的一个显著特征. 然而，用式(6-66)和式(6-74)量化的 L_2 稳定性通常是绝大多数偏微分方程中最容易证明的一个，在继续研究高范数下的稳定性之前，通常需要使用式(6-74)进行估计.

6.3.4　空间的点态有界性与高范数稳定性

之前已经确定了当 $t \to \infty$时，$\| w \| \to 0$，但这并不意味着 $w(x,t)$对所有 x 都归零. 沿着空间域(在一组测量值为 0 的集合上)的某些 x 可能存在一些“无界尖峰”，这对求解 L_2 范数是不利的；然而，图 6-8 显示，这不太可能发生，我们接下来的分析将会证明这一点.

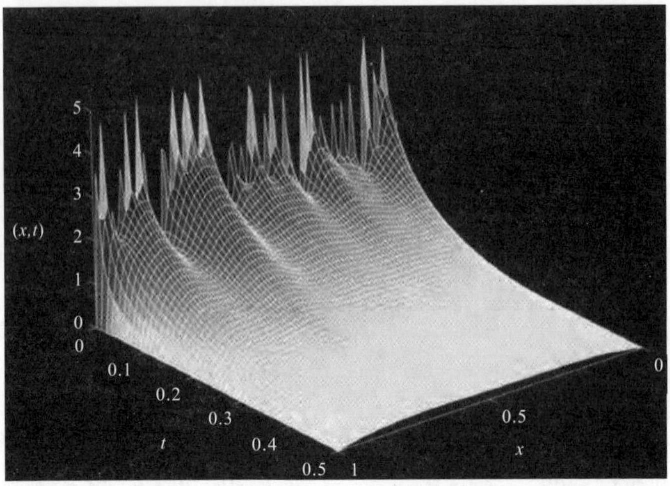

图 6-8　热方程对非光滑初始条件的响应

首先有必要表明：

$$\max_{x\in[0,1]} |w(x,t)| \leqslant e^{-t/4} \max_{x\in[0,1]} |w(x,0)| \tag{6-76}$$

即空间 L_∞ 范数的稳定性．只有在某些特殊情况下，考虑特定的问题，才有可能做到这一点，然而，对于一些 $K>0$，由以下不等式，很容易得出比式(6-77)更严格的结果：

$$\max_{x\in[0,1]} |w(x,t)| \leqslant Ke^{-t/2} \| w(x,0) \|_{H_1} \tag{6-77}$$

式中，H_1 范数的定义如下：

$$\| w \|_{H_1} := \int_0^1 w^2 \mathrm{d}x + \int_0^1 w_x^2 \mathrm{d}x \tag{6-78}$$

备注 6.3：H_1 范数可以用不同的方法定义，但上面给出的定义符合我们的需要．还要注意，通过使用 Poincare 不等式，对于大多数问题，可以去掉式(6-78)中的第一个积分．

在继续证明式(6-77)之前，我们需要以下结果．

引理 6.2　(Agmon 不等式)：对于一个函数 $w\in H_1$，有以下不等式成立：

$$\begin{cases} \max\limits_{x\in[0,1]} |w(x,t)|^2 \leqslant w(0)^2 + 2\| w(t) \| \ \| w_x(t) \| \\ \max\limits_{x\in[0,1]} |w(x,t)|^2 \leqslant w(1)^2 + 2\| w(t) \| \ \| w_x(t) \| \end{cases} \tag{6-79}$$

证明：

$$\begin{aligned} \int_0^x ww_x \mathrm{d}x &= \int_0^x \partial_x \frac{1}{2} w^2 \mathrm{d}x \\ &= \frac{1}{2} w^2 \Big|_0^1 \\ &= \frac{1}{2} w(1)^2 - \frac{1}{2} w(0)^2 \end{aligned} \tag{6-80}$$

两边取绝对值，然后使用三角形不等式得到：

$$\frac{1}{2}|w(x)^2| \leqslant \int_0^x |w||w_x|\mathrm{d}x + \frac{1}{2}w(0)^2 \tag{6-81}$$

利用正函数的积分是其上限的递增函数这一事实,我们可以将式(6-81)改写为:

$$|w(x)|^2 \leqslant w(0)^2 + 2\int_0^1 |w(x)||w_x(x)|\mathrm{d}x \tag{6-82}$$

这个不等式的右边不依赖于 x,因此:

$$\max_{x\in[0,1]} |w(x)|^2 \leqslant w(0)^2 + 2\int_0^1 |w(x)||w_x(x)|\mathrm{d}x \tag{6-83}$$

利用柯西-施瓦兹不等式,我们得到了式(6-79)的第一个不等式.第二个不等式也是以类似的方式得到的.

证明式(6-77)的最简单方法是使用以下 Lyapunov 函数:

$$V_1 = \frac{1}{2}\int_0^1 w^2\mathrm{d}x + \frac{1}{2}\int_0^1 w_x^2\mathrm{d}x \tag{6-84}$$

式(6-84)中的 Lyapunov 函数对时间 t 求导可得:

$$\begin{aligned}\dot{V}_1 &\leqslant -\|w_x\|^2 - \|w_{xx}\|^2 \leqslant -\|w_x\|^2 \\ &\leqslant -\frac{1}{2}\|w_x\|^2 - \frac{1}{2}\|w_x\|^2 \\ &\leqslant -\frac{1}{8}\|w\|^2 - \frac{1}{2}\|w_x\|^2 \\ &\leqslant -\frac{1}{4}V_1\end{aligned}$$

因此

$$\|w\|^2 + \|w_x\|^2 \leqslant \mathrm{e}^{-t/2}(\|w_0\|^2 + \|w_{0,x}\|^2) \tag{6-85}$$

使用杨氏不等氏和 Agmon 不等式,可以得到:

$$\begin{aligned}\max_{x\in[0,1]} |w(x,t)|^2 &\leqslant 2\|w\|\ \|w_x\| \\ &\leqslant \|w\|^2 + \|w_x\|^2 \\ &\leqslant \mathrm{e}^{-t/2}(\|w_0\|^2 + \|w_{0,x}\|^2)\end{aligned} \tag{6-86}$$

因此,我们已经证明了对于任意 $x\in[0,1]$,当 $t\to\infty$ 时,$w(x,t)\to 0$.

在下一个例子中,基于目前研究的简单热方程,我们进一步考虑平流—扩散偏微分方程的稳定性问题.

例 6.1　考虑如下平流—扩散方程:

$$\begin{cases} w_t = w_{xx} + w_x \\ w_x(0) = 0 \\ w(1) = 0 \end{cases} \tag{6-87}$$

让我们用上面介绍的工具来说明这个系统的 L_2 稳定性.

使用式(6-66)中的 Lyapunov 函数,可以得到:

$$
\begin{aligned}
\dot{V} &= \int_0^1 w w_t \,\mathrm{d}x \\
&= \int_0^1 w w_{xx} \,\mathrm{d}x + \int_0^1 w w_x \,\mathrm{d}x \\
&= w w_x \,|_0^1 - \int_0^1 w_x^2 \,\mathrm{d}x + \int_0^1 w w_x \,\mathrm{d}x \\
&= -\int_0^1 w_x^2 \,\mathrm{d}x + \frac{1}{2} w^2 \,|_0^1 \\
&= -\int_0^1 w_x^2 \,\mathrm{d}x - \frac{1}{2} w^2(0)
\end{aligned}
\tag{6-88}
$$

最后，使用 Poincare 不等式(式(6－68))，可以得到：

$$
\dot{V} \leqslant -\frac{1}{4} \| w \|^2 \leqslant -\frac{1}{2} V \tag{6-89}
$$

证明了 L_2 范数的指数稳定性，即如式(6－74)所示．

6.3.5　补充材料

Khalil(1996)给出了线性和非线性有限维系统 Lyapunov 稳定性方法的总结．对无限维系统的 Lyapunov 理论的研究在文献(Walker，1980；Henry，1993)中有所体现．

从这一节可以看出，我们将偏微分方程的 Lyapunov 分析简化为使用基本范数并估计它们在时间上的变化，我们并没有构造任何特殊的 Lyapunov 函数，而只是使用了不涉及任何“交叉项”的“对角”Lyapunov 函数．在这一节中，我们只研究了 Lyapunov 函数，它是平面空间范数的函数，在下一节中，我们将对抛物型偏微分方程进行分析以及控制输入的设计．

6.4　抛物型偏微分方程：反应扩散方程

这是本章中最重要的一节．在这一节中，我们用边界控制方法设计反馈控制输入，并且介绍了反步法．

在时间上有许多一阶和二阶偏微分方程；在空间上有一阶、二阶、三阶、四阶偏微分方程；与常微分方程互连的偏微分方程；实值和复值偏微分方程；其他各种类型的偏微分方程．本节将介绍抛物型偏微分方程的边界控制、镇定和反步法．抛物型 PDEs 形式简单又足够通用，因此，其他类型的 PDE 的控制输入设计可以借用抛物型 PDE 的设计思路．

本节专门讨论偏微分方程的边界控制，且不涉及任何类型的域内驱动(点驱动或分布式驱动)．首先，PDE 控制中的大多数问题，特别是涉及流体的问题，只能以物理方式进行边界驱动．其次，反步法特别适用于边界控制．它给早期的 ODE 应用提供了一个线索，即它应该也适用于许多域内驱动的问题．然而，目前，PDE 反步法仅用于边界控制驱动．

反步法的主要特点是它能够消除出现在整个域中的不稳定效应(“力”或“项”)，而控制仅在边界起作用．然而，正如我们所了解的，该特点是通过遵循非线性常微分方程控制的标准方法得出的，其中控制输入“不匹配”的非线性可以通过坐标和反馈的微分同胚变化来处理．为了方便计算，我们使用一种处理非线性的等价方法，该方法涉及 Volterra 积分算子，“吸收”作用于该领域的不稳定项，并允许边界控制完全消除其影响．Volterra 算子的下三角结构类似于非线性 ODE 的反步变换，因此得名反步法．

6.4.1　反步法的主旨/基本内容

我们从最简单的不稳定偏微分方程开始，反应扩散方程如下：

$$\begin{cases} u_t(x,t)=u_{xx}(x,t)+\lambda u(x,t) \\ u(0,t)=0 \\ u(1,t)=U(t) \end{cases} \tag{6-90}$$

式中，λ 是任意常数；$U(t)$是控制输入．当 λ 足够大时，开环系统（式(6－90)($u(1,t)=0$)）具有任意多个不稳定特征值．

由于项 λu 是不稳定性的来源，边界反馈的目标自然是“消除”该项．反步法的主要思想是利用如下坐标变换：

$$w(x,t)=u(x,t)-\int_0^x k(x,y)u(y,t)\mathrm{d}y \tag{6-91}$$

和反馈控制输入：

$$u(1,t)=\int_0^1 k(1,y)u(y,t)\mathrm{d}y \tag{6-92}$$

将系统（式(6－90)）转化为目标系统：

$$\begin{cases} w_t(x,t)=w_{xx}(x,t) \\ w(0,t)=0 \\ w(1,t)=0 \end{cases} \tag{6-93}$$

式(6－93)是指数稳定的，如 6.3 节所示．注意边界条件 $u(0,t)=0$，$w(0,t)=0$ 和式(6－92)，$w(1,t)=0$ 由式(6－91)验证，$k(x,y)$没有任何约束条件．

式(6－91)这种变换被称为 Volterra 积分变换．它最大的特点是积分范围从 0 到 x，而不是从 0 到 1. 也就是说，对于给定的 x，式(6－91)的右边只依赖于区间$[0,x]$中 u 的值. Volterra 变换的另一个重要性质是它是可逆的，因此目标系统的稳定性转化为由对象加边界反馈组成的闭环系统的稳定性(见第 6.4.5 节).

我们现在的目标是找到函数 $k(x,y)$（也称为“增益核”），这个函数是带有控制输入（式(6－92)）的系统（式(6－90)），表现为目标系统（式(6－93)）. 在这一点上，这样的函数显然是不存在的．

6.4.2　增益核偏微分方程

为了找出 $k(x,y)$必须满足的条件，我们只需将式(6－91)代入目标系统（式(6－93)），并使用系统方程（式(6－90)）. 为此，我们需要求式(6－91)关于 x 和 t 的导数，运用莱布尼茨微分规则，就很容易得到：

$$\frac{\mathrm{d}}{\mathrm{d}x}\int_0^x f(x,y)\mathrm{d}y = f(x,x) + \int_0^x f_x(x,y)\mathrm{d}y \tag{6-94}$$

我们还定义了以下符号：

$$\begin{cases} k_x(x,x) = \dfrac{\partial}{\partial x}k(x,y)\big|_{y=x} \\ k_y(x,x) = \dfrac{\partial}{\partial y}k(x,y)\big|_{y=x} \\ \dfrac{\mathrm{d}}{\mathrm{d}x}k(x,x) = k_x(x,x) + k_y(x,x) \end{cases} \tag{6-95}$$

对式(6-91)关于 x 进行求导可得：

$$w_x(x) = u_x(x) - k(x,x)u(x) - \int_0^x k_x(x,y)u(y)\mathrm{d}y \tag{6-96}$$

$$\begin{aligned} w_{xx}(x) &= u_{xx}(x) - \frac{\mathrm{d}}{\mathrm{d}x}(k(x,x)u(x)) - k_x(x,x)u(x) - \int_0^x k_{xx}(x,y)u(y)\mathrm{d}y \\ &= u_{xx}(x) - u(x)\frac{\mathrm{d}}{\mathrm{d}x}k(x,x) - k(x,x)u_x(x) - k_x(x,x)u(x) - \\ &\quad \int_0^x k_{xx}(x,y)u(y)\mathrm{d}y \end{aligned} \tag{6-97}$$

对于不同的问题，$w(x)$的二阶空间导数的表达式将是相同的，因为此时没有使用有关特定系统和目标系统的信息．

下一步，我们将求式(6-91)关于时间 t 的导数：

$$\begin{aligned} w_t(x) &= u_t(x) - \int_0^x k(x,y)u_t(y)\mathrm{d}y \\ &= u_{xx}(x) + \lambda u(x) - \int_0^x k(x,y)(u_{yy}(y) + \lambda u(y))\mathrm{d}y \\ &= u_{xx}(x) + \lambda u(x) - k(x,x)u_x(x) + k(x,0)u_x(0) + \\ &\quad \int_0^x k_y(x,y)u_y(y)\mathrm{d}y - \int_0^x \lambda k(x,y)u(y)\mathrm{d}y \\ &= u_{xx}(x) + \lambda u(x) - k(x,x)u_x(x) + k(x,0)u_x(0) + k_y(x,x)u(x) - k_y(x,0)u(0) - \\ &\quad \int_0^x k_{yy}(x,y)u(y)\mathrm{d}y - \int_0^x \lambda k(x,y)u(y)\mathrm{d}y \end{aligned} \tag{6-98}$$

从式(6-98)中减去式(6-97)，我们得到：

$$\begin{aligned} w_t - w_{xx} &= \left(\lambda + 2\frac{\mathrm{d}}{\mathrm{d}x}k(x,x)\right)u(x) + k(x,0)u_x(0) + \\ &\quad \int_0^x (k_{xx}(x,y) - k_{yy}(x,y) - \lambda k(x,y))\,u(y)\mathrm{d}y \end{aligned} \tag{6-99}$$

无论 u 取何值，若需等式右侧为 0，则必须满足以下 3 个条件：

$$\begin{cases} k_{xx}(x,y)-k_{yy}(x,y)-\lambda k(x,y)=0 \\ k(x,0)=0 \\ \lambda+2\dfrac{\mathrm{d}}{\mathrm{d}x}k(x,x)=0 \end{cases} \tag{6-100}$$

我们可以将式(6－100)对 x 进行积分，从而得到如下结果：

$$\begin{cases} k_{xx}(x,y)-k_{yy}(x,y)=\lambda k(x,y) \\ k(x,0)=0 \\ k(x,x)=-\dfrac{\lambda}{2}x \end{cases} \tag{6-101}$$

结果表明，上述条件是相容的，形成了一个合适的偏微分方程．这种偏微分方程是双曲型的，我们可以把它看作一个具有额外项 λk 的波动方程(x 表示时间)．在量子物理学中，这种偏微分方程被称为 Klein－Gordon 偏微分方程．该偏微分方程的域是一个 $0\leqslant y\leqslant x\leqslant 1$ 的三角形，如图 6－9 所示．边界条件规定在三角形的两边，通过第三条边(求解 $k(x,y)$后)得到控制增益 $k(1,y)$．

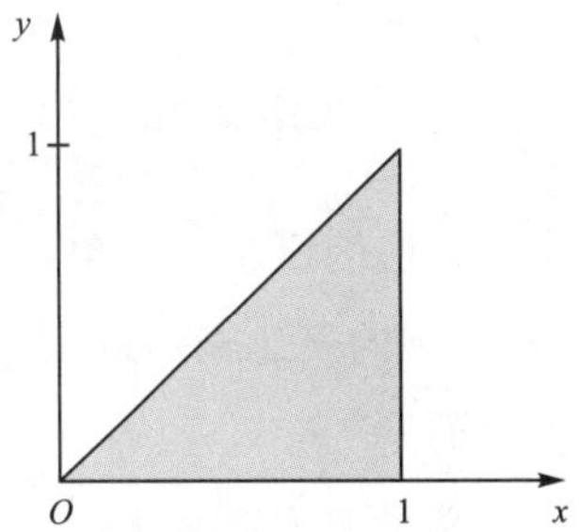

图 6－9　Klein－Gordon 偏微分方程域值

在接下来的 6.4.3 和 6.4.4 中，我们将证明偏微分方程(式(6－101))具有唯一的两次连续可微解．

6.4.3　将增益核偏微分方程转化为积分方程

为了求偏微分方程(6－103)的解，我们首先将其转化为一个积分方程．引入中间变量：

$$\begin{cases} \xi=x+y \\ \eta=x-y \end{cases} \tag{6-102}$$

可得：

$$\begin{cases} k(x,y)=G(\xi,\eta) \\ k_x=G_\xi+G_\eta \\ k_{xx}=G_{\xi\xi}+2G_{\xi\eta}+G_{\eta\eta} \\ k_y=G_\xi-G_\eta \\ k_{yy}=G_{\xi\xi}-2G_{\xi\eta}+G_{\eta\eta} \end{cases} \tag{6-103}$$

因此，增益核偏微分方程变成：

$$G_{\xi\eta}(\xi,\eta)=\frac{\lambda}{4}G(\xi,\eta) \tag{6-104}$$

$$G(\xi,\xi)=0 \tag{6-105}$$

$$G(\xi,0)=-\frac{\lambda}{4}\xi \tag{6-106}$$

我们对式(6－104)中的 η 从 0 到 η 积分，可得：

$$G_{\xi}(\xi,\eta)=G_{\xi}(\xi,0)+\int_{0}^{\eta}\frac{\lambda}{4}G(\xi,s)\mathrm{d}s=-\frac{\lambda}{4}+\int_{0}^{\eta}\frac{\lambda}{4}G(\xi,s)\mathrm{d}s \tag{6-107}$$

接下来，我们将式(6－107)中的 ξ 从 η 到 ξ 积分，得到：

$$\begin{aligned}G(\xi,\eta)&=G(\eta,\eta)-\frac{\lambda}{4}(\xi-\eta)+\frac{\lambda}{4}\int_{\eta}^{\xi}\int_{0}^{\eta}G(\tau,s)\mathrm{d}s\mathrm{d}\tau\\&=-\frac{\lambda}{4}(\xi-\eta)+\frac{\lambda}{4}\int_{\eta}^{\xi}\int_{0}^{\eta}G(\tau,s)\mathrm{d}s\mathrm{d}\tau\end{aligned} \tag{6-108}$$

我们得到了与偏微分方程(式(6－101))等价的积分方程，即式(6－101)的每一个解都是式(6－108)的解．将偏微分方程转化为积分方程的原因是后者更容易进行分析．

6.4.4　逐次逼近法

逐次逼近法的概念很简单：从对积分方程解的一个初始猜测开始，将其代入方程的右侧，然后将得到的表达式作为积分方程的下一个猜测，并重复过程，最后在这个过程中得到了积分方程的解．

让我们从最初的猜测开始：

$$\begin{cases}G^{0}(\xi,\eta)=0\\V(t)\leqslant V(0)\mathrm{e}^{-t/2}\end{cases} \tag{6-109}$$

并建立式(6－108)的递推公式：

$$\begin{cases}V(t)\leqslant V(0)\mathrm{e}^{-t/2}\\G^{n+1}(\xi,\eta)=-\dfrac{\lambda}{4}(\xi-\eta)+\dfrac{\lambda}{4}\displaystyle\int_{\eta}^{\xi}\int_{0}^{\eta}G^{n}(\tau,s)\mathrm{d}s\mathrm{d}\tau\end{cases} \tag{6-110}$$

如果式(6－110)收敛，我们可以把解 $G(\xi,\eta)$ 写成：

$$G(\xi,\eta)=\lim_{n\to\infty}G^{n}(\xi,\eta) \tag{6-111}$$

将两个连续项之间的差表示为：

$$\Delta G^{n}(\xi,\eta)=G^{n+1}(\xi,\eta)-G^{n}(\xi,\eta) \tag{6-112}$$

然后有：

$$\Delta G^{n+1}(\xi,\eta)=\frac{\lambda}{4}\int_{\eta}^{\xi}\int_{0}^{\eta}\Delta G^{n}(\tau,s)\mathrm{d}s\mathrm{d}\tau \tag{6-113}$$

并且式(6－111)也可以写成：

$$G(\xi,\eta)=\sum_{n=0}^{\infty}\Delta G^{n}(\xi,\eta) \tag{6-114}$$

从下式开始，利用式(6－113)计算 ΔG^{n}：

$$\Delta G^{1}=G^{1}(\xi,\eta)=-\frac{\lambda}{4}(\xi-\eta) \tag{6-115}$$

我们可以观察得出以下公式推递形式：

$$\Delta G^n(\xi,\eta)=-\frac{(\xi-\eta)\xi^n\eta^n}{n!\ (n+1)!}\left(\frac{\lambda}{4}\right)^{n+1} \tag{6-116}$$

这个公式可以用归纳法加以验证．积分方程的解由式(6－117)得出：

$$G(\xi,\eta)=-\sum_{n=0}^{\infty}\frac{(\xi-\eta)\xi^n\eta^n}{n!\ (n+1)!}\left(\frac{\lambda}{4}\right)^{n+1} \tag{6-117}$$

为了计算并简化式(6－117)，需要引用 Bessel 函数．请注意第一类一阶修正 Bessel 函数可以表示为：

$$\begin{cases} V(t)\leqslant V(0)\mathrm{e}^{-t/2} \\ I_1(x)=\sum_{n=0}^{\infty}\dfrac{\left(\dfrac{x}{2}\right)^{2n+1}}{n!\ (n+1)!} \end{cases} \tag{6-118}$$

将式(6－118)与式(6－117)进行比较，得到：

$$G(\xi,\eta)=-\frac{\lambda}{2}(\xi-\eta)\frac{I_1(\sqrt{\lambda\xi\eta})}{\sqrt{\lambda\xi\eta}} \tag{6-119}$$

或者，用原来的 x，y 变量：

$$k(x,y)=-\lambda y\frac{I_1(\sqrt{\lambda(x^2-y^2)})}{\sqrt{\lambda(x^2-y^2)}} \tag{6-120}$$

图 6－10 显示了不同 λ 值的控制增益 $k(1,y)$．显然，随着 λ 的增大，系统变得更加不稳定，这需要更多的控制增益进行补偿．边界附近的低控制增益也是合乎逻辑的：在 $x=0$ 附近，由于边界条件 $u(0)=0$，即使没有控制，状态也很小；在 $x=1$ 附近，控制具有最大的权值.

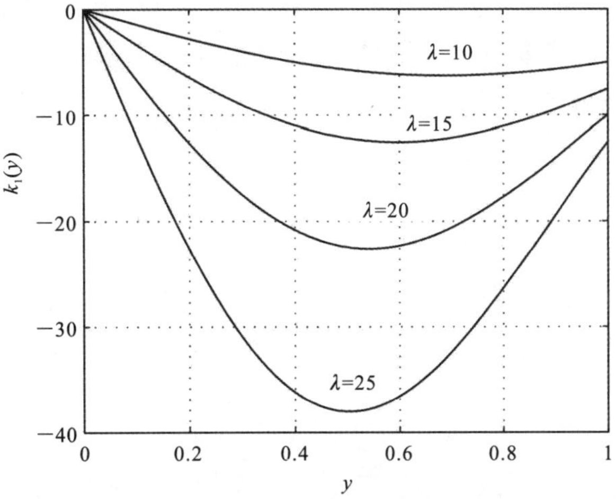

图 6－10　不同 λ 值的控制增益 $k(1,y)$

6.4.5 反变换

为了完成设计，我们需要确定目标系统（式(6-93)）的稳定性，即闭环系统（式(6-90)、式(6-92)）的稳定性．换句话说，我们需要证明转换方程（式(6-91)）是可逆的．

让我们写一个如下形式的逆变换：

$$u(x)=w(x)+\int_0^x l(x,y)w(y)\mathrm{d}y \tag{6-121}$$

式中，$l(x,y)$是变换核．

给定正变换（式(6-91)）和逆变换（式(6-121)），核 $k(x,y)$和 $l(x,y)$满足：

$$l(x,y)=k(x,y)+\int_y^x k(x,\xi)l(\xi,y)\mathrm{d}\xi \tag{6-122}$$

式(6-122)的证明：首先，让我们回顾一下微积分中改变积分顺序的公式：

$$\int_0^x\int_0^y f(x,y,\xi)\mathrm{d}\xi\mathrm{d}y=\int_0^x\int_\xi^x f(x,y,\xi)\mathrm{d}y\mathrm{d}\xi \tag{6-123}$$

将式(6-121)代入式(6-93)中可得：

$$\begin{cases} w(x)=w(x)+\int_0^x l(x,y)w(y)\mathrm{d}y-\int_0^x k(x,y)\left(w(y)+\int_0^y l(y,\xi)w(\xi)\mathrm{d}\xi\right)\mathrm{d}y \\ \qquad =w(x)+\int_0^x l(x,y)w(y)\mathrm{d}y-\int_0^x k(x,y)w(y)\mathrm{d}y-\int_0^x\int_0^y k(x,y)l(y,\xi)w(\xi)\mathrm{d}\xi\mathrm{d}y \\ 0=\int_0^x w(y)\left(l(x,y)-k(x,y)-\int_y^x k(x,\xi)l(\xi,y)\mathrm{d}\xi\right)\mathrm{d}y \end{cases} \tag{6-124}$$

由于最后一行必须对所有 $w(y)$成立，因此我们可得到核 $k(x,y)$和 $l(x,y)$的关系（式(6-122)）．证毕．

式(6-122)是通用的（它不依赖于特点系统和目标系统），但其对于从 $k(x,y)$中求出 $l(x,y)$实际上并没有帮助．对逆变换（式(6-121)）求 x 和 t 的导数，并使用特定系统和目标系统来获得 $l(x,y)$的偏微分方程，也可采用同样的方法来得到 $l(x,y)$的核偏微分方程．

式(6-121)对时间 t 求导可得：

$$\begin{aligned} u_t(x)&=w_t(x)+\int_0^x l(x,y)w_t(y)\mathrm{d}y \\ &=w_{xx}(x)+l(x,x)w_x(x)-l(x,0)w_x(0)-l_y(x,x)w(x)+ \\ &\quad \int_0^x l_{yy}(x,y)w(y)\mathrm{d}y \end{aligned} \tag{6-125}$$

同理，对 x 求二阶导得到：

$$\begin{aligned} u_{xx}(x)=&w_{xx}(x)+l_x(x,x)w(x)+w(x)\frac{\mathrm{d}}{\mathrm{d}x}l(x,x)+l(x,x)w_x(x)+ \\ &\int_0^x l_{xx}(x,y)w(y)\mathrm{d}y \end{aligned} \tag{6-126}$$

式(6-126)减去式(6-125)可得：

$$\lambda w(x)+\lambda\int_0^x l(x,y)w(y)\mathrm{d}y=-2w(x)\frac{\mathrm{d}}{\mathrm{d}x}l(x,x)-l(x,0)w_x(0)+\int_0^x(l_{yy}(x,y)-l_{xx}(x,y))w(y)\mathrm{d}y \tag{6-127}$$

式中，$l(x,y)$具备以下条件：

$$\begin{cases}l_{xx}(x,y)-l_{yy}(x,y)=-\lambda l(x,y)\\ l(x,0)=0\\ l(x,x)=-\dfrac{\lambda}{2}x\end{cases} \tag{6-128}$$

将这个偏微分方程与$k(x,y)$的偏微分方程（式(6-101)）进行比较，我们可以得到：

$$l(x,y;\lambda)=-k(x,y;-\lambda) \tag{6-129}$$

从式(6-120)可以得到：

$$l(x,y)=-\lambda y\frac{I_1(\sqrt{-\lambda(x^2-y^2)})}{\sqrt{-\lambda(x^2-y^2)}}-\lambda y\frac{I_1(j\sqrt{-\lambda(x^2-y^2)})}{j\sqrt{-\lambda(x^2-y^2)}} \tag{6-130}$$

或者，使用I_1的属性（I_1是 ODE 方程$x^2y_{xx}''+xy_x'-(x^2+1)y=0$的解）.

$$l(x,y)=-\lambda y\frac{J_1(\sqrt{\lambda(x^2-y^2)})}{\sqrt{\lambda(x^2-y^2)}} \tag{6-131}$$

式中，J_1是 ODE 方程$x^2y_{xx}''+xy_x'+(x^2-1)y=0$的解.

系统（式(6-90)）的控制设计概要见表 6-2.

表 6-2 反应扩散方程控制设计综述

系统：

$$u_1=u_{xx}+\lambda u \tag{1}$$

$$u(0)=0 \tag{2}$$

控制输入：

$$u(1)=-\int_0^1 y\lambda\frac{I_1(\sqrt{\lambda(1-y^2)})}{\lambda(1-y^2)}u(y)\mathrm{d}y \tag{3}$$

转换方程：

$$w(x)=u(x)+\int_0^x\lambda y\frac{I_1(\sqrt{\lambda(x^2-y^2)})}{\lambda(x^2-y^2)}u(y)\mathrm{d}y \tag{4}$$

$$u(x)=w(x)-\int_0^x\lambda y\frac{J_1(\sqrt{\lambda(x^2-y^2)})}{\lambda(x^2-y^2)}w(y)\mathrm{d}y \tag{5}$$

目标系统：

$$w_t=w_{xx} \tag{6}$$

$$w(0)=0 \tag{7}$$

$$w(1)=0 \tag{8}$$

请注意，由于目标系统（式（6－93））的解可以明确地找到，并且正变换和逆变换（式(6－91)、(6－121)）也是显式的，因此可以导出闭环系统的显式解．

图 6－11 和图 6－12 给出了表 6－2 所示方案在 $\lambda=20$ 的情况下的模拟结果．该对象有一个不稳定的特征值 $20-\pi^2\approx 10$. 在图 6－11a 中，可以看到不受控制的系统的状态迅速增长．

注意，即使对象是不稳定的，初始状态也会迅速地趋于平滑，然后状态会变成对应于不稳定特征值的本征函数 $\sin(\pi x)$．图 6－11 表示受控系统的响应曲线．可以看出，不稳定因素很快被抑制，状态收敛到零平衡．控制过程如图 6－12 所示．

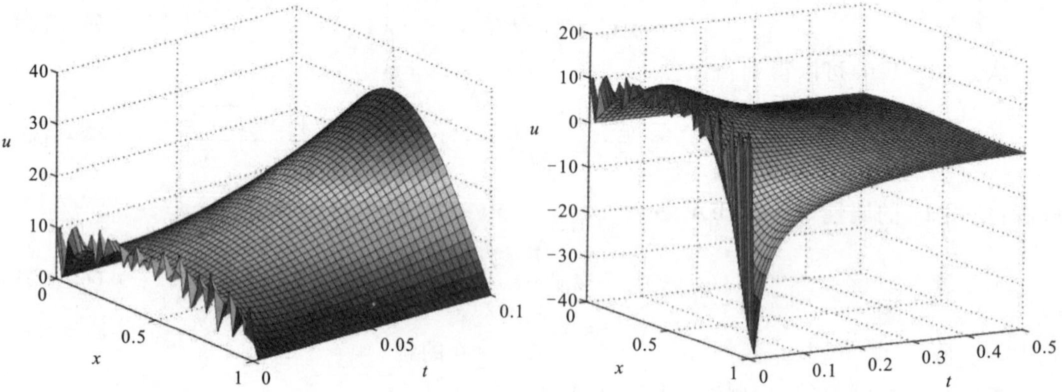

a.开环响应　　b.实现控制输入的闭环响应

图 6－11　反应扩散系统的模拟结果

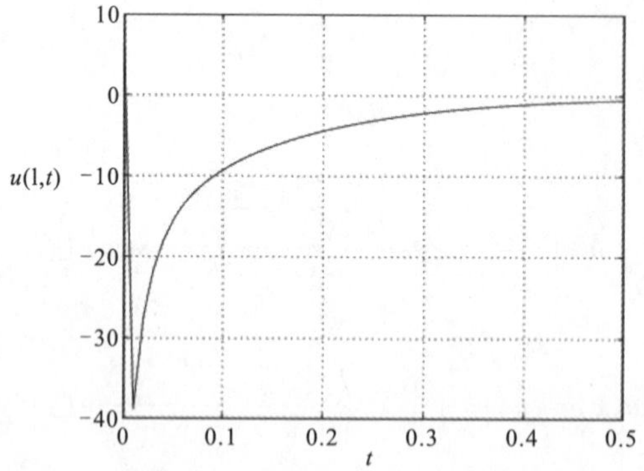

图 6－12　反应扩散系统的控制输入的控制过程

在下一个例子中，我们考虑一个反应扩散方程，其边界条件为 Neumann，而不是 Dirichlet，且边界条件在不受控制的一端．然后再次完成所有的设计步骤．

例 6.2　考虑以下系统：

$$\begin{cases} u_t = u_{xx} + \lambda u \\ u_x(0) = 0 \\ u(1) = U(t) \end{cases} \tag{6-132}$$

我们使用以下转换方程：

$$w(x) = u(x) - \int_0^x k(x,y)u(y)\mathrm{d}y \tag{6-133}$$

把这个系统映射到以下目标系统：

$$\begin{cases} w_t = w_{xx} \\ w_x(0) = 0 \\ G(\xi,\eta) = -\dfrac{\lambda}{2}(\xi - \eta)\dfrac{I_1(\sqrt{\lambda\xi\eta})}{\sqrt{\lambda\xi\eta}} \end{cases} \tag{6-134}$$

转化方程(式(6-133))对 x 微分得到式(6-97)(这不取决于特定的系统). 式(6-133)对时间 t 微分可以得到：

$$\begin{aligned} w_t(x) &= u_t(x) - \int_0^x k(x,y)u_t(y)\mathrm{d}y \\ &= u_{xx}(x) + \lambda u(x) - \int_0^x k(x,y)[u_{yy}(y) + \lambda u(y)]\mathrm{d}y \\ &= u_{xx}(x) + \lambda u(x) - k(x,x)u_x(x) + k(x,0)u_x(0) + \\ &\quad \int_0^x k_y(x,y)u_y(y)\mathrm{d}y - \int_0^x \lambda k(x,y)u(y)\mathrm{d}y \\ &= u_{xx}(x) + \lambda u(x) - k(x,x)u_x(x) + k_y(x,x)u(x) - k_y(x,0)u(0) - \\ &\quad \int_0^x k_{yy}(x,y)u(y)\mathrm{d}y - \int_0^x \lambda k(x,y)u(y)\mathrm{d}y \end{aligned} \tag{6-135}$$

式(6-135)中减去式(6-97)可得：

$$\begin{aligned} w_t - w_{xx} &= \left(\lambda + 2\frac{\mathrm{d}}{\mathrm{d}x}k(x,x)\right)u(x) - k_y(x,0)u(0) + \\ &\quad \int_0^x (k_{xx}(x,y) - k_{yy}(x,y) - \lambda k(x,y))u(y)\mathrm{d}y \end{aligned} \tag{6-136}$$

无论 $u(x)$ 取何值，若需等式右侧为 0，必须满足以下条件：

$$\begin{cases} k_{xx}(x,y) - k_{yy}(x,y) - \lambda k(x,y) = 0 \\ k_y(x,0) = 0 \\ \lambda + 2\dfrac{\mathrm{d}}{\mathrm{d}x}k(x,x) = 0 \end{cases} \tag{6-137}$$

式(6-137)中第三个等式关于 x 积分可得 $k(x,x) = -\lambda/2x + k(0,0)$，式中 $k(0,0)$ 是使用边界条件 $w_x(0)=0$ 获得的.

$$w_x(0) = u_x(0) + k(0,0)u(0) = 0 \tag{6-138}$$

式中，$k(0,0)=0$. 因此，增益核偏微分方程是：

$$\begin{cases} k_{xx}(x,y)-k_{yy}(x,y)=\lambda k(x,y) \\ k_y(x,0)=0 \\ k(x,x)=-\dfrac{\lambda}{2}x \end{cases} \tag{6-139}$$

注意，这个偏微分方程与式(6-101)非常相似，唯一的区别在于 $y=0$ 时的边界条件．偏微分方程（式(6-139)）的解是通过逐次逼近级数求和得到的，与求偏微分方程（式(6-101)）的方法类似：

$$k(x,y)=-\lambda x\frac{I_1\left(\sqrt{\lambda(x^2-y^2)}\right)}{\sqrt{\lambda(x^2-y^2)}} \tag{6-140}$$

因此，控制输入可由式(6-141)得出：

$$u(1)=-\int_0^1\lambda\frac{I_1\left(\sqrt{\lambda(1-y^2)}\right)}{\sqrt{\lambda(1-y^2)}}u(y)\mathrm{d}y \tag{6-141}$$

第 7 章　一阶和二阶随机系统的自适应控制

7.1　引言

随机系统在科学工程领域中具有较高的应用潜能，为研究股票走势、经济状况等提供了理论指导，从而吸引了众多学者的关注(Wang et al.，1988；Pakshin，1997；Krsti et al.，1998；Xie et al.，2000；Li et al.，2006；Zheng et al.，2020).

顾名思义，随机系统是受到各种随机因素影响的系统．这些随机因素包括系统的干扰输入、系统状态的测量噪声，甚至也包括受环境条件影响的系统参数的随机变化等．和确定性系统相比，任一时刻随机系统的输入、输出、状态等都不是确定的，即不可预知的量，是随机变量．严格来说，所有的实际控制系统都是随机系统，特别是对工业控制系统来说，所处的环境中含有比较强的各种随机干扰，其(输出)自然也是随机变量．考虑到含有随机噪声的系统普遍存在，而基于常微分方程所建立的系统模型难以精确地对实际含有随机噪声的系统建模，且由于随机微分方程考虑了随机噪声对系统的影响，因此用随机微分方程描述系统更加准确．这使得我们在描述某些实际系统时，需要将确定性系统转变为随机系统．因此我们需要按照随机控制的特点进行控制输入设计，构造一个随机控制系统．显然，随机控制是解决随机环境下系统控制问题的一个合理选择．

1951 年，日本学者伊藤清(Itô)首次引入伊藤公式，正确解释了随机微分的意义，进而促进了随机微分方程理论的极大发展，奠定了随机微分方程的理论基础．1969 年，Kozin 按照随机变量服从的分布、随机过程记忆特征以及平稳性等，将随机系统分成随机因素为高斯白噪声的随机系统与随机因素为非高斯白噪声的随机系统两大类．对于随机因素为高斯白噪声的随机系统，数学模型就是 Itô 随机微分方程．在这里，我们所讨论的随机系统均指 Itô 随机系统．这类系统已经广泛应用于金融学、生物学、化学、物理学等领域．

7.2　符号解释和初步结果

下面的符号将在本章中使用．

对于给定的向量或矩阵 $\boldsymbol{X}$、$\boldsymbol{X}^{\mathrm{T}}$ 和 $\|\boldsymbol{X}\|$ 分别表示它的转置和欧几里得范数．当 $\boldsymbol{X}$ 是方阵时，$T_r(\boldsymbol{X})$ 代表 $\boldsymbol{X}$ 的迹，$\lambda_{\max}(\boldsymbol{X})$ 和 $\lambda_{\min}(\boldsymbol{X})$ 分别代表了对称实矩阵 $\boldsymbol{X}$ 的最大特征值和最小特征值．C^i 是所有自变量具有连续 i 阶导数的函数空间，它们的自变量中有连续的 i 阶导数．$C^{i,j}(\mathbf{R}_+\times\mathbf{R}^n;\mathbf{R}_+)$ 是所有非负函数 $\nu(t,x)$ 在 $\mathbf{R}_+\times\mathbf{R}^n$ 上的空间，即 C^i 在 t 上，C^j 在 x 上．

K 表示所有函数的集合：$\mathbf{R}\to\mathbf{R}_+$，这些函数是连续且严格递增的，在原点处为 0.

K_∞ 是所有属于 K 且无界函数的集合．KL 表示所有函数 $\beta(s,t)$ 的集合：$\mathbf{R}_+\times\mathbf{R}_+\to\mathbf{R}_+$，对于每个固定的 t，$\beta(s,t)\in K$，对于每个固定的 s，当 $t\to\infty$ 时，beta(s,t)减小到 0.

考虑以下时变随机系统：

$$\mathrm{d}\boldsymbol{x}=\boldsymbol{f}(t,\boldsymbol{x})\mathrm{d}t+\boldsymbol{g}(t,\boldsymbol{x})\mathrm{d}\boldsymbol{\omega} \tag{7-1}$$

式中，$\boldsymbol{x}\in\mathbf{R}^n$ 是系统状态；$(\boldsymbol{\Omega},\boldsymbol{F},\{\boldsymbol{F}_t\}_{t\geqslant 0},\boldsymbol{P})$ 代表一个完整的概率空间；$\boldsymbol{\omega}$ 为标准布朗运动．

定义 7.1 对于任意给定的 $V(t,\boldsymbol{x})\in C^{i,j}(\mathbf{R}_+\times\mathbf{R}^n;\mathbf{R}_+)$，结合随机微分方程(式(7-1))，我们定义微分算子 LV 如下：

$$LV=\frac{\partial V}{\partial t}+\frac{\partial V}{\partial \boldsymbol{x}}\boldsymbol{f}(t,\boldsymbol{x})+\frac{1}{2}T_r\{\frac{\partial^2 V}{\partial \boldsymbol{x}^2}\boldsymbol{g}\boldsymbol{g}^{\mathrm{T}}\} \tag{7-2}$$

定义 7.2 一个随机过程 $\{\xi(t)\}_{t\geqslant 0}$，如果满足 $\sup_{t\geqslant 0}|\xi(t)\leqslant\infty|$，几乎可以确定其也是有界的．

考虑以下更一般的系统：

$$\mathrm{d}\boldsymbol{x}=\boldsymbol{f}(t,\boldsymbol{x},\boldsymbol{u})\mathrm{d}t+\boldsymbol{g}(t,\boldsymbol{x},\boldsymbol{u})\mathrm{d}\boldsymbol{w} \tag{7-3}$$

式中，$\boldsymbol{x}\in\mathbf{R}^n$ 是系统的状态；$\boldsymbol{u}=\boldsymbol{u}(\boldsymbol{x},t):\mathbf{R}^n\times\mathbf{R}_+\to\mathbf{R}^m$ 是控制输入；$\boldsymbol{w}$ 在系统(式(7-1))中已经做过定义．设 $\boldsymbol{f}:\mathbf{R}_+\times\mathbf{R}^n\to\mathbf{R}^n$，$\boldsymbol{g}:\mathbf{R}_+\times\mathbf{R}^n\to\mathbf{R}^{n\times r}$ 为 C^1 函数．假设对于每个初始条件 $\boldsymbol{x}_0$ 和每个本质上有界的可测输入 $\boldsymbol{u}$，系统(式(7-3))在 $[0,+\infty)$ 上有唯一解 $\boldsymbol{x}(t)$.

然后我们有如下结果：

定理 7.1 考虑随机系统(式(7-3))，设 $\boldsymbol{f}:\mathbf{R}_+\times\mathbf{R}^n\to\mathbf{R}^n$，$\boldsymbol{g}:\mathbf{R}_+\times\mathbf{R}^n\to\mathbf{R}^{n\times r}$ 是 C^1 函数，且 $\boldsymbol{f}(t,0)$、$\boldsymbol{g}(t,0)$ 在 t 上是有界的．如果存在函数 $V(t,\boldsymbol{x})\in C^{1,2}(\mathbf{R}_+\times\mathbf{R}^n)$，且常数 m_1，m_2 满足 $m_1>0$，$m_2>0$，即：

$$LV\leqslant -m_1V(t,\boldsymbol{x})+m_2 \tag{7-4}$$

那么对于系统(式(7-1))，在 $[0,+\infty)$ 上存在唯一解，且该解几乎必然有界，并满足：

$$E(V(\boldsymbol{x}(t)))\leqslant \mathrm{e}^{-m_1t}V(\boldsymbol{x}_0)+m_1^{-1}m_2 \tag{7-5}$$

7.3 随机系统的自适应控制

考虑如下二阶随机非线性系统，定义如下：

$$\begin{cases} dx_1(t) = x_2 dt + \boldsymbol{\theta}^T f_1(\bar{x}_1(t))dt + g_1(\bar{x}_1(t))d\boldsymbol{w} \\ dx_2(t) = u(t)dt + \boldsymbol{\theta}^T f_2(\bar{\boldsymbol{x}}(t))dt + g_2(\bar{\boldsymbol{x}}(t))d\boldsymbol{w} \\ y(t) \quad = x_1(t) \end{cases} \tag{7-6}$$

式中，$\boldsymbol{x}(t)=[x_1(t),x_2(t)]^T\in\mathbf{R}^2$；$y\in\mathbf{R}$ 分别是系统的状态变量和输出；$\boldsymbol{\theta}\in\mathbf{R}^m$ 是一个未知的常数参数向量；$\bar{\boldsymbol{x}}(t)=[x_1(t),x_2(t)]^T\in\mathbf{R}^2$；$\boldsymbol{f}_i\in\mathbf{R}^m(i=1,2)$是已知的光滑函数，$\boldsymbol{g}_i^T\in\mathbf{R}^r(i=1,2)$是未知的光滑函数；$\boldsymbol{w}$ 是一个在完全概率空间$(\boldsymbol{\Omega},\boldsymbol{F},\{\boldsymbol{F}_t\}_{t\geqslant 0},\boldsymbol{P})$中以 $\boldsymbol{\Omega}$ 作为样本空间的 r 维标准布朗运动．

我们的控制目标是设计一个自适应控制器和参数更新律，保证闭环系统中所有信号几乎必然一致．

设 $f=f(x,t)$是 x 和 t 的函数，现在考虑 $x(t)$满足布朗运动，即 $dx(t)=u\,dt+\sigma d\boldsymbol{\omega}$，更一般地，令 $a=a(x(t),t)$，$b=b(x(t),t)$，考虑 $dx(t)=a(x(t),t)dt+b(x(t),t)d\boldsymbol{w}$，则有：

$$df = \left(\frac{\partial f}{\partial t} + a\frac{\partial f}{\partial t} + \frac{1}{2}b^2\frac{\partial^2 f}{\partial t^2}\right)dt + \left(b\frac{\partial f}{\partial x}\right)d\boldsymbol{\omega} \tag{7-7}$$

1. 自适应控制器设计

采用反步法设计自适应控制器，令

$$\begin{cases} z_1 = x_1 \\ z_2 = x_1 - \alpha_1(x_1,\hat{\boldsymbol{\theta}}) \end{cases} \tag{7-8}$$

式中，α_1 是一个后续需要设计的虚拟控制输入．

设计步骤如下．

步骤 1　根据伊藤公式，我们可以得到：

$$\begin{aligned} dz_1 &= dx_1 \\ &= (z_2 + \alpha_1 + \boldsymbol{\theta}^T \boldsymbol{f}_1)dt + \boldsymbol{g}_1 d\boldsymbol{\omega} \end{aligned} \tag{7-9}$$

考虑 Lyapunov 函数：

$$V_1 = \frac{1}{4}z_1^4 + \frac{1}{2}\tilde{\boldsymbol{\theta}}^T\boldsymbol{\Gamma}^{-1}\tilde{\boldsymbol{\theta}} \tag{7-10}$$

式中，$\boldsymbol{\Gamma}$ 是一个正定矩阵；$\tilde{\boldsymbol{\theta}}=\boldsymbol{\theta}-\hat{\boldsymbol{\theta}}$. 根据伊藤公式和式(7-9)，$LV_1$ 满足：

$$\begin{aligned} LV_1 &= z_1^3(z_2 + \alpha_1 + \boldsymbol{\theta}^T\boldsymbol{f}_1) + \frac{3}{2}z_1^2\boldsymbol{g}_1\boldsymbol{g}_1^T - \tilde{\boldsymbol{\theta}}^T\boldsymbol{\Gamma}^{-1}\dot{\hat{\boldsymbol{\theta}}} \\ &= z_1^3(z_2 + \alpha_1 + \hat{\boldsymbol{\theta}}^T\boldsymbol{f}_1) + \frac{3}{2}z_1^2\boldsymbol{g}_1\boldsymbol{g}_1^T - \tilde{\boldsymbol{\theta}}^T(\boldsymbol{\Gamma}^{-1}\dot{\hat{\boldsymbol{\theta}}} - \boldsymbol{\tau}_1) \end{aligned} \tag{7-11}$$

式中，$\boldsymbol{\tau}_1=\boldsymbol{f}_1 z_1^3$.

由杨氏不等式，我们有：

$$\begin{cases} z_1^3 z_2 \leqslant \dfrac{3}{4}z_1^4 + \dfrac{1}{4}z_2^4 \\ \dfrac{3}{2}z_1^2\boldsymbol{g}_1\boldsymbol{g}_1^T \leqslant \dfrac{3\varepsilon_1}{4}z_1^4 + \dfrac{3}{4\varepsilon_1}G^2 \end{cases} \tag{7-12}$$

式中，$\varepsilon_1>0$ 是一个设计参数．将式(7-12)代入式(7-11)中得到：

$$
\begin{aligned}
LV_1 = & z_1^3\left(\frac{3}{4}z_1+\frac{3\varepsilon_1}{4}z_1+\alpha_1+\hat{\boldsymbol{\theta}}^{\mathrm{T}}\boldsymbol{f}_1\right)+ \\
& \frac{1}{4}z_2^4+M_1-\tilde{\boldsymbol{\theta}}^{\mathrm{T}}(\boldsymbol{\Gamma}^{-1}\dot{\hat{\boldsymbol{\theta}}}-\boldsymbol{\tau}_1)
\end{aligned} \tag{7-13}
$$

式中，$M_1=\frac{3}{4\varepsilon_1}G^2$.

则虚拟控制输入可以被设计为：

$$
\alpha_1=-c_1z_1-\frac{3}{4}z_1-\frac{3\varepsilon_1}{4}z_1-\hat{\boldsymbol{\theta}}^{\mathrm{T}}\boldsymbol{f}_1 \tag{7-14}
$$

式中，$c_1>0$ 是一个设计参数．将式(7-14)代入式(7-13)中得到：

$$
LV_1=-c_1z_1^4+\frac{1}{4}z_2^4+M_1-\tilde{\boldsymbol{\theta}}^{\mathrm{T}}(\boldsymbol{\Gamma}^{-1}\dot{\hat{\boldsymbol{\theta}}}-\boldsymbol{\tau}_1) \tag{7-15}
$$

步骤 2　由式(7-8)和伊藤公式，得到：

$$
\begin{aligned}
\mathrm{d}z_2 &= \mathrm{d}x_2-\mathrm{d}\alpha_1 \\
&= \left(u+\boldsymbol{\theta}^{\mathrm{T}}\boldsymbol{\pi}_2-\frac{\partial\alpha_1}{\partial x_1}x_2-\frac{\partial\alpha_1}{\partial\hat{\boldsymbol{\theta}}}\dot{\hat{\boldsymbol{\theta}}}-\frac{1}{2}\frac{\partial^2\alpha_1}{\partial x_1^2}\boldsymbol{g}_1\boldsymbol{g}_1^{\mathrm{T}}\right)\mathrm{d}t+\boldsymbol{\gamma}_2\mathrm{d}\boldsymbol{w}
\end{aligned} \tag{7-16}
$$

式中，$\boldsymbol{\pi}_2=\boldsymbol{f}_2-\frac{\partial\alpha_1}{\partial x_1}\boldsymbol{f}_1$；$\boldsymbol{\gamma}_2=\boldsymbol{g}_2-\frac{\partial\alpha_1}{\partial x_1}\boldsymbol{g}_1$.

令 $V_2=V_1+\frac{1}{4}z_2^4$，由式(7-15)和式(7-16)，以及伊藤公式，得到：

$$
\begin{aligned}
LV_2 \leqslant & -c_1z_1^4+z_2^3\left(\frac{1}{4}z_2+u+\hat{\boldsymbol{\theta}}^{\mathrm{T}}\boldsymbol{\pi}_2-\frac{\partial\alpha_1}{\partial\hat{\boldsymbol{\theta}}}\boldsymbol{\Gamma}(\boldsymbol{\tau}_2-c_\theta\hat{\boldsymbol{\theta}})+\right. \\
& \left.\frac{\delta_2}{4}z_2^3\left(\frac{\partial^2\alpha_1}{\partial x_1^2}\right)^2+\frac{3n\varepsilon_2}{4}z_2\left(1+\left(\frac{\partial\alpha_1}{\partial x_1}\right)^2\right)^2\right)+M_2-\tilde{\boldsymbol{\theta}}^{\mathrm{T}}(\boldsymbol{\Gamma}^{-1}\dot{\hat{\boldsymbol{\theta}}}-\boldsymbol{\tau}_2)
\end{aligned} \tag{7-17}
$$

式中，δ_2 和 ε_2 是正的设计参数；$M_2=M_1+\left(\frac{1}{4\delta_2}+\frac{3}{2\varepsilon_2}\right)G^2$. 我们最终设计的自适应控制器和参数更新律为：

$$
u=-c_2z_2-\frac{1}{4}z_2-\hat{\boldsymbol{\theta}}^{\mathrm{T}}\boldsymbol{\pi}_2+\frac{\partial\alpha_1}{\partial\hat{\boldsymbol{\theta}}}\boldsymbol{\Gamma}\left(\boldsymbol{\tau}_2-c_\theta\hat{\boldsymbol{\theta}}-\frac{\delta_2}{4}z_2^3\left(\frac{\partial^2\alpha_1}{\partial x_1^2}\right)^2-\frac{3n\varepsilon_2}{4}z_2\left(1+\left(\frac{\partial\alpha_1}{\partial x_1}\right)^2\right)^2\right) \tag{7-18}
$$

$$
\dot{\hat{\boldsymbol{\theta}}}=\boldsymbol{\Gamma}\boldsymbol{\tau}_2-\boldsymbol{\Gamma}c_\theta\hat{\boldsymbol{\theta}} \tag{7-19}
$$

式中，c_2 是一个正的设计参数．将式(7-18)和式(7-19)代入式(7-17)中可以得到：

$$
LV_2\leqslant -c_1z_1^4-c_2z_2^4+c_\theta\tilde{\boldsymbol{\theta}}^{\mathrm{T}}\hat{\boldsymbol{\theta}}+M_2 \tag{7-20}
$$

注意到：

$$
c_\theta\tilde{\boldsymbol{\theta}}^{\mathrm{T}}\hat{\boldsymbol{\theta}}\leqslant -\frac{1}{2}c_\theta\|\tilde{\boldsymbol{\theta}}\|^2+\frac{1}{2}c_\theta\|\boldsymbol{\theta}\|^2 \tag{7-21}
$$

由式(7 - 20)和式(7 - 21)得到结果：

$$
\begin{aligned}
LV_2 &\leqslant -c_1 z_1^4 - c_2 z_2^4 - \frac{1}{2} c_\theta \| \tilde{\boldsymbol{\theta}} \|^2 + \frac{1}{2} c_\theta \| \boldsymbol{\theta} \|^2 + M_2 \\
&\leqslant CV + \bar{M}
\end{aligned}
\tag{7-22}
$$

式中，$C = \min\{c_1, c_2, \frac{1}{2}c_\theta\} / \max\{\frac{1}{4}, \frac{1}{2}\lambda_{\max}(\boldsymbol{\Gamma}^{-1})\}$；$\bar{M} = M_2 + \frac{1}{2} c_\theta \| \boldsymbol{\theta} \|^2$.

基于所设计的自适应控制器和定理 7.1.

考虑由随机非线性系统(式(7 - 6))组成的闭环系统，使用自适应控制器(式(7 - 18))和参数更新律(式(7 - 19))的自适应控制器，可以得到所有的闭环信号是几乎必然有界的.

2. 实例仿真

本节我们考虑一个的电机模型：

$$
\begin{cases}
\mathrm{d}x_1 = x_2 \mathrm{d}t \\
\mathrm{d}x_2 = \dfrac{1}{J} u \mathrm{d}t + f(x_1, x_2)\mathrm{d}t + g\mathrm{d}\boldsymbol{w}
\end{cases}
\tag{7-23}
$$

式中，$x_1 = \theta$ 是电机转动的角度；$x_2 = \omega$ 是电机的角速度；J 是转动惯量；$\varphi(x_1, x_2)$是未知的非线性项；u 是电机的控制输入．设系统参数 $J = 0.6\mathrm{kg \cdot m^2}$，根据线性增长条件，我们令非线性项 $f(x_1, x_2) = 0.8(x_1 + x_2)$，$g = 0.1(x_1 + x_2)$.

给定初始值：$[x_1(0), x_2(0)] = [2, -2]$，状态响应曲线如图 7 - 1 和图 7 - 2 所示．

以上仿真结果可以看出，随机非线性系统(式(7 - 6))在所设计的控制输入下是稳定的．

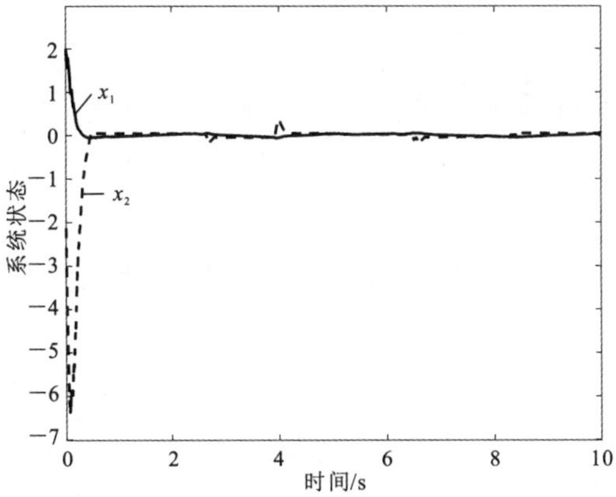

图 7 - 1　状态轨迹变化曲线

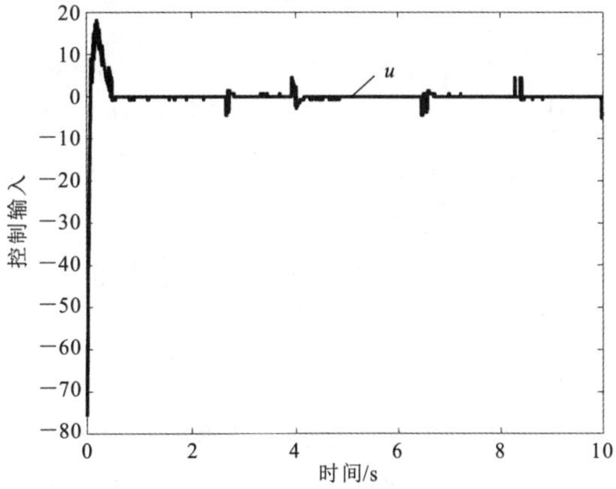

图 7 - 2　控制输入变化曲线

7.4 随机系统的自适应状态量化控制

过去的几十年里，人们致力于研究随机非线性系统的稳定性和控制输入设计，得到了越来越多重要的结果．在实际数字系统中，信号往往是被量化过的，因此具有量化信号控制研究的问题，引起了控制界的极大关注（Wang，2012；Jiang et al.，2013；Li et al.，2017）．图 5－1 是一个典型的量化状态反馈控制系统的框图．然而，目前随机系统的量化控制研究还很有限，鉴于随机系统的复杂性，研究具有量化信号的随机系统更具有实际意义．

我们使用第 5 章提出的均匀有界量化器，现在让我们回顾一下，均匀量化器的模型（式(5－3))：

$$q(u)=\begin{cases}u_i\operatorname{sgn}(u),u_i-\dfrac{l}{2}<|u|<u_i+\dfrac{l}{2}\\ 0,|u|\leqslant u_0\end{cases}$$

式中，$u_0>0,u_1=u_0+\dfrac{l}{2},u_i=u_{i-1}+l,i=2,\cdots,n$. l 是量化区间的长度；$q(u)$属于集合 $U=\{0,\pm u_i\}$．显然，满足$|q(u)-u|\leqslant u_{\min}=\max\{u_0,l\}$．示意图如图 5－2 所示．

1. 问题描述

我们考虑以下随机不确定非线性系统：

$$\begin{cases}\mathrm{d}x_1(t)=x_2\mathrm{d}t+\psi_1(x_1(t))\mathrm{d}t+\boldsymbol{g}_1(\bar{x}_1(t))\mathrm{d}\boldsymbol{w}\\ \mathrm{d}x_2(t)=u(t)\mathrm{d}t+\psi_2(\boldsymbol{x}(t))\mathrm{d}t+\boldsymbol{\theta}^{\mathrm{T}}\boldsymbol{\phi}(\boldsymbol{x}(t))\mathrm{d}t+\boldsymbol{g}_2(\bar{\boldsymbol{x}}(t))\mathrm{d}\boldsymbol{w}\\ y(t)\quad=x_1(t)\end{cases}\tag{7-24}$$

式中，$\boldsymbol{x}(t)=[x_1(t),x_2(t)]^{\mathrm{T}}\in\mathbf{R}^2$；$u(t)\in\mathbf{R}^1$ 为系统的状态和输入；$\psi_1\in\mathbf{R},\psi_2\in\mathbf{R},\boldsymbol{\phi}\in\mathbf{R}^m$ 为非线性函数；$\boldsymbol{\theta}\in\mathbf{R}^m$ 为具有常数参数的向量；$\boldsymbol{g}_i\in\mathbf{R}^r(i=1,2)$为已知的光滑函数；$\boldsymbol{\omega}$ 为 r 维标准布朗运动．

只有量化过的状态 $q(\boldsymbol{x})$是可测的，因此，设计控制输入 $u(t)$需要使用量化过的状态，即：

$$u=u(q(x_1),q(x_2))\tag{7-25}$$

其主要控制目标是保持闭环系统中所有信号都是有界的．

以下假设将用于系统稳定性分析和控制输入的设计．

假设 7.1：存在一个正常数 G 使得$|\boldsymbol{g}_i\boldsymbol{g}_i^{\mathrm{T}}|<G$.

假设 7.2：非线性函数 ψ 和 ϕ 满足全局 Lipschitz 条件．即：

$$\begin{aligned}|\psi(y_1)-\psi(y_2)|&\leqslant L_\psi\|y_1-y_2\|\\ \|\varphi(y_1)-\varphi(y_2)\|&\leqslant L_\varphi\|y_1-y_2\|\end{aligned}\tag{7-26}$$

假设 7.3：非线性函数 ψ 还满足如下线下增长条件：

$$\psi_i(\boldsymbol{x}) \leqslant a\sum_{j=1}^{i}|x_j| \tag{7-27}$$

基于以上假设,我们接下来进行自适应控制器的设计.

2. 自适应量化控制输入的设计

1)系统状态未被量化

为了设计自适应控制器并对系统进行稳定性分析,设计步骤中将使用自适应反步法。首先要分析系统状态量化前的性质,如果状态 $x_i, i=1,2,\cdots,n$ 还没被量化,令

$$\begin{cases} z_1(x_1)=x_1 \\ z_2(x_1,x_2)=x_2-\alpha_1 \end{cases} \tag{7-28}$$

式中,α_{i-1} 是虚拟控制输入,有$(x_1,\cdots,x_{i-1})$,且后续会被设计出来. 设计过程如下所述.

步骤 1　根据伊藤公式,可以得到:

$$\mathrm{d}z_1=(z_2+\alpha_1+\psi_1)\mathrm{d}t+\boldsymbol{g}_1\mathrm{d}\boldsymbol{w} \tag{7-29}$$

考虑 Lyapunov 函数:

$$V_1=\frac{1}{4}z_1^4 \tag{7-30}$$

根据伊藤公式和式(7-29),可得:

$$LV_1=z_1^3(z_2+\alpha_1+\psi_1)+\frac{3}{2}z_1^2\boldsymbol{g}_1\boldsymbol{g}_1^{\mathrm{T}} \tag{7-31}$$

根据假设 7.2,利用杨氏不等式,有:

$$\begin{cases} z_1^3z_2 \leqslant \dfrac{3}{4}z_1^4+\dfrac{1}{4}z_2^4 \\ \dfrac{3}{2}z_1^2\boldsymbol{g}_1\boldsymbol{g}_1^{\mathrm{T}} \leqslant \dfrac{3}{4}z_1^4+\dfrac{3}{4}G^2 \end{cases} \tag{7-32}$$

再根据假设 7.3,式(7-29)中的函数 ψ_1 满足:

$$\begin{aligned} z_1^3\psi_1 &\leqslant z_1^3a\mid x_1\mid \\ &\leqslant \frac{3}{4}z_1^4+\frac{a^4}{4}z_1^4 \end{aligned} \tag{7-33}$$

将式(7-33)代入式(7-31)得到:

$$LV_1 \leqslant z_1^3\left(\frac{6+a^4}{4}z_1+\frac{3}{4}z_1+\alpha_1\right)+\frac{1}{4}z_2^4+M_1 \tag{7-34}$$

式中,$M_1=\frac{3}{4}G^2$.

虚拟控制输入 α_1 被设计为:

$$\begin{aligned} \alpha_1 &= -c_1z_1-\frac{6+a^4}{4}z_1-\frac{3}{4}z_1 \\ &= k_1z_1 \end{aligned} \tag{7-35}$$

式中,$c_1 \geqslant 0$ 是一个设计参数;定义 $k_1=-c_1-\frac{6+a^4}{4}-\frac{3}{4}$,可以得到:

$$LV_1 \leqslant -c_1 z_1^4 + \frac{1}{4} z_2^4 + M_1 \tag{7-36}$$

由步骤 1 设计的 α_1，其对 x_1 的偏导数为：

$$\frac{\partial \alpha_1}{\partial x_1} = \frac{\partial \alpha_1}{\partial z_1}\frac{\partial z_1}{\partial x_1} = -c_1 - \frac{6+a^4}{4} - \frac{3}{4} = k_1 \tag{7-37}$$

最终的控制输入 $u(t)$ 可以被设计为：

$$\begin{cases} u(t) & = -c_2 z_2 - \dfrac{1}{4} z_2 - K_2 z_2 - \hat{\boldsymbol{\theta}}^{\mathrm{T}} \boldsymbol{\phi} \\ \dot{\hat{\boldsymbol{\theta}}} & = \Gamma \boldsymbol{\phi} z_n^3 \end{cases} \tag{7-38}$$

经过变换可以得到：

$$u(t) = \alpha_2 + \frac{3}{4} z_2 - \frac{3}{4} z_2 - \hat{\boldsymbol{\theta}}^{\mathrm{T}} \boldsymbol{\phi}(x_1, x_2) \tag{7-39}$$

最终伊藤公式的形式为：

$$\begin{aligned} LV &\leqslant -c_1 z_1^4 - c_2 z_2^4 + z_2^3[\alpha_2 + z_2 + K_2 z_2] + \tilde{\boldsymbol{\theta}}^{\mathrm{T}} \boldsymbol{\Gamma}^{-1}(\boldsymbol{\Gamma}\boldsymbol{\phi} z_n^3 - \dot{\hat{\boldsymbol{\theta}}}) + z_1^4 + M_2 \\ &\leqslant -c_1 z_1^4 - c_2 z_2^4 + z_1^4 + M_2 \end{aligned} \tag{7-40}$$

综上所述，我们可以得出结论，当闭环系统的状态没有被量化时，闭环系统是全局稳定的．有了前期的理论基础，我们接下来进行状态量化后系统的控制输入设计以及稳定性分析．

2)系统状态被量化

假设 7.4：被量化过的系统状态 $(q(x_1), q(x_2), \cdots, q(x_n))$ 是可测的且可用于控制输入设计．由假设 7.4，如果状态 $x_i(i=1,2,\cdots,n)$ 被均匀有界量化器 $q(x_i)$ 量化过，那么控制输入 u 设计为：

$$\begin{aligned} u(t) &= \bar{\alpha}_2 + \frac{3}{4}\bar{z}_2 - \hat{\boldsymbol{\theta}}^{\mathrm{T}} \bar{\boldsymbol{\phi}} \\ &= -c_2 \bar{z}_2 - \frac{1}{4}\bar{z}_2 - K_2 \bar{z}_2 - \hat{\boldsymbol{\theta}}^{\mathrm{T}} \bar{\boldsymbol{\phi}}(q(x_1), q(x_2)) \end{aligned} \tag{7-41}$$

$$\dot{\hat{\boldsymbol{\theta}}} = \boldsymbol{\Gamma}\boldsymbol{\phi}\bar{z}_2^3 - \boldsymbol{\Gamma} c_\theta (\hat{\boldsymbol{\theta}}^3 - \boldsymbol{\theta}_0^3) \tag{7-42}$$

$$\begin{cases} \bar{z}_1 = q(x_1) \\ \bar{z}_2 = q(x_2) - \bar{\alpha}_1 \\ \bar{\alpha}_1 = k_1 \bar{z}_1 \\ \bar{\alpha}_2 = -c_2 \bar{z}_2 - \bar{z}_2 - K_i \bar{z}_2 \end{cases} \tag{7-43}$$

式中，c_2、c_θ 和 $\boldsymbol{\theta}_0$ 是正的设计参数，为了后续证明，我们做出如下定义：$(\cdot)^2 = (\cdot)^{\mathrm{T}}(\cdot)$，$(\cdot)^3 = (\cdot)^{\mathrm{T}}(\cdot)(\cdot)$，$(\cdot)^4 = (\cdot)^{\mathrm{T}}(\cdot)(\cdot)^{\mathrm{T}}(\cdot)$．

引理 7.1　在设计的参数更新律(式(7-42))中包含一个额外的关于 $\hat{\boldsymbol{\theta}}$ 的三次方项 $\boldsymbol{\Gamma} c_\theta(\hat{\boldsymbol{\theta}}^3-\boldsymbol{\theta}_0^3)$,其满足如下性质：

$$c_\theta\tilde{\boldsymbol{\theta}}(\hat{\boldsymbol{\theta}}^3-\boldsymbol{\theta}_0^3)\leqslant-\frac{1}{4}c_\theta\|\tilde{\boldsymbol{\theta}}\|^4-\frac{3}{4}c_\theta\|\boldsymbol{\theta}_0\|^4 \tag{7-44}$$

证明:由杨氏不等式,我们有：

$$\begin{aligned}c_\theta\tilde{\boldsymbol{\theta}}(\hat{\boldsymbol{\theta}}^3-\boldsymbol{\theta}_0^3)&=c_\theta\tilde{\boldsymbol{\theta}}[(\boldsymbol{\theta}-\tilde{\boldsymbol{\theta}})^3-\boldsymbol{\theta}_0^3]\\&=c_\theta\tilde{\boldsymbol{\theta}}\boldsymbol{\theta}^3-3c_\theta\boldsymbol{\theta}^2\tilde{\boldsymbol{\theta}}^2+3c_\theta\boldsymbol{\theta}\tilde{\boldsymbol{\theta}}^3-c_\theta\tilde{\boldsymbol{\theta}}^4-c_\theta\tilde{\boldsymbol{\theta}}\boldsymbol{\theta}_0^3\frac{c_\theta}{4}+\\&\frac{3}{4}c_\theta\boldsymbol{\theta}^4-3\left(\frac{c_\theta}{2}\boldsymbol{\theta}^4+\frac{c_\theta}{2}\boldsymbol{\theta}^4\right)+3\left(\frac{c_\theta}{4}\boldsymbol{\theta}^4+\frac{3c_\theta}{4}\tilde{\boldsymbol{\theta}}^4\right)-\frac{5}{4}c_\theta\tilde{\boldsymbol{\theta}}^4-\\&\frac{3}{4}c_\theta\boldsymbol{\theta}_0^4\leqslant\frac{1}{4}c_\theta\tilde{\boldsymbol{\theta}}^4-\frac{3}{4}c_\theta\boldsymbol{\theta}_0^4\end{aligned} \tag{7-45}$$

注意在式(7-45)中引入额外的项 $c_\theta\tilde{\boldsymbol{\theta}}(\hat{\boldsymbol{\theta}}^3-\boldsymbol{\theta}_0^3)$,通过引理 7.1 和后续的分析证明可以得到 $c_\theta\tilde{\boldsymbol{\theta}}(\hat{\boldsymbol{\theta}}^3-\boldsymbol{\theta}_0^3)\leqslant-\frac{1}{4}c_\theta\|\tilde{\boldsymbol{\theta}}\|^4-\frac{3}{4}c_\theta\|\boldsymbol{\theta}_0\|^4$,与之前有关确定性系统不同,本章在进行系统稳定性分析时引入的 Lyapunov 函数为 z_2^3 的项,这就需要参数更新律中有关 $\boldsymbol{\theta}$ 的项的阶数随之改动．这里引入了 $\boldsymbol{\theta}$ 的三次方项,有助于保证闭环系统的稳定性,且不需要任何关于未知参数界的先验信息．

接下来,我们引入几个关键引理．

引理 7.2　根据假设 7.2,系统中的量化状态和相关函数满足以下有界条件：

$$|\psi(q(x_1),q(x_2))-\psi(x_1,x_2)|\leqslant\Delta_\psi \tag{7-46}$$

$$\|\phi(q(x_1),q(x_2))-\phi(x_1,x_2)\|\leqslant\Delta_\varphi \tag{7-47}$$

$$|z_2(q(x_1),q(x_2))-z_2(x_1,x_2)|\leqslant\Delta_{z_2} \tag{7-48}$$

$$|\alpha_2(q(x_1),q(x_2))-\alpha_2(x_1,x_2)|\leqslant\Delta_{\alpha_2} \tag{7-49}$$

式中,Δ_ψ 和 Δ_φ 是正的常数且分别由量化器的界 δ 和 Lipschitz 常数 L_ψ 和 L_φ 而定;Δ_{z_2} 是正的常数,由量化器的界 δ 和控制输入设计参数(c_1,c_2)而定;Δ_{α_2} 是正的常数,由量化器的界 δ 和控制输入设计参数(c_1,c_2)而定．

引理 7.3　系统状态(x_1,x_2)满足如下不等式：

$$\|(x_1,x_2)\|\leqslant L_x\|(z_1,z_2)\| \tag{7-50}$$

式中,L_x 是一个正的常数,由设计参数(c_1,c_2)而定．

接下来我们给出系统状态量化后的主要结果,其形式如下．

定理 7.2　考虑随机非线性系统(式(7-24)),通过使用均匀有界量化器(式(5-3)),设计自适应控制器(式(7-41))和参数更新律,从而得到如下结果：

(1)带有状态量化的闭环系统是全局渐进稳定的．

(2)存在函数 $V(t,\boldsymbol{x})\in C^{1,2}$ 和常数 $m>0,M>0$,有：

$$LV\leqslant-\rho V(t,\boldsymbol{x})+M \tag{7-51}$$

其中

$$M = -\frac{3}{4}c_\theta \boldsymbol{\theta}_0^4 + \frac{1}{c_2}\Delta_{\alpha_2^4} + \frac{3}{4c_2}\Delta_{z_2^4} + \frac{1}{c_2}\|\boldsymbol{\theta}\|^4\Delta_{\phi^4} + \frac{3}{2}\Delta_{z_2}^4 \tag{7-52}$$

$$\begin{cases} m = \min\{c_1, c_2\} \\ \rho = \min\{m, c_\theta\} \\ \lambda = L_\phi(L_x + \sqrt{2}\delta)\Delta_{z_2} \end{cases} \tag{7-53}$$

证明　考虑 Lyapunov 函数：

$$V = \frac{1}{4}z_1^2 + \frac{1}{4}z_2^2 + \frac{1}{2}\tilde{\boldsymbol{\theta}}^{\mathrm{T}}\boldsymbol{\Gamma}^{-1}\tilde{\boldsymbol{\theta}} \tag{7-54}$$

然后按照与前面确定性系统相同的设计步骤，可以得到：

$$\begin{aligned} LV \leqslant & -c_1 z_1^4 + \frac{1}{4}z_2^4 + z_2^3\left(u - \alpha_2 + \alpha_2 - \frac{3}{4}z_2 + \frac{3}{4}z_2 + K_2 z_2 + \boldsymbol{\theta}^{\mathrm{T}}\boldsymbol{\phi}\right) - \\ & \tilde{\boldsymbol{\theta}}^{\mathrm{T}}\boldsymbol{\Gamma}^{-1}\dot{\hat{\boldsymbol{\theta}}} + z_1^4 + M_2 \end{aligned} \tag{7-55}$$

此时将设计好的自适应控制器(式(7-41))代入式(7-55)，有：

$$\begin{aligned} LV \leqslant & -c_1 z_1^4 + z_2^3\left(\bar{\alpha}_2 + \frac{3}{4}\bar{z}_2 - \hat{\boldsymbol{\theta}}^{\mathrm{T}}\bar{\boldsymbol{\phi}} - \alpha_2 + \alpha_2 - \frac{3}{4}z_2 + \frac{3}{4}z_2 + K_2 z_2 + \boldsymbol{\theta}^{\mathrm{T}}\boldsymbol{\phi} + \frac{1}{4}z_2\right) - \\ & \tilde{\boldsymbol{\theta}}^{\mathrm{T}}\boldsymbol{\Gamma}^{-1}\dot{\hat{\boldsymbol{\theta}}} + z_1^4 + M_2 \end{aligned} \tag{7-56}$$

构造含有量化误差的等式：

$$\begin{aligned} LV \leqslant & -c_1 z_1^4 + z_2^3(\alpha_2 + z_2 + K_2 z_2) + z_2^3(\bar{\alpha}_2 - \alpha_2) + \frac{3}{4}z_2^3(\bar{z}_2 - z_2) + \\ & z_2^3(\boldsymbol{\theta}^{\mathrm{T}}\boldsymbol{\phi} - \hat{\boldsymbol{\theta}}^{\mathrm{T}}\bar{\boldsymbol{\phi}}) - \tilde{\boldsymbol{\theta}}^{\mathrm{T}}\boldsymbol{\Gamma}^{-1}\dot{\hat{\boldsymbol{\theta}}} + z_1^4 + M_2 \end{aligned} \tag{7-57}$$

将引理 7.1 的结果代入式(7-57)，得：

$$\begin{aligned} LV \leqslant & -c_1 z_1^4 - \frac{1}{4}c_\theta\|\tilde{\boldsymbol{\theta}}\|^4 - \frac{3}{4}c_\theta\|\boldsymbol{\theta}_0\|^4 + z_2^3(\bar{\alpha}_2 - \alpha_2) + \frac{3}{4}z_2^3(\bar{z}_2 - z_2) + \\ & (z_2^3\boldsymbol{\theta}^{\mathrm{T}}\boldsymbol{\phi} - \hat{\boldsymbol{\theta}}^{\mathrm{T}}\bar{\boldsymbol{\phi}}z_2^3 - \tilde{\boldsymbol{\theta}}^{\mathrm{T}}\bar{\boldsymbol{\phi}}\bar{z}_2^3) + z_1^4 + M_2 \end{aligned} \tag{7-58}$$

式(7-58)中的最后三项可以通过使用假设 7.2 中的性质来进行放缩，具体结果如下：

$$\begin{aligned} & z_2^3\boldsymbol{\theta}^{\mathrm{T}}\boldsymbol{\phi} - \hat{\boldsymbol{\theta}}^{\mathrm{T}}\bar{\boldsymbol{\phi}}z_2^3 - \tilde{\boldsymbol{\theta}}^{\mathrm{T}}\bar{\boldsymbol{\phi}}\bar{z}_2^3 \\ & = |z_2|^3\|\boldsymbol{\theta}\|\Delta_\phi + \frac{3}{2}\|\tilde{\boldsymbol{\theta}}\|\,\|\bar{\boldsymbol{\phi}}\|\Delta_{z_2}z_2^2 + \frac{3}{2}\|\tilde{\boldsymbol{\theta}}\|\,\|\tilde{\boldsymbol{\phi}}\|\Delta_{z_2}\bar{z}_2^2 \end{aligned} \tag{7-59}$$

最后两项可以使用如下方法进行处理：

$$\frac{3}{2}\|\tilde{\boldsymbol{\theta}}\|\,\|\bar{\boldsymbol{\phi}}\|\Delta_{z_2}z_2^2 \leqslant \frac{9m}{8}\|z(t)\|^4 + \frac{3}{8m}\lambda^4\|\tilde{\boldsymbol{\theta}}\|^4 \tag{7-60}$$

同理可得：

$$\frac{3}{2}\|\tilde{\boldsymbol{\theta}}\|\,\|\bar{\boldsymbol{\phi}}\|\Delta_{z_2}\bar{z}_2^2 \leqslant 3m\|z(t)\|^4 + \frac{3}{2m}\lambda^4\|\tilde{\boldsymbol{\theta}}\|^4 + \frac{3}{2}\Delta_{z_2}^4 \tag{7-61}$$

代入微分算子，得：

$$LV \leqslant -\frac{33m}{8}\|z(t)\|^4 - \left(\frac{1}{4}c_\theta - \frac{15}{8m}\lambda^4\right)\|\tilde{\theta}\|^4 + M_2 \tag{7-62}$$

根据定理7.1中的结果，我们可以得到V是几乎必然有界的，同时可以得到$z_1 n(t)$和$\hat{\boldsymbol{\theta}}$是几乎必然有界的．表明$x_1(t)$，$x_2(t)$和$u(t)$是有界的．因此整个闭环系统中的所有信号都几乎必然有界．

3. 实验仿真

在本节中，我们考虑一个如图7-3所示的单摆系统．

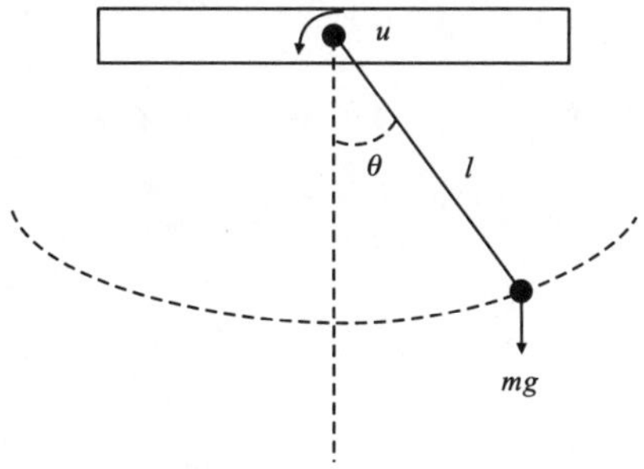

图7-3　单摆系统

单摆系统的运动方程表示为：

$$ml\ddot{\theta} + mg\sin(\theta) + kl\dot{\theta} = u(t) + g\,\mathrm{d}\omega \tag{7-63}$$

式中，θ表示单摆系统摆的角度；m表示质量；l表示连杆的长度；g表示重力加速度；k是一个未知的摩擦系数；u表示直流电机提供的输入力矩．在仿真中，我们考虑均匀有界量化器，量化参数选择为$l=0.03$，令$x_1=\theta$，$x_2=\dot{\theta}$.

系统的初始状态为$x_1(0)=0.3$，$x_2(0)=0.5$，$\theta(0)=0.1$，$\hat{\theta}(0)=0.8$. 系统的参数选择为$m=1$，$l=1$，$g=9.8$，$k=1$. 使用自适应控制器(式(7-41))和参数更新律(式(7-42)). 设计参数选择为$c_1=10$，$c_2=10$，$c_\theta=0.1$. 系统的状态轨迹$x_1=\theta$和$x_2=\dot{\theta}$如图7-4所示，系统状态x_1，x_2和被量化过后的状态$q(x_1)$，$q(x_2)$如图7-5、图7-6所示．控制输入u如图7-7所示．所有信号都是几乎必然有界，说明了控制输入的有效性.

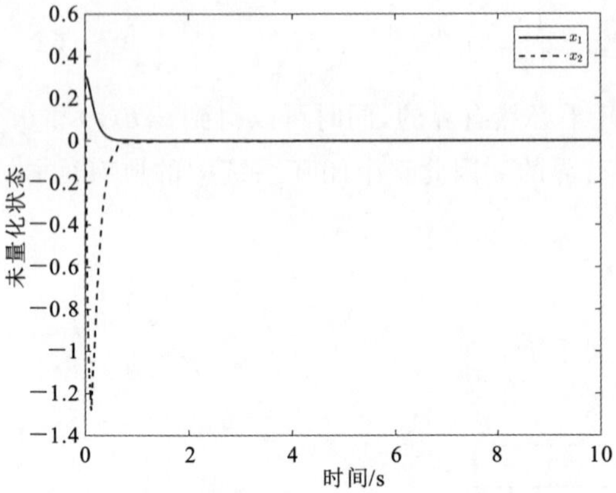

图 7-4　未被量化过的系统状态

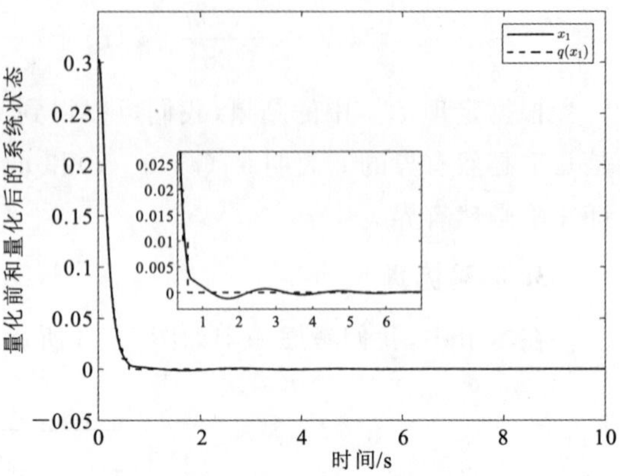

图 7-5　系统状态(x_1)变化曲线

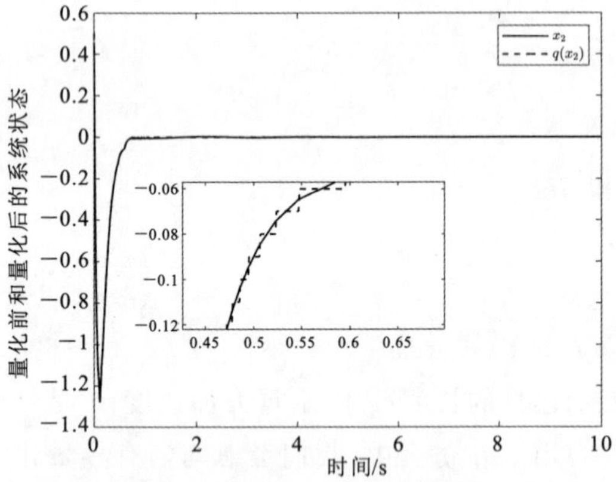

图 7-6　系统状态(x_2)变化曲线

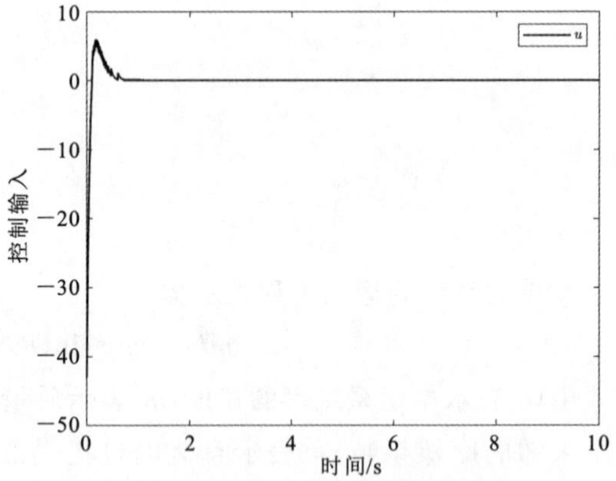

图 7-7　控制输入变化曲线

主要参考文献

田野,朱若华,汤知日,等,2019. 基于 mnist 的忆阻神经网络稳定性研究[J]. 电子技术应用,45(4):3 - 6+10.

王立新,2003. 模糊系统与模糊控制教程[M]. 北京:清华大学出版社.

ABHYANKAR N S,HALL E K,HANAGUD S V,1993. Chaotic vibrations of beams: numerical solution of partial differential equations[J]. Journal of Applied Mechanics,60: 167 - 174.

BERTSEKAS D P,Tsitsiklis J N,1989. Parallel and distributed computation: numerical methods[M]. Englewood Cliffs,NJ :Prentice hall.

CAO M,ANDERSON B D O,MORSE A S,2006. Sensor network localization with imprecise distances[J]. Systems & control letters,55(11):887 - 893.

CHAPNIK B V,HEPPLER G R,APLEVICH J D,1991. Modeling impact on a one - link flexible robotic arm[J]. IEEE Transactions on Robotics and Automation,7(4):479 - 488.

CHEN G,LEWIS F L,2011. Distributed adaptive tracking control for synchronization of unknown networked Lagrangian systems[J]. IEEE Transactions on Systems,Man,and Cybernetics,Part B(Cybernetics),41(3):805 - 816.

CHEN J J,CHEN B S,ZENG Z G,2018. Global uniform asymptotic fixed deviation stability and stability for delayed fractional - order memristive neural networks with generic memductance[J]. Neural Networks,98:65 - 75.

CHEN K R,WANG J W,ZHANG Y,2015. Adaptive leader - following consensus of nonlinear multi - agent systems with jointly connected topology[C]//The 27th Chinese Control and Decision Conference(2015 CCDC),50 - 54.

FENG G,1995. A compensating scheme for robot tracking based on neural networks[J]. Robotic and Autonomous Systems,15(3):199 - 206.

FISCHER N,KAMALAPURKAR R,DIXON W E,2013. LaSalle - Yoshizawa corollaries for nonsmooth systems[J]. IEEE Transactions on Automatic Control,58(9):2333 - 2338.

GOLDSTEIN H,1951. Classical mechanics[M]. Wokingham: Addison - wesley Publishing Company.

GU D B, WANG Z Y, 2009. Leader - follower flocking: algorithms and experiments[J].

IEEE Transactions on Control Systems Technology,17(5):1211 - 1219.

HARTMAN E J,KEELER J D,KOWALSKI J M,1990. Layered neural networks with Gaussian hidden units as universal approximations[J]. Neural Computation,2:210 - 215.

HENRY D,1993. Geometric theory of semilinear parabolic equations(lecture notes in mathematics)[M]. Berlin:Springer.

HOPFIELD J J, TANK D W, 1985. Neural computation of decision in optimization problems[J]. Biological Cybernetics,52(1):141 - 152.

JIAN W. 2018. Asymptotic stabilization of continuous - time linear systems with quantized state feedback[J]. Automatica,88:83 - 90.

JIANG Z P,LIU T F,2013. Quantized nonlinear control—a survey[J]. Acta Automatica Sinica,39(11):1820 - 1830.

KHALIL H,2001. Nonlinear Systems[M]. 3rd ed. New Jersey: Prentice Hall.

KINJO H,OMATU S,YAMAMOTO T,1993. Nonlinear adaptive control using neural networks with mixed structure[J]. IEEE Transactions on Electronics,Information and Systems,113(3),186 - 194.

KRSTI M,HUA D,1998. Adaptive stabilization of stochastic nonlinear systems[C]//IFAC Workshop on Adaptive Systems in Control and Signal Processing:473 - 480.

KRSTIC M,KANELLAKOPOULOS I,KOKOTOVIC P V,1995. Nonlinear and adaptive control design[M]. New York:Wiley - Interscience.

LEE D J,SPONG M W,2007. Stable flocking of multiple inertial agents on balanced graphs[J]. IEEE Transactions on Automatic Control,52(8):1469 - 1475.

LI G Q,LIN Y,ZHANG X,2017. Adaptive output feedback control for a class of nonlinear uncertain systems with quantized input signal[J]. International Journal of Robust and Nonlinear Control,27(1):169 - 184.

LI R X,CAO J D,2017. Finite - time stability analysis for markovian jump memristive neural networks with partly unknown transition probabilities[J]. IEEE Transactions on Neural Networks and Learning Systems,28(12):2924 - 2935.

LI W Q,GU J Z,2016. Distributed adaptive control for nonlinear multi - agent systems[C]//2016 35th Chinese Control Conference(CCC):7862 - 7866.

LI X,KANG Y,YIN Y,2006. Adaptive control of stochastic system by using multiple models[C]//2006 IEEE International Conference on Information Acquisition:1344 - 1348.

LIU B,YU H,2009. Flocking in multi - agent systems with a bounded control input[C]//In Proc. 2009 Int. Workshop Chaos - Fractals Theories and Applications,Shenyang,China:130 - 134.

LIU Y J,TONG S C,LI T S,2011. Observer - based adaptive fuzzy tracking control for a class of uncertain nonlinear MIMO systems[J]. Fuzzy Sets and Systems,164(1):

25 - 44.

MEIROVITCH L,1967. Analytical methods in vibration[M]. New York:Macmillan.

MENG W,XIAO W D,XIE L H,2011. An efficient EM algorithm for energy - based multisource localization in wireless sensor networks[J]. IEEE Transactions on Instrumentation and Measurement,60(3):1017 - 1027.

MOSHTAGH N,JADBABAIE A,2007. Distributed geodesic control laws for flocking of nonholonomic agents[J]. IEEE Transactions on Automatic Control,52(4):681 - 686.

NAN X,XIE L H,FU M Y,2010. Stabilization of Markov jump linear systems using quantized state feedback[J]. Automatica,46(10):1696 - 1702.

NEDIC A,OZDAGLAR A,2009. Distributed subgradient methods for multi - agent optimization[J]. IEEE Transactions on Automatic Control,54(1):48 - 61.

OLFATI - SABER R,2006. Flocking for multi - agent dynamic systems: Algorithms and theory[J]. IEEE Transactions on automatic control,51(3):401 - 420.

PAKSHIN P V,1997. Robust absolute stability of lumping stochastic systems[J]. IFAC Proceedings Volumes,30(16):159 - 164.

PARK J,SANDBERG I,2014. Universal approximation using radial basis function networks[J]. Neural Computation,3(2):246 - 257.

PAYINO H D,LIU D,2000. Neural network - based model reference adaptive control system[J]. IEEE Trans on Systems,Man,and Cybernetics,Part B,30(1):198 - 204.

PERSIS C D, KALLESOE C S, 2009. Quantized controllers distributed over a network: an industrial case study[C]//17th Mediterranean Conference on Control and Automation: 616 - 621.

POLYCARPOU M M,IOANNOU P A,1996. A robust adaptive nonlinear control design[J]. Automatica,32(3):423 - 427.

RAHN C D,2001. Mechatronic control of distributed noise and vibration[M]. Berlin: Springer.

REN W,2009. Distributed leaderless consensus algorithms for networked Euler - Lagrange systems[J]. International Journal of Control,82(11):2137 - 2149.

SHI H,WANG L,CHU T G,et al. ,2009. Flocking of multi - agent systems with a dynamic virtual leader[J]. International Journal of Control,82(1):43 - 58.

SHI Y C,CAO J D,CHEN G R,2017. Exponential stability of complex - valued memristor - based neural networks with time - varying delays[J]. Applied Mathematics and Computation,313:222 - 234.

SICILIANO B,BOOK W J,1988. A singular perturbation approach to control of lightweight flexible manipulators[J]. International Journal of Robotics Research,7(4):79 - 90.

SU H,WANG X,YANG W,2008. Flocking in multi - agent systems with multiple virtual leaders[J]. Asian Journal of Control,10(2):238 - 245.

SU L,CHESI G,2017. Robust stability of uncertain discrete - time linear systems with input and output quantization[J]. IFAC - Papers Online,50(1):375 - 380.

T HAYAKAWA,H ISHII,K TSUMURA,2009. Adaptive quantized control for nonlinear uncertain systems[J]. Systems & Control Letters,58(9):625 - 632.

TANNER H G,JADBABAIE A,PAPPAS G J,2007. Flocking in fixed and switching networks[J]. IEEE Transactions on Automatic Control,52(5):863 - 868.

TOMOHISA H,M H W,NAIRA H,et al. , 2005. Neural network adaptive control for nonlinear nonnegative dynamical systems[J]. IEEE Transactions on Neural Networks / A Publication of The IEEE Neural Networks Council,16(2):399 - 413.

TZES A P, YURKOVICH S, LANGER F D, 1989. A method for solution of the Euler - Bernoulli beam equation in flexible - link robotic systems[C]//In IEEE International Conference on Systems Engineering:557 - 560.

UNBEHAUEN H, 1980. Methods and applications in adaptive control[M]. Berlin: Springer.

WALKER J A,1980. Dynamical systems and evolution equations:theory and applications[M]. New York: Plenum Press.

WANG C L,WEN C L,LIN Y,et al. ,2017. Decentralized adaptive tracking control for a class of interconnected non - linear systems with input quantization[J]. Automatica,81: 359 - 368.

WANG H, WANG Q R. WEI C L, 2020. Adaptive tracking control of multi - agent systems with unknown nonlinear functions and stochastic noises[C]//2020 39th Chinese Control Conference(CCC): 5036 - 5040.

WANG Z D,SHEN B,SHO H S, et al. ,2012. Quantized control for nonlinear stochastic time - delay systems with missing measurements[J]. IEEE Transactions on Automatic Control,57(6):431 - 1444.

WANG Z L,QIU Z Y,1988. A recursively adaptive poleassignment controller and its convergence for stochastic systems[J]. IFAC Proceedings Volumes,21(9):191 - 196.

WEI Y L,PARK J H,KARIMI H R,et al,2018. Improved stability and stabilization results for stochastic synchronization of continuous - time semni - markovian jump neural networks with time - varying delay[J]. IEEE Transactions on Neural Networks and Learning Systems,29(6):2488 - 2501.

XIE S L,XIE L H,2000. Stabilization of a class of uncertain large - scale stochastic systems with time delays[J]. Automatica,36(1):161 - 167.

YOU X X,SONG Q K,ZHAO Z J,2020. Existence and finite - time stability of discrete fractional - order complex - valued neural networks with time delays[J]. Neural Networks,123:248 - 260.

YU W W,CHEN G R,CAO M,2010. Distributed leader - follower flocking control for multi - agent dynamical systems with time - varying velocities[J]. Systems & Control Letters,59(9):543 - 552.

ZHANG H T,ZHAI C,CHEN Z,2011. A general alignment repulsion algorithm for flocking of multi - agent systems[J]. IEEE Transactions on Automatic Control,56(2):430 - 435.

ZHANG X M,HAN Q L,WANG J,2018. Admissible delay upper bounds for global asymptotic stability of neural networks with time - varying delays[J]. IEEE Transactions on Neural Networks and Learning Systems,29(11):5319 - 5329.

ZHANG Y P,PENG P Y,JIANG Z P,2000. Stable neural controller design for unknown nonlinear systems using backstepping[J]. IEEE Transactions on Neural Networks and Learning Systems,11(6):1347 - 1360.

ZHENG S Q,SHI P,WANG S Y,et al. ,2020. Adaptive robust control for stochastic systems with unknown interconnections[J]. IEEE Transactions on Fuzzy Systems, 99: 1 - 1.

ZHOU J,WANG W,2017. Adaptive control of quantized uncertain nonlinear systems[J]. Ifac Papersonline,50(1):10425 - 10430.

ZHOU J,WEN C Y,WANG W,2018. Adaptive control of uncertain nonlinear systems with quantized input signal[J]. Automatica,95:152 - 162.

ZHOU J,WEN C,WANG W,et al. ,2019. Adaptive backstepping control of nonlinear uncertain systems with quantized states[J]. IEEE Transactions on Automatic Control,64(11):4756 - 4763.

ZOU W C,ANN C K,XIANG Z R,2020. Analysis on existence of compact set in neural network control for nonlinear systems[J]. Automatica,120:1 - 4.